Manual de Ejercicios Pleyadianos

Amorah Quan Yin

Manual de Ejercicios Pleyadianos

EDICIONES OBELISCO

Si este libro le ha interesado y desea que le mantengamos informado
de nuestras publicaciones, escríbanos indicándonos qué temas son de su interés
(Astrología, Autoayuda, Ciencias Ocultas, Artes Marciales, Naturismo,
Espiritualidad, Tradición, etc.) y gustosamente le complaceremos.

Puede consultar nuestro catálogo en www.edicionesobelisco.com

Colección Nueva conciencia
Manual de Ejercicios Pleyadianos
Amorah Quan Yin

1.ª edición: abril de 1998
13.ª edición: marzo de 2025

Título original: *The Pleiadian Workbook*

Diseño de cubierta: Enrique Iborra
Traducción: Patricia Mendieta

© 1997, Amorah Quan Yin
(Reservados todos los derechos)
© 1998, Ediciones Obelisco, S. L.
(Reservados todos los derechos para la presente edición)

Edita: Ediciones Obelisco S. L.
Collita, 23-25. Pol. Ind. Molí de la Bastida
08191 Rubí - Barcelona - España
Tel. 93 309 85 25
E-mail: info@edicionesobelisco.com

ISBN: 978-84-9111-175-7
Depósito Legal: B. 36.349-2010

Printed in India

Reservados todos los derechos. Ninguna parte de esta publicación,
incluido el diseño de la cubierta, puede ser reproducida, almacenada,
transmitida o utilizada en manera alguna por ningún medio,
ya sea electrónico, químico, mecánico, óptico, de grabación o electrográfico,
sin el previo consentimiento por escrito del editor.
Diríjase a CEDRO (Centro Español de Derechos Reprográficos, www.cedro.org)
si necesita fotocopiar o escanear algún fragmento de esta obra.

*A mis queridos hijos,
por lo poco que me vieron
y escucharon durante la redacción
y edición de este libro.
Wisper, Zack y Kiva, os amo.*

RECONOCIMIENTOS

A través de muchas épocas, culturas, dimensiones y experiencias, mis queridos amigos los Emisarios Pleyadianos de Luz, han cumplido siempre sus promesas. Aparecen en el momento oportuno, me ayudan a *recordar* y permanecen dedicados a este sistema solar, a todas sus dimensiones y personas hasta que el plan divino se haya completado. También honran mi libre albedrío y nunca me llevan más allá de donde yo haya decidido ir. Los pleyadianos han mostrado siempre su paciencia y amor hacia mí, incluso en aquellas contadas ocasiones en las que no he reaccionado a sus peticiones con rapidez o presteza. Agradezco la oportunidad que tengo de compartir con ellos la presentación de este libro y su amistad en la Luz.

También agradezco profundamente a los Maestros Ascendidos, Jesucristo, Quan Yin, la Madre María, Saint Germain y muchos otros que me han dirigido y guiado tanto a mí personalmente como en lo referente a mi tarea espiritual. También agradezco de todo corazón la ayuda y la inspiración que los ángeles y seres dévicos me han brindado a lo largo del camino. Siempre apreciaré su amor y su omnipresencia.

También me gustaría agradecer a Shahan Jon su previsión, su disposición a seguir cualquier orientación, su dedicación desinteresada en este proyecto, sus múltiples y maravillosas habilidades, así como su amistad. Agradezco y respeto enormemente su frescura de puntos de vista durante la fase preliminar de edición, su capacidad de reacción y disposición en el último minuto para ayudar con las ilustraciones y su abnegada entrega espiritual en todos los sentidos.

Después de todas las historias de terror que me habían contado sobre las fechas de entrega de las editoriales, de la presión, de su falta de sensibilidad y de los contratos poco razonables, debo decir que mi experiencia con Barbara y Gerry Clow de Bear & Company ha sido justo la contraria. Barbara y Gerry son personas cariñosas, entusiastas, generosas, accesibles, humanitarias, espiritualmente sinceras y con las que resulta un encanto trabajar. Siempre se ocupan al máximo de su empresa y de que se respeten los pactos de entrega. Pero siempre he sentido que antes que nada se me apreciaba como persona —y cuando la situación es agobiante eso importa de verdad—. Gracias a los dos por la oportunidad de compartir con vosotros vuestra sagrada actitud hacia la gente, la empresa y la vida en general.

Steven Chase me ha guiado intensamente, haciéndome posible la experiencia de regresión a vidas pasadas a la que hago referencia en el libro. Te estoy verdaderamente agradecida, Steve, por el privilegio de trabajar contigo y por recibir la bendición de disfrutar de la calidad de presencia y del espacio sagrado y seguro que generas.

Agradezco a Gail Vivino el haberme proporcionado otro cristal por el que mirar mi borrador más objetivamente de lo que lo hubiera hecho yo sola. Agradezco profundamente tu habilidad y tu lealtad sempiterna en las exigencias cambiantes de tiempo de edición y corrección de versiones.

La pintura utilizada en la cubierta de este libro fue concebida y alumbrada por Preston Emery hace unos años. Cuando se la compré, ninguno de los dos sabíamos cuál iba a ser su destino. Así que te agradezco, Preston, por segunda vez, haber creado una obra de arte de gran inspiración y belleza que ha enriquecido mi vida y la de aquellos que compren este libro. También te doy las gracias por los bocetos que sirvieron de base a las ilustraciones.

Mi agradecimiento a todos los amigos que han soportado mi falta de disponibilidad, mis abrazos apresurados y mi absorta concentración en este proceso creativo. Por favor. volvedme a llamar para que hagamos cosas juntos. Os echo de menos y os prometo que no hablaré de otra cosa que no sea del libro. Quiero agradecer especialmente a Andrea, Harvey, Pat, Carlye y a John su entusiasmo, apoyo y creencia genuinos en mí y en mi trabajo —y por no tomar como algo personal mi interés monotemático.

También me gustaría honrar y expresar mi gratitud a los participantes de los cursos intensivos de Ejercicios Pleyadianos de Luz que siguieron su propia guía y se atrevieron a comprometerse en programas de veinte días basados en prácticas espirituales y de sanación de las que todavía no se había oído hablar. Sois para mí una fuente de inspiración, habiéndome demostrado repetidas veces la validez de estos ejercicios a través de vuestra confianza, vuestro deseo de hacer lo mejor posible para ir más allá de vuestros límites iniciales y permitir que ello marcara una diferencia real en vuestra vida espiritual y bienestar general. Es un privilegio el conoceros y crecer con vosotros en el espíritu del compromiso con la impecabilidad.

Y a vosotros, mis lectores, os deseo que alcancéis vuestros objetivos, que lleguéis a ser espiritualmente impecables y que aprovechéis tanto como yo el contenido que ofrezco en este libro. Gracias por vuestro apoyo y dedicación espiritual.

PREFACIO

Este libro ha nacido fruto de una visión clara. Te puede servir como una ventana por la cual divisar una nueva perspectiva del pasado y un paisaje ampliado de tus oportunidades actuales. A través de estas páginas conocerás a los Emisarios Pleyadianos de Luz, seres extraordinarios que te ayudarán a expresar tu Presencia Crística —la persona sabia, sana, dichosa, espontánea, tierna e inmortal que eres— y te guiarán a través de la experiencia de los Ejercicios Pleyadianos de Luz. Es una oportunidad para despertar.

Mi experiencia del *Manual de Ejercicios Pleyadianos: El Despertar de tu Ka Divino*, empezó una tarde dorada de primavera en la falda oeste del monte Shasta. Había ido «al lugar donde las mariquitas van a bailar», como yo llamo a la pequeña rueda medicinal que ayudé a construir cerca de mi casa. Durante los días secos, cientos de mariquitas emergen del lecho de hojas de pino del bosque cuando toco el tambor; su vuelo llena el aire de duros cuerpos de color naranja. Me saludan paseándose por mis brazos y piernas y cubren un pequeño cedro. Voy a menudo a este lugar a fumar la pipa con un amigo, a orar por la consecución del Plan Divino sobre la Tierra. También rezo para saber tomar en cada momento el paso más acertado en favor del plan en curso. Aquí, acompañada por el baile de las mariquitas, el delicioso aroma a cálido pino y la música del agua del arroyo que juega con los estoicos cantos rodados, «vi» que mi amiga Amorah iba a escribir su primer libro y que yo colaboraría en el alumbramiento revisando su primer borrador y ayudando a preparar el material a enviar al editor.

Unos días más tarde le mencioné el tema a Amorah. Silencio. Más silencio. Vi que su cara empezaba a adquirir un leve tono rosado, el azoramiento ante la contemplación de algo «muy trascendente». Una risa nerviosa. «Bueno, ya veremos», dijo en el tono de voz que se usa para cambiar de tema. La confirmación me llegó al final de unas semanas de fuentes inesperadas. El proyecto estaba en marcha.

Para cuando Amorah empezó a escribir y yo empecé a revisar, yo tenía un contacto diario con los Emisarios Pleyadianos de Luz, sobre todo durante el sueño, con la intención de transmutar cualquier cosa —creencias, formas de pensamiento, códigos genéticos, improntas kármicas, pautas de conducta— que pudiese entorpecer la expresión y encarnación plenas de mi Presencia Crística. Con la ayuda de estos pleyadianos estudié cuidadosamente mi propia vida y mi cuerpo para determinar qué pautas llevaba; luego apliqué las técnicas de los Ejercicios Pleyadianos de Luz para llevar a cabo las transformaciones precisas.

Me di cuenta que de alguna manera empezaba a «leer entre líneas». Parecía tener acceso a nuevas informaciones y saberes que no figuraban en el libro «en letra impresa» y que tenían aplicación inmediata en mi vida. Gran parte de estos nuevos saberes encerraban información básica y muy práctica para mi bienestar desde el punto de vista físico. Un ejemplo era la intuición que recibí sobre plantas silvestres. Fui comprendiendo que, para que mi Presencia Crística se expresara plenamente en la Tierra, necesitaba realizar ciertos ajustes en el código genético de mi cuerpo. Fui comprendiendo que ciertas plantas silvestres de mi entorno poseían la capacidad de producir esos ajustes.

Un día, mientras preparaba la tierra del jardín para plantar en primavera, vino con fuerza a mi consciencia la imagen de plantas silvestres. Quedé paralizada. Esa mañana habían caído copos de nieve grandes y esponjosos que desaparecieron entre la tierra oscura. Luego cayeron gotas de lluvia brillantes encima de las plantas que rodeaban la valla del jardín. El aire era ahora frío, húmedo y estaba lleno de vida; cada una de las plantas resaltaba por su color verde brillante contrastando con el cielo denso y gris. «Plantas silvestres», pensé, «seguro que hay aquí y ahora alguna que me sirva.» Empecé a darme cuenta de la variedad de plantas salvajes. Noté cómo algunas especies además de ser muy abundantes emanaban una vitalidad muy poderosa. Estiré el brazo para coger un puñado de álsine y metérmelo en la boca, su sabor era suave y dulzón; tras sacudir las gotas de lluvia de una hojita de diente de león me dispuse a morderla con cuidado; tenía un sabor acre que me gustó. Me llamó la atención una planta de verbasco tierna y blanda que me hizo pensar en el té.

Esa mañana en el jardín comprendí algo sobre la relación entre el cuerpo y las plantas silvestres; sabía lo que me proporcionaban ahora y por qué; percibí los ciclos de las plantas y comprendí que otras plantas iban a tener también en su momento un propósito similar para mí. Un gozo indescriptible me inundó; sólo rompía el silencio el canto ocasional de un petirrojo, pero creo que cada una de las células de mi cuerpo cantaba sumándose al coro de las plantas de la pradera. Ese mismo día consulté un libro de botánica que me confirmó que el álsine es un purificador de la sangre como la parte superior del trébol rojo que florece en verano y las raíces de la uva de Oregón que se da en invierno. Luego comprobé que las hojas verdes del diente de león constituyen un poderoso purificador del hígado y que en verano los humanos producen una secreción que limpia el hígado. Me quedé con la leve sensación intuitiva de que estas propiedades de las plantas no son más que la consecuencia secundaria evidente de un efecto más profundo que la ciencia no ha medido. Mi conocimiento sobre las plantas silvestres sigue creciendo.

Gran parte del genio de *El Manual de Ejercicios Pleyadianos* es el equilibrio elegante entre ideas y aplicaciones. En última instancia, no basta leer sobre algo, pensar sobre algunas ideas. La manera de saber algo es experimentarlo. El material de este libro se encuentra cuidadosamente ordenado. Si lo lees de principio a fin, a la vez que realizas los procesos que se te van presentando, obtendrás unos resultados que te sorprenderán y te deleitarán.

He tenido algunas experiencias profundas y extraordinarias con las técnicas de este manual. Algunos de los métodos más simples han demostrado ser poderosos y de gran alcance cuando los he aplicado en momentos específicos de mi vida. Uno de los ejemplos fue «soplar rosas». Aprendí la técnica un día, de paseo con Amorah pasando por Far Meadow hasta una zona donde florecía la espuela de caballero. Fuimos buscando las flores azul zafiro que se esconden entre la salvia. Era esa hora mágica de una tarde cálida cuando los árboles parecen despedir luz y te sientes «flotar» a través de un aire suave y dorado. A pesar del esplendoroso escenario, a medida que andaba, empecé a sentirme débil y mareada. «Intenta soplar rosas», me dijo Amorah. «Crea ante ti la imagen de una rosa grande y bonita. Ahora coloca dentro de la rosa el rostro angustiado del cliente con el que has estado antes de nuestro paseo. Limítate a dejar que la rosa absorba la energía que tienes de esta persona; cuando hayas terminado disuelve la rosa.» Hice lo que me sugería sin dejar de caminar. Sentía que se iban el dolor y el mareo. Al cabo de pocos minutos habían desaparecido por completo. Quedé agradecida y sorprendida.

Desde que aprendí esta sencilla técnica la he utilizado innumerables veces con magníficos resultados. Esto puede parecer poca cosa pero, considerando mis experiencias pasadas, tiene consecuencias importantes en mi vida. Desde siempre he sido muy clariperceptiva. De pequeña, cuando alguien se hacía daño yo gritaba «ay» porque sentía ese dolor. Siempre he sido capaz de sentir en mi cuerpo las emociones y sensaciones de todo el mundo. En muchas ocasiones las he absorbido inconscientemente. Ello ha supuesto una experiencia que literalmente me enfermaba. Cuando vivía en San Francisco me encontraba a veces en medio de los atascos de la hora punta; entonces me acomodaba pacientemente, bebiendo a grandes tragos directamente del envase ahorro de antiácido sabor limón que siempre llevaba en el coche, mientras practicaba ejercicios de respiración profunda para liberar el dolor. Cuando aún iba a la guardería me di cuenta de que no me iría a la cama sin vomitar primero; pero cuando lo hacía me sentía fuerte y bien otra vez. Ya de mayor busqué el consejo de médicos y sanadores alternativos, pero casi a diario pasaba algunas horas con grandes molestias y vomitando. Es decir, hasta que a los 44 años me puse a buscar espuela de caballero y aprendí a «soplar rosas».

Este libro tiene el potencial de ayudar en el despertar espiritual de mucha, muchísima gente en este momento crucial. El mérito es de Amorah por proporcionar tan libremente este material. No tienes que asistir a talleres caros para despertar espiritualmente. No tienes que recluirte y aislarte en un retiro para alcanzar la apertura espiritual. No necesitas esforzarte durante años para poder expresar tu dominio espiritual. Porque «ahora es el momento» y existe una gran ayuda disponible a tu alcance. Las sencillas herramientas que aquí y en otros trabajos se proporcionan, junto con los que se están produciendo, te ayudarán a catapultarte hacia la nueva expresión y consciencia de tu Presencia Crística.

Recibirás apoyo. Los Emisarios Pleyadianos de Luz y el Maestro Ascendido Jesucristo te proporcionan una bonita oportunidad. Es un regalo. Si así lo deseas, te ayudarán en tu crecimiento al trabajar conscientemente el material de este libro. Si lo deseas y estás preparado, trabajarán contigo cuando duermas para abrir los canales Ka, y puedas así personificar plenamente tu Presencia Crística.

Los Emisarios Pleyadianos de Luz han trabajado conmigo especialmente durante el sueño y me han proporcionado gracia, alivio y una sensación de apoyo y progreso que no conocía. Cuando empecé activamente mi apertura espiritual después de los 20 años tomé parte en largos retiros de meditación. En el más extenso, que duró nueve meses, el tiempo estaba extremadamente organizado para la práctica de técnicas muy avanzadas de meditación en régimen de internado. Los fenómenos no se mencionaban y me sentí muy sola con las nuevas experiencias. Después de cumplir los 30, cuando era una licenciada que estudiaba psicología oriental/occidental, mi proceso de despertar me resultó abrumador. Creía estar muy enferma o que me volvía psicótica. A veces sufría en el cuerpo sacudidas violentas como si intentase retener las energías crecientes que fluían en mí; solía tumbarme en el centro del salón y relajaba los músculos mientras sufría sacudidas involuntarias que me zarandeaban por la habitación como si fuera una muñeca de trapo, a veces durante más de una hora. Otras veces se me «encendía» el cuerpo e irradiaba calor; tenía el cuerpo rígido, paralizado, como si tuviera la piel de una talla más pequeña y estuviese demasiado estirada sobre mi esqueleto mientras mis células eran como volcanes en miniatura que entraban simultáneamente en erupción. A veces tenía la sensación de tener miles de abejas zumbando sobre mi piel y luego levantando el vuelo, o de sentir la fuerza plena de todas las emociones conocidas hirviendo en mi interior.

Éste ha sido mi camino y no lo voy a despreciar. Sin embargo, un proceso de apertura no tiene que ser tan dramático y doloroso. Los Emisarios Pleyadianos de Luz te ayudarán a despejar cualquier obstáculo que impida la expresión plena de tu Presencia Crística. Te ayudarán a regular tu despertar para que la transformación sea fácil y elegante. En algunas de las Sesiones de Cámaras de Luz, me sentí como si estuviera flotando en un océano de paz y serenidad; ocasionalmente sentía una oleada y simplemente observaba mis pensamientos en ese momento para ver lo que se liberaba. A menudo, cuando iba a dormir, hacía los preparativos con los Emisarios Pleyadianos de Luz para que actuaran en mi cuerpo mientras dormía. Al despertar sentía los cambios en mí y, lo que es más, poseía una nueva comprensión y sabiduría. Me siento sumamente agradecida por haber recibido esta gracia.

Ésta es la increíble oportunidad que se te ofrece en este

momento, no por aquello de lo que careces, sino por lo que ya eres y por lo que aportas a este momento de transformación planetaria, galáctica y universal. Me acuerdo de una frase de un famoso poeta sufí, Rumi: «Hágase lo bello; su luz es mejor que la del Sol». Ra, portavoz de los Emisarios Pleyadianos de Luz, dice: «Ahora es el momento». Y lo es. Deja que tu Presencia Crística venga y camine por esta Tierra. Puedes usar este libro como herramienta en este nacimiento. Ahora es el momento de bailar en el resplandor de lo que eres.

SHAHAN JON\
Mt. Shasta, California\
Mayo de 1995

PRÓLOGO

¿Has vuelto alguna vez la vista atrás en tu vida y te has dado cuenta de que todo lo que has experimentado te llevaba hacia algo? ¿Que este proceso llamado vida no es sólo una serie de hechos al azar sino que sigue un orden inteligente y divino? Para mí los Ejercicios Pleyadianos de Luz han supuesto esta revelación.

Cuando era pequeña veía en las flores y en los arbustos hadas y naves espaciales en miniatura hechas de luz azul. Cuando cerraba los ojos en una habitación a oscuras veía mandalas arremolinados con múltiples y vivos colores, escenas e imágenes. Cuando me levantaba o cuando me iba a dormir, escenas de vidas pasadas desfilaban ante mí. Entonces no tenía nombre para estas experiencias, pero eran importantes —una parte de mí que sabía que no podía compartir con nadie.

A través de los años, fenómenos psíquicos ocasionales que prefiero llamar de Percepción Sensorial Plena, poblaban lo que, aparte de esto, eran días y noches «corrientes». Sencillamente, aprendí a vivir con ellos. Sin embargo, a finales de los 70 y durante el retorno de Saturno, las experiencias eran cada vez más frecuentes y emocionalmente desconcertantes. Me consideraba atea entonces, desilusionada con la religión establecida; pero *sabía* que las vidas pasadas eran reales a causa de mis experiencias lúcidas recurrentes.

En mi primera sesión de sanación de vidas pasadas con

un regresionista, muy a pesar mío me encontré en un prado al pie de una montaña junto con otros miles, mientras Jesús pronunciaba un sermón. Le había dicho al señor Brown, el terapeuta: «Estoy aquí para sanar mis vidas pasadas y poder seguir con ésta. Pero no trate de convencerme con ningún rollo religioso porque soy atea. Sólo quiero que estas experiencias de vidas pasadas dejen ya de invadir mi vida».

A menudo me he preguntado cómo respondería a un cliente que llegase a la primera sesión con una actitud tan arrogante y poco espiritual. Es de esperar que tuviese la paciencia y la tolerancia que el señor Brown tuvo conmigo cuando sólo replicó: «Esta bien», y empezó la sesión.

En mi experiencia de regresión del «sermón de la montaña», cuando hablaba Jesus, apareció de repente una nave espacial gigante hecha de luz azul estelar, a la derecha y por encima del bosque. Luego apareció otra nave espacial y otra —hasta que fueron seis las naves que iban y venían—. A mi alrededor, todo el mundo se tiró al suelo cubriéndose la cabeza y gimiendo. Pero yo permanecí de pie con las manos sobre la cabeza en éxtasis, repitiendo en silencio: «Mi casa, mi casa», derramando lágrimas de gozo.

Mientras tiraba de mi vestido, mi marido gritaba: «Samantha, agáchate». Permanecí paralizada, sin poder moverme, hasta que sentí un empuje magnético en el tercer ojo y me encontré cara a cara frente a Jesucristo. Por mi tercer ojo atravesaba el rayo de luz más intenso que haya visto jamás, seguido de una riada de luz y energía en mis células. Rompí a llorar con lágrimas de gozo y despertar espiritual. Había experimentado un despertar celular, una iluminación, y mi alma tuvo recuerdo de sí misma, todo a la vez.

La escena se repitió de principio a fin, completa con todas las sensaciones y el conocimiento y luego terminó. Inmediatamente volví a verme como pura consciencia en forma de bola azul de luz cayendo a través del espacio hacia la Tierra desde una gran estrella azul. Éste fue el principio de mi desper-tar espiritual en esta vida. En aquel momento no tenía puntos de referencia en cuanto al significado de una iluminación. No había oído nunca nada sobre la conexión entre las naves espaciales y los fenómenos espirituales o religiosos. Ni siquiera había oído hablar de auras o supra-almas o *shaktiput* —todo lo que había experimentado de forma tan real durante la regresión.

Tras la sesión abrí los ojos y vi una luz verde clara alrededor del cuerpo del señor Brown. Se lo hice notar: «Señor Brown, qué verde es su aura hoy. ¿Qué significa un aura verde? Es más, ¿qué es un aura?» Mirándome con suspicacia me contestó: «Obviamente, sabes lo que es el aura; te acabas de referir a la mía». Le aseguré que las palabras habían salido de mi boca pero que no tenía un conocimiento consciente de lo que decía. Estaba viendo las auras por primera vez en mi vida, pero no entendía lo que eran. El señor Brown me dio una definición muy básica del aura: me dijo que era el campo de energía de una persona alrededor de su cuerpo.

Esto ocurrió muchos años antes de que yo entendiera la conexión entre Cristo, Sirio, la iluminación y las naves espaciales de luz. Me enteré de que los Seres de Luz extraterrestres que me enseñaban y me sanaban mientras dormía eran de las Pléyades y que su misión era colaborar en la segunda llegada colectiva de Cristo: cuando la mayoría de los que estamos aquí en la Tierra seamos auténticos Seres Crísticos. También me enteré de que las naves espaciales de Sirio aparecían como naves de luz azul y que las enseñanzas de Cristo para esta galaxia se originaron en Sirio donde se guardan y desde donde se lanzan hacia la Tierra.

La unión de este rompecabezas me ha llevado hasta los Ejercicios Pleyadianos de Luz que me han enseñado los Emisarios Pleyadianos de Luz y el Maestro Ascendido que era Jesucristo en su última encarnación. Los Ejercicios Pleyadianos de Luz tienen diferentes facetas, incluyendo la imposición energética de manos, la lectura clarividente, la Remodelación Cerebral Delfínica, el Enlace Estelar Delfínico y el alineamiento con el Yo Superior. El objetivo principal de los Ejercicios Pleyadianos de Luz es abrir y activar los *canales Ka,* que extraen energía y luz de alta frecuencia desde tu yo multidimensional holográfico hacia tu cuerpo físico. Esta activación abre las rutas necesarias de tu cuerpo para que venga tu Presencia Maestra o Ser Crístico, así como para crear la posibilidad de la ascensión frente a la muerte física. El alineamiento de tu yo divino y tu cuerpo físico eleva el ritmo vibratorio, energiza los meridianos de acupuntura para producir un equilibrio físico y un rejuvenecimiento, acelera tu evolución espiritual, activa el cuerpo de luz eléctrico, aumenta el flujo del fluido cerebroespinal a través del sistema nervioso central, despeja rutas neuronales y estimula la sanación emocional.

Gran parte de la sanación y transformación espiritual se puede realizar sin contar con un especialista humano. Si conoces la manera de llamar a los equipos de sanación de los Emisarios Pleyadianos de Luz, sabes qué pedir y los métodos de autoayuda necesarios para facilitar tu propio proceso, puedes organizar las sesiones en tu propia casa. Ésta es la razón por la que se me ha orientado a escribir este libro, para que puedas recibir enseñanza, sanación y ayuda espiritual de los Emisarios Pleyadianos de Luz de una manera apropiada para ti.

Los pleyadianos me han dicho que el conocimiento y las prácticas de sanación del Ka Divino, que son parte fundamental de los Ejercicios Pleyadianos de Luz eran los elementos claves de las prácticas de sanación en los templos de la antigua Lemuria, la Atlántida y Egipto. En una ocasión me ocurrió que mientras estaba hablando por teléfono con una mujer sobre el Intensivo de Ejercicios Pleyadianos de Luz que imparto, tuve una visión de nosotras dos en compañía de otras mujeres de pie, vestidas con túnicas blancas como si se tratase de sacerdotisas, formando un círculo en un templo egipcio. Algunas lloraban, pero todas estaban muy tristes. Acabábamos de enterarnos de que los soldados venían de camino para destruir los templos y llevarnos prisioneras. Las jerarquías espirituales y políticas habían perdido la batalla, y los templos de Set, una oscura orden religiosa basada en el miedo, iba a reemplazar a los sagrados templos de luz.

En grupo decidimos quemar todas las pertenencias del templo y tomar veneno —un dulce suicidio nos pareció mejor destino que la violación, la violencia y la opresión que suponía la otra opción—. Dije a las mujeres: «Cuando termine el ciclo de oscuridad, retornaremos y volveremos a despertar el recuerdo de las enseñanzas del templo». Una de las más jóvenes dijo entre sollozos: «Pero ¿cómo es posible? Todo lo que amamos y por lo que hemos trabajado tanto se perderá». Yo le contesté: «Querida, si lo soñé una vez y lo hice llegar a nuestra gente, lo haré de nuevo cuando llegue el momento».

En varias vidas anteriores a ésta había sido una sacerdotisa con el don de soñar. Había trabajado multidimensionalmente a través de sueños lúcidos realizando sanaciones y enseñanzas espirituales a la vez que difundía por los templos las enseñanzas de los Emisarios Pleyadianos de Luz. En los templos egipcios que estaban a punto de ser destruidos yo había empezado una nueva vía de sanación. Básicamente eran los Ejercicios Pleyadianos de Luz que ahora han vuelto a mi vida. He guardado mi promesa. Debido a la posición de la Tierra en su ciclo evolutivo, los Emisarios Pleyadianos de Luz me han dicho, «*Ahora es el momento* de recordar este trabajo».

El proceso mismo de escribir el libro ha sido toda una experiencia vital. Después de que los pleyadianos me pidieran escribir el libro, me propuse deliberadamente no leer ningún material relacionado, ni siquiera remotamente, hasta terminar el borrador. Así que cualquier similitud es una coincidencia, excepto algunas referencias al último libro de Barbara Hand Clow que se añadieron más tarde.

Antes de mandar la propuesta y una parte del borrador a la editorial Bear & Company no sabía que Barbara Hand Clow y su marido fueran los dueños. He leído varios libros suyos —*Heart of the Christos, Liquid Light of Sex,* y *Chiron: Rainbow Bridge Between the Inner and Outer Planets*— y fui a oírla en Seattle hace unos años y desde entonces le tengo un profundo respeto y la considero una persona clara de una gran integridad. Tener la oportunidad de trabajar directamente con ella era la guinda del pastel. Así que cuando llegué a casa una noche y me encontré con el mensaje de Barbara en el contestador en el que aseguraba que Bear quería publicarme el libro, estaba doblemente emocionada. La primera vez que los Emisarios Pleyadianos de Luz me hablaron de escribir este libro me enseñaron el nombre de Bear & Company en la contraportada.

Cinco días después de recibir el mensaje de Barbara, antes de hablar con ella por teléfono, recibí una carta suya que empezaba: «¿Estás tan emocionada con esto como yo?» No pude evitar reírme y sentirme honrada al mismo tiempo que seguía leyendo que iba a publicar un libro en otoño titulado, *The Pleiadian Agenda: A New Cosmology for the Age of Light*, del que mi libro era el complemento perfecto. Su libro incluía información sobre el Ka y sobre la imperiosa necesidad de sanarlo y activarlo, pero que los pleyadianos le habían dicho que otra persona canalizaría y escribiría el manual sobre cómo llevarlo a cabo. Barbara y yo nos complementábamos la visión e información de cada una sin tener conciencia de una colaboración directa. Nos pusimos de acuerdo en que no nos enseñaríamos los borradores para no influenciarnos, y, sin embargo, por nuestras conversaciones telefónicas resultaba obvio que trabajábamos con la misma fuente pleyadiana. La complementariedad de las dos obras es producto del ingenio pleyadiano. Después de terminar mi borrador y leer partes del nuevo libro de Barbara, añadí un par de referencias de *The Pleiadian Agenda* en mi texto y en el glosario.

Justo antes de terminar este libro —después de mi meditación matinal— fui guiada al salón a recoger otro libro de Barbara, *Signet of Atlantis*. Lo había comprado hacía poco con la intención de leerlo después de haber terminado el mío, pero esa mañana me dijeron que lo abriera y leyera el prefacio. Contenía la historia de la trilogía de Barbara, de la que *Signet* era el tercer libro; se esbozaban los retrasos, las distracciones, las restricciones de tiempo.

Su historia era tan parecida a la mía que pensé: «Quizá sea ésta la forma que los pleyadianos tienen de hacer las cosas. Ojalá lo hubiese sabido antes; quizás hubiese estado menos ansiosa por hacerlo a tiempo». Durante los seis meses que estuve escribiendo el libro, mi reciente matrimonio acabó en separación y luego en divorcio, respeté mi horario de clases y prácticas privadas de sanación, estuve enferma dos semanas y media, me mudé de casa e impartí un Intensivo de Ejercicios Pleyadianos de Luz durante veintiún días. Anteriormente, pocas veces había trabajado más de tres días seguidos sin un día o dos libres; durante esos seis meses aquel horario parecía un sueño ancestral. Sin embargo, adquirí un nuevo nivel de confianza en mi capacidad de seguir adelante de una forma efectiva y consistente.

Ocho semanas antes de terminar este libro, cerca del final de mi tiempo de meditación matinal, vinieron los pleyadianos y me llevaron a experimentar nuevas energías y frecuencias. Después me pidieron que fuese al ordenador a abrir un nuevo archivo. Cuando lo hice, prosiguieron dándome un esbozo del siguiente libro de Ejercicios Pleyadianos de Luz. Supongo que mi nueva lección es que el río sigue corriendo sin pararse ni dudar.

En parte, esta corriente rápida y continua se ve acelerada porque la Tierra se encuentra en la Banda de Fotones y continuará adentrándose en ella sin volver atrás. A medida que se acerca el año 2013 no va a haber grandes interrupciones ni en intensidad ni en aceleración; los cambios físicos, emocionales, espirituales y mentales han empezado ya y cada vez van a ser más grandes y evidentes a medida que la humanidad avance a través del tiempo y el espacio durante los próximos diecisiete años. Puede que te sientas llamado a aprender nuevas modalidades de sanación, asistir a seminarios de formación espiritual, buscar la ayuda de un sanador, o acudir a ceremonias sagradas. Tienes tu propio papel que jugar en los tiempos que vienen y debes examinar y seguir tus impulsos cuando sientas que tienen inspiración divina y no simplemente miedos reaccionarios de ser dejado atrás. Hay muchos que empezarán a despertar al concepto de evolución espiritual durante los tiempos venideros, mientras que otros decidirán abandonar el planeta o resistirse al cambio hasta el último aliento. Si estás destinado a ser sanador, maestro, consejero o amigo sabio, no dudes en prepararte para asumir tu papel.

La esperanza e intención de los pleyadianos y de mí misma es que este libro contribuya a la gracia y la intensidad de la sanación, al despejamiento y a la evolución espiritual, tanto tuyos como del planeta. A través de la unidad de objetivos, conseguiremos individual y colectivamente alumbrar una nueva manera de ser y de vivir, y la meta de la ascensión planetaria se podrá conseguir.

Sección I

¿POR QUÉ LOS PLEYADIANOS?

¿POR QUÉ AHORA?

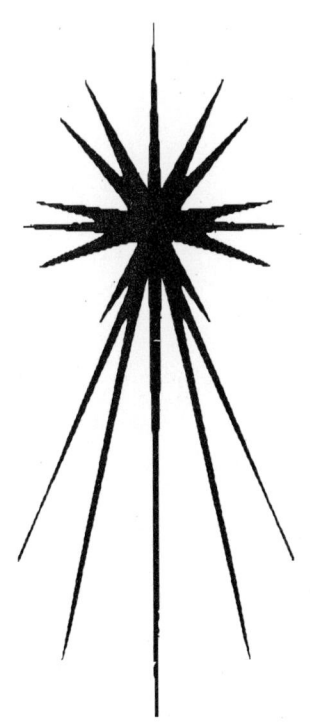

Capítulo 1
EN EL PRINCIPIO...

Mientras estaba tumbada en el suelo después de tres días de ejercicios de suelo guiados Feldenkrais, un ser de luz de estatura humana, llamado Pa-La, me tendió la mano para que se la tomara. De inmediato se produjo una sensación de confianza y familiaridad. Cuando decidí tomarle la mano, me encontré junto a mi propio cuerpo. Sin dejar de asir la mano de Pa-La me vi flotando con él y así salimos de la habitación, de la casa y rápidamente de la atmósfera terrestre. Avanzábamos sin esfuerzo por entre capas de tinieblas seguidas por zonas de un azul radiante y un blanco como la leche y nos adentramos en el espacio exterior. La vista de una gran nebulosa multicolor de bonitos colores dominada por el rojo con manchas azules y unas pocas amarillas y blancas era lo único que interrumpía lo que parecía un cielo infinito azul oscuro en profunda expansión, con estrellas a modo de puntos holográficos. Hoy en día, el precioso recuerdo de haber pasado bajo la nebulosa aún pervive en mi mente como si lo estuviera viendo.

Algo más allá de la nebulosa, parecía que íbamos más despacio para acercarnos a una estructura compuesta de multitud de pirámides de oro brillante coronadas por cruces de brazos iguales. Era el techo de una estación espacial, en la que a medida que descendíamos por debajo de las pirámides resultó ser grande. Desde el interior de la construcción, grande como una nave industrial, las pirámides estaban a unos ciento veinte metros por encima de nosotros, vacías pero irradiando una nítida luz de colores provenientes de una fuente desconocida. La habitación misma era casi toda blanca, de apariencia muy sobria, y asimismo iluminada por una fuente invisible. Me quedé tan sobrecogida por la belleza de las pirámides y la increíble mezcla de amor e inteligencia que fluía de los cuatro seres de luz que nos saludaron que no recuerdo nada más del lugar. Cada uno de estos seres era de una tonalidad única, rojo, amarillo dorado, verde y azul. Parecían tener una estatura más o menos la mitad de la mía y su forma era la de triángulos alargados coronados por un vértice redondeado en la parte superior. No tenían miembros o rostros definidos y, sin embargo, el vértice superior de los altos cuerpos triangulares tenía algo parecido a ojos y centros de comunicación como si los seres fueran figuras con cuerpos en el interior de capuchas y túnicas. Pa-La, de forma humanoide, estaba formado, por otra parte, íntegramente de destellos de plata azulada.

En uno de los momentos, el ser dorado me preguntó telepáticamente si desearía experimentar un equilibrio de energía. Aunque soy por naturaleza una persona cauta, contesté: «¡Sí!», sin hacer preguntas. El ser más pequeño de color blanco plateado que me guió hasta allí me elevó hasta el techo y me depositó en la misma cima con la cabeza en la parte superior. Me rodeó una energía y unos destellos claros que me llenó de un gozo intenso y gran despreocupación. Luego, el ser dorado me preguntó mediante telepatía si estaba dispuesta a recuperar mi cuerpo astral pleyadiano. Sin dudarlo y con lágrimas de profundo amor y liberación le dije que sí.

La energía y el color empezaron a acumularse y a girar rápidamente; fue de alguna manera una interacción entre el cuerpo y el campo de energía dentro de la pirámide. Se formó un cuerpo luminoso idéntico a los seres triangulares de color rojo unido al cuerpo mediante un cordón de plata como aquel que me unía al cuerpo astral humano y sentí la consciencia dentro de la nueva forma y en la humana. Este cuerpo luminoso se fundió con mi cuerpo humano. Mi energía subió y del gozo y la liberación nació un profundo estado de paz y rectitud. No era otra entidad que se unía y se fundía conmigo. Era una parte de mi propio «todo» que cobraba forma luminosa y volvía a mí; una parte que había olvidado hacía mucho tiempo.

Surgió de mi interior un vínculo profundo de amistad, confianza y amor ancestral hacia estos viejos camaradas reencontrados. Comprendí que la primera vez que llegué a esta galaxia la forma original que tomé para hacer descender mi vibración —preparándome para cumplir con mi deber aquí— fue la pleyadiana. Había morado en diferentes lugares de las Siete Hermanas, recibiendo la instrucción y la experiencia pertinente con vistas a mi tarea futura. Por ello, el estar con estos queridos amigos ancestrales era algo natural y largamente esperado. Cuando se terminó el recorrido y las conexiones con el cuerpo luminoso nos despedimos con un intercambio silencioso de amor, gratitud y respeto mutuos.

El viaje de vuelta fue muy rápido en comparación con el vuelo de ida. Desde entonces he hecho muchos viajes pero han sido más rápidos. Cuando estoy fundida con mi cuerpo luminoso pleyadiano, las restricciones de tiempo y espacio se reducen a un mínimo. Flotando sobre la habitación antes de regresar al suelo con los demás estudiantes, me dijeron que mi cuerpo luminoso pleyadiano iba a estar conmigo en contadas ocasiones pero mantendría una conexión constante con los Emisarios Pleyadianos de Luz —el nombre que más tarde supe que tenían mis amigos—. Mi cuerpo luminoso pleyadiano me permitiría cumplir en dos lugares al mismo tiempo y actuar de intermediaria entre las dimensiones superiores y la Tierra tridimensional, así como entre Alción, el sol central pleyadiano, y la Tierra.

Los pleyadianos me contaron que estaban examinando en detalle el curso de ejercicios de remodelación Córtico-Neuro-Muscular en el que participaba, porque estaban aprendiendo a ayudar a los seres humanos a realizar los cambios de vibración necesarios para que nuestro sistema nervioso aguantara los futuros cambios de frecuencia en la Tierra. La clave era aprender la mayor cantidad posible de maneras de sanar el sistema nervioso.

Con el objetivo de estudiar y ayudarnos a profundizar en nuestros procesos de sanación, se asignaba un guía pleyadiano a cada alumno del curso que así lo deseara. Estos guías nos supervisaban, estudiaban los efectos del trabajo y determinaban maneras de utilizar la información para ayudar también a otros. Esto se ha realizado posteriormente con un gran número de personas en los planos astrales durante el sueño. Además, muchos recibían el trabajo directamente de monitores humanos como yo. Recibía ejercicios de sanación y realineamiento durante el sueño a fin de aprovechar más profundamente el curso de Remodelación Córtico-Neuro-Muscular, así como poder probar la efectividad de los ejercicios etéricos en otras personas. Los Emisarios Pleyadianos de Luz también me enseñaban técnicas avanzadas durante el sueño. Y en la clase de aprendizaje a nivel tridimensional recibía instrucción telepática sobre cómo mejorar el trabajo cuando los pleyadianos lo considerasen oportuno. Con estas últimas preparaciones mi guía pleyadiano, Pa-La, me devolvió a mi cuerpo. Cuando me desperté en la habitación no tenía prácticamente conciencia de la duración del viaje tal y como la medimos en la Tierra.

Esa noche fue la primera clase astral en la que participé conscientemente. Cuando me desperté a la mañana siguiente, mi cuerpo se movía de un modo involuntario. De inmediato llegó el mensaje telepático de Pa-La que decía: «Relájate y permite terminar el modelo de movimiento para luego ponerlo sobre el papel». Mientras lo hacía, mi cuerpo ejecutaba una serie de movimientos elegantes aunque leves. Cuando anoté la secuencia la titulé «La Cuna». Este conjunto de movimientos guiados se denomina «movimiento delfínico» y forma parte de la remodelación del cerebro delfínico. Sus raíces están en los principios de ejercicios de Consciencia a Través del Movimiento de Moshe Feldenkrais. La versión pleyadiana de los movimientos guiados es el siguiente paso en la evolución de esta modalidad.

Es más, la misma noche de mi primera clase astral

estaba con Moshe Feldenkrais y otros en algo parecido a un laboratorio. Había ordenadores con capacidad para controlar datos «psíquicos» o no-físicos. Moshe, al que no logré conocer en el mundo físico, explicaba y demostraba el trabajo que había desarrollado en su vida física y cómo ampliarlo y mejorarlo con la ayuda de personas como yo. El cuerpo de Moshe murió hace unos años pero su genio y su compromiso seguían vivos.

Me encontré juntos a Moshe y los pleyadianos muchas veces en los planos astrales. Los momentos que pasé con Moshe y con el grupo son inolvidables. Moshe solía ser muy directo e iba al grano, sin ofrecer datos innecesarios; una broma ocasional o un comentario amistoso era algo raro y precioso. A veces, me proporcionaban movimientos delfínicos; otras, el grupo me enseñaba la filosofía y la teoría de los ejercicios. En algunas ocasiones incluían tecnología de sanación por láser —o sesiones de imposición de manos que constituyen el otro aspecto de la Remodelación Cerebral Delfínica—. Siempre recordaba lo que escribía por la mañana. Durante todo un mes mantuve dos diarios: uno, de los ejercicios pleyadianos, y otro, del curso intensivo de Remodelación Córtico-Neuro-Muscular.

En algunas ocasiones durante el intensivo descansaba en naves de luz pleyadianas o en otras estaciones espaciales. Estas ocasiones se daban tanto en mi cuerpo astral durante el sueño lúcido como durante las clases y meditaciones. Sin excepción, las experiencias fueron tiernas, respetuosas de mis límites y mi libre albedrío. Hasta la fecha, nunca he tenido un cordón psíquico ni me han implantado ningún dispositivo ni tampoco he visto que se lo hicieran a otros. En el pasado, he tenido problemas personales de invasión extrema de otros extraterrestres, menos éticos, y he liberado de estos extraterrestres y sus implantes a muchos clientes. Después del intensivo, pasé un par de días en Anaheim, California, para ir a Disneylandia con amigos del curso. La primera tarde paseaba por la piscina del motel con música suave en el walkman cuando apareció mi guía pleyadiano y me pidió que le acompañara. Mientras salía del cuerpo me asusté y me puse inmediatamente en guardia al ver a otros dos seres procedentes de Orión. Mi guía rápidamente me aseguró que eran amigos, lo que enseguida percibí como cierto ya que sentí la compasión de los seres de este lugar. En una comunicación silenciosa me hicieron saber su pesar porque algunos de los suyos se desviaron hacia el mal. También me dijeron que eran siervos de la Luz y, específicamente, de la Federación Galáctica de la Luz.

Los cuatro fuimos juntos rápidamente hasta una gran estación espacial al límite de la atmósfera terrestre. Era enorme —de muchos niveles y cada planta parecía tener una función totalmente independiente—. Sin embargo, hasta llegar a nuestro destino no me detuve en ningún lugar lo bastante como para verlo en detalle. Allí, en el centro de lo que era una sala de aproximadamente 600 por 600 metros, había un cilindro oscuro, de color gris cobalto, fabricado de un metal de apariencia extraña. No puedo describirlo mejor por ahora. Los Seres de Luz de este grupo específico de Orión me aseguraron tener la capacidad de devolver a la nada la energía y los desechos nucleares mediante la cámara que habían creado. Es más, afirmaron que, utilizando esta cámara, no quedaría residuo en ningún sitio. Continuaron explicándome que nunca lo usarían si no había suficientes humanos conscientes de la oscuridad que ha impregnado este planeta y eligiesen así asumir su responsabilidad en la creación compartida según la ley divina. Como pueblo de la Tierra que somos, debemos ser conscientes del efecto que causamos sobre los demás, el planeta y las futuras generaciones. Nosotros, los humanos, debemos pedir la intervención divina frente a la amenaza nuclear de aniquilación del planeta. Sin esta amenaza tendremos una oportunidad para empezar de nuevo entre todos la creación compartida con Dios/Diosa/Todo Lo Que Existe, la Tierra, las formas de vida terrestre sin excepción y nuestros amigos intergalácticos.

Desde entonces, Saint Germain me ha seguido explicando que todos debemos responsabilizarnos de actuar dentro de lo que él llama «la armonía de la creación compartida». La actitud inherente a la creación compartida es lograr que todos ganen, lo cual debe ser también el resultado de toda acción y creación de la realidad.

No hace falta decir que aquel día en Anaheim regresé muy agradecida a mi cuerpo, así como un poco más humilde después del encuentro con los seres de Orión que tomé al principio por «malos». Su sincera dedicación a la Tierra y a la Luz me impresionó tanto que desde aquel encuentro he querido eliminar de mi actitud y de mi vocabulario estas etiquetas negativas y llenas de prejuicios. Intento verlo simplemente en términos de niveles de evolución. Toda existencia supone un proceso continuo de aprendizaje y crecimiento. En el camino podemos quedar atrapados en juegos de poder o en magia negra, en drogas o cualquier otro tipo de abuso, pero al final todas las formas de vida evolucionan para ser creadoras junto con Dios/Diosa/Todo Lo Que Existe, en armonía con el Plan Divino de Luz, Amor y Verdad. Todos acabaremos teniendo un cariño natural por la creación. Juzgar algo o a alguien sólo por su nivel evolutivo actual es a la vez erróneo y contraproducente. Somos responsables de enseñar antes que nada con el ejemplo a medida que crecemos y nos hacemos más conscientes. La elección de este punto de vista nos permite sentir y honrar el sentimiento de conexión de todas las cosas.

Después de aquel viaje con mis tres acompañantes, todos los amigos pleyadianos parecieron desaparecer sin dejar rastro. Les llamé. Intenté en sueños establecer citas con ellos. Pero no pasó nada. Empecé a sentirme cada día más frustrada y más sola, hasta que una tarde, mientras meditaba, empecé a llorar, gritando: «¿Por qué me habéis dejado? ¿Dónde estáis? ¿He hecho algo malo? (La reacción humana automática ¿no?). Sentí el suave resplandor de una presencia familiar y tierna que conocía como Ra, el ser dorado, tocándome el brazo. De nuevo pregunté: «¿Por qué habéis desaparecido? Os he echado de menos, habéis dado tanto sentido a mi vida que no soporto que no estéis».

Ra, muy compasivo, me contestó: «Amada, nunca estaremos lejos de ti. Si de verdad nos necesitas, siempre te dejaremos sentir nuestra presencia. Mas por ahora debes seguir tu vida aquí en la Tierra. Cuando mantenemos contacto regular contigo tiendes a concedernos más importancia y realidad que al resto de tu vida. Nunca haríamos nada que suplantase tu aprendizaje, crecimiento y tareas aquí en la Tierra. Te queremos y te respetamos demasiado. Cuando llegue la hora volveremos a reunirnos en tu consciencia, así como en las esferas inconscientes». Tranquilizándome con una última ola de amor y compasión que fluyó a través de mí, Ra se marchó.

Después de esta ocasión, a excepción de algunas canalizaciones, la mayoría de los contactos conscientes con Ra y algunos otros ocurrieron mientras estaba con clientes. Durante estas sesiones, los Emisarios Pleyadianos de Luz me instruyeron y me ayudaron con el proceso de sanación. Esto sucedió casi exclusivamente durante las sesiones de Remodelación de Movimiento Cerebral Delfínico y sesiones de Movimiento Delfínico hasta el final del verano de 1993 cuando empezó una nueva etapa.

Capítulo 2

MI INTRODUCCIÓN A LOS EJERCICIOS PLEYADIANOS DE LUZ

En el verano de 1993 estaba tomándome un descanso merecido en el balneario de Breitenbush, un centro turístico de Oregón. Me senté, rodeada de bosques milenarios y del sonido del río Breteinbush, en un banco de madera, tomando plácidamente una comida orgánica vegetariana preparada por su estupendo personal de cocina. Llevaba en el centro seis días dándome baños minerales calientes, saunas, duchas frías y paseos, además de largos períodos de sueño y algunas siestas, hasta el punto de empezar a sentirme de nuevo con fuerzas. Llevaba encima una sonrisa de satisfacción y poco más me hacía falta aquella tarde calurosa de verano.

Cuando me levantaba a devolver la bandeja al interior, me llamó la atención el colgante que llevaba en el cuello una mujer. Seguí mi camino y dejé la bandeja, pero volví a salir y me acerqué inconscientemente a la que lo llevaba y le dije: «Hola, me ha llamado la atención el diseño poco corriente de este colgante. ¿Lo ha diseñado usted?» Ya se me ha olvidado la explicación que me dio, pero sirvió para conocernos. Me dijo ser quiromasajista y que vivía en la zona de Laguna Beach. Luego me explicó que había estado trabajando en algo que no era quiromasaje y poco más me pudo decir aparte de que mejoraba muchísimo el estado de los clientes. Era algo totalmente intuitivo que nunca hacía dos veces igual. Se encontraba pasando una pequeña crisis de identidad en el sentido de no saber cómo describir su trabajo, pero reconocía que los cambios eran positivos.

Al poco tiempo de haber iniciado la conversación me

distraje de tal manera con unas visiones, que dije, casi a modo de excusa: «Perdona, pero me está pasando algo que me pide entrar en trance. Soy clarividente y esto no suele pasarme con gente que acabo de conocer, mas por alguna razón parece importante. ¿Me disculpas?». Le brillaron los ojos de curiosidad y de inmediato me dio permiso. Lo que vi me cogió totalmente por sorpresa. En una burbuja casi pegada sobre el lado derecho de su aura vi una escena en miniatura de las dos con varios Emisarios Pleyadianos de Luz a bordo de una nave espacial, aprendiendo y observando una sesión de Enlace Estelar Delfínico. Abrí los ojos y dije algo como: «Dime si ese nuevo trabajo que haces consiste en colocar la punta de los dedos en los puntos del cuerpo que necesitan una energía que surge de conectar unos con otros. Dime si cuando lo haces se reconecta y se activa el circuito eléctrico entre esos puntos. Y ¿qué sienten los pacientes: dolor o liberación inmediata de presión?» Bastante sorprendida, me respondió: «Pues sí, pero nunca he podido explicarlo tan bien. ¿Cómo lo has sabido?» Le contesté: «Porque lo hemos aprendido en la misma nave pleyadiana de luz. Llevo imponiendo así las manos desde principios de los 80, pero hasta ahora no sabía que los pleyadianos me habían enseñado». Se produjo una pausa en la que apareció mi guía pleyadiano Pa-La pidiéndome que le dijera a ella que la habían estado preparando durante los últimos seis meses mientras dormía. Cuando se lo dije, sólo me contestó: «Ese es el tiempo que llevo haciendo este nuevo trabajo. No sé por qué, pero no puedo decir que me sienta sorprendida».

Desde aquel momento compartí con ella algunas de mis experiencias conscientes con los Emisarios Pleyadianos de Luz. Los Ejercicios Pleyadianos de Luz, que más tarde llamaría técnicas de sanación pleyadianas, se crearon para sustituir el tipo de quiromasaje que sólo trata los síntomas en lugar de despejar la fuente del dolor estructural. Coincidió conmigo en que ya sentía la necesidad de aplicar técnicas más profundas antes de empezar con el nuevo método y que había algo más que aquello. Seguí contándole mis primeras experiencias con el Enlace Delfínico Estelar y ella también compartió sus experiencias conmigo. Luego, Pa-la le dio un nuevo giro a la conversación.

Pa-la me pidió que consiguiese papel y lápiz, lo que hice. Durante la siguiente hora y media me habló de los canales ka, descritos con más detalle en la Sección II de este libro. Me mostró las grandes vías de estos canales que son una «nueva» versión del sistema clásico de meridianos. También me informó sobre algo llamado Plantilla Ka, que sirve para regular el flujo de energía Ka en el cuerpo. La energía Ka se ha descrito como la luz cósmica básica y fuerza vital que cuando fluye adecuadamente por nuestros cuerpos físico y etérico restaura los demás sistemas de meridianos, como los utilizados en Shiatsu y acupuntura, manteniendo su flujo abierto. Esta fuente de energía consiste esencialmente en frecuencias descendidas de nuestro Yo Superior en su alineamiento multidimensional holográfico. Cuando nos reconectamos con nuestro Yo Superior, y abrimos los canales Ka recibiendo la energía Ka de dimensiones superiores, aumenta considerablemente la oportunidad de unir el espíritu al cuerpo físico. Para aquellos de nosotros, buscadores espirituales de la Verdad, lo que esencialmente se ofrece es ayuda en el proceso completo de descenso del espíritu en la materia con el propósito de transfigurarse e iluminarse. Cuando el espíritu desciende plenamente sobre la materia nos convertimos en cuerpos de Cristo aquí en la Tierra. A esto se le podría llamar la segunda venida colectiva de Cristo. La activación final de Ka es la ascensión.

¡Y eso que iba a ser una conversación trivial de sobremesa! Mi nueva amiga y yo estábamos encantadas con la información recibida, así como con el chorro de energía que la acompañaba, particularmente la energía de las visiones y sentimientos de mis vidas pasadas, que llegaron de forma espontánea a mi consciencia. Había escenas de Lemuria, la Atlántida y el antiguo Egipto en las que yo estaba entre los sanadores que utilizaban los mismos procesos de sanación que ahora se me recordaban. Volví a experimentar actividades en templos de antiguas culturas en una mayor sintonía espiritual que nuestro mundo de hoy. Me sentía como si hubiese regresado allí. Pero también estaba fresco en mi memoria el conocimiento de la caída de aquellas civilizaciones.

Los pleyadianos [el nombre abreviado de los Emisarios Pleyadianos de Luz] dicen que la Tierra gira alrededor de Alción, así como Alción y el sistema pleyadiano orbitan alrededor del Núcleo Galáctico, y a medida que nuestra galaxia realiza su danza en continua espiral a través del tiempo y del espacio, existen puntos en la sagrada espiral en los que entramos en períodos de gracia. En esas épocas se multiplican las oportunidades para la evolución y el despertar espiritual de cada persona, así como del planeta en conjunto. Ésta de ahora es una de esas épocas: una época para recordar e ir más allá de lo que habíamos ido. Disponemos de un margen durante el cual tenemos la oportunidad de aprender de los errores cometidos en el pasado, perdonar y asumir la responsabilidad de todo lo que hemos creado y experimentado —así como de lo que crearemos y experimentaremos—. Con ello abriremos la puerta a la revelación de este futuro ancestral.

En Breteinbush mi nueva amiga y yo nos sentimos profundamente inspiradas compartiendo y recordando. Después de intercambiar números de teléfono y direcciones y entregarle una copia de los apuntes, mi nueva «vieja» amiga y yo nos separamos quedando en seguir en contacto.

Esa misma tarde, en mi habitación, recibí otra transmisión, esta vez del Maestro Ascendido Jesucristo [al que me referiré como «Cristo» o «el Cristo» en las futuras alusiones; utilizo «Jesucristo» cuando me refiero a la encarnación histórica de Cristo]. Era una transmisión sobre los siete rayos y el papel de las parejas divinas, que son las guardianas y emisoras de los rayos de energía que reciben las parejas de la Tierra. Esta transmisión explicaba que ahora es esencial la transformación de las relaciones hombre/mujer en lo que han de ser realmente, formando parte del plan global de Cristo y los pleyadianos. [Se incluyen más detalles sobre el paradigma hombre/mujer en el capítulo 10 titulado «Cámara de Configuración de Amor»]. Esta información me puso triste, ya que yo no tenía una relación de pareja en ese momento y lo deseaba de todo corazón. Pero plantó la semilla de la esperanza de que pronto llegaría. Había esperado mucho tiempo a mi compañero espiritual y ayudante. Pero me dormí casi contenta y agradecida.

Aproximadamente dos semanas después de mi vuelta a casa se produjeron dos acontecimientos consecutivos. Primero, se me concedió un período de «iluminación» de veinticuatro horas, como Ra lo llamó cuando me pidió que fuese a Sand Flat en el monte Shasta a una hora determinada de la tarde siguiente y me sentara debajo del «árbol de Cristo». El árbol que me había mostrado Cristo en forma etérica hacía unos años como lugar de encuentro con él. Durante unos meses, cada vez que iba allí, Cristo me daba la bienvenida. Me proporcionaba enseñanzas espirituales y discursos que me ayudaban a sentir compasión hacia mí misma, o a encontrar maneras de dirigir mi vida o mi crecimiento espiritual. Un día, después de un departir especialmente alegre con él, me informó que ya no nos encontraríamos allí excepto en raras ocasiones. Dijo que quería que fuésemos amigos en igualdad de condiciones y que no dependiese demasiado de él. El pie del árbol sería un lugar para sentarse en paz y conectar con mi propia presencia de Cristo más intensamente de lo que era capaz entonces. Así que, cuando Ra me pidió que fuese, allí fui.

Cuando me acababa de sentar cómodamente bajo el árbol, me rodeó un grupo de pleyadianos —con el que iban el Cristo y Quan Yin junto con numerosos ángeles y Seres de Luz—. Fui llevada a un estado de expansión que llamaban punto de referencia para la iluminación.

Las primeras palabras que oí fueron de Ra: «Impartirás un programa de veinte días llamado Ejercicio de Luz Pleyadiano Intensivo. Se celebrará desde últimos de noviembre hasta diciembre de este año y comprenderá tres partes. La Sección 1 se llamará Remodelación Córtico-Neuro-Muscular [ahora denominada Remodelación Cerebral Delfínica], que liberará la columna y el sistema óseo de las pautas de restricción, permitiendo y mejorando la circulación del fluido cerebro espinal. Así se abrirán los neurotransmisores del cuerpo a nuevas frecuencias de luz.

»Estas nuevas frecuencias se presentarán en la Sección 2 que se denominará Los Canales de Ka y la Activación de la plantilla Ka. En esta Sección del intensivo también enseñarás la conexión con el Yo Superior, ética superior y la responsabilidad espiritual esencial para mantener el flujo de las energías Ka una vez activadas. La Sección 3 se denominará Realineamiento y Reactivación del Cuerpo Eléctrico de Luz (ahora denominada Enlace Delfínico-Estelar). Para lograr un efecto más duradero y pleno, los canales Ka deben abrirse antes de proceder con los ejercicios eléctricos. Se necesita la energía Ka para mantener despejadas las vías eléctricas una vez realizados los ejercicios iniciales.»

Estaba más que sorprendida. Para empezar, yo tendía a la cautela respecto de los círculos en los que me daba a conocer. Llamar abiertamente a este nuevo programa, «Curso intensivo de Ejercicios Pleyadianos de Luz», era un gran paso para mí, cosa que no cuestioné porque en aquel estado yo lo percibía como correcto. Que así sea.

El siguiente paso llegó cuando Ra me esbozó un par de cosas que ni siquiera intuía. Me dijo en un tono ligeramente divertido que yo estaría preparada cuando llegase el momento. Entonces me explicó muchos más planes y detalles que, debo confesar, recordé sin ningún problema cuando llegué a casa. Cosa que no es normal en mí, pues, en general, mi memoria no es algo de lo que pueda presumir.

El segundo acontecimiento importante ocurrido al llegar de Breteinbush fue la vuelta de mi ex novio a mi vida. Ésa fue una sorpresa aún mayor, ya que consideraba que aquella relación no podía llenarme más. Sin embargo, ahí estaba —amado y compañero del alma ancestral— con toda la fuerza de los sentimientos.

Volví a la práctica de la enseñanza y la sanación. Al principio no parecía progresar mucho en relación al Intensivo de Ejercicios Pleyadianos de Luz. La única continuidad fue que los pleyadianos, junto con el Cristo, seguían dándome sesiones regulares de sanación para abrirme todo lo posible los canales Ka sin recurrir a la imposición de manos. Me dijeron que los resultados serían más duraderos cuando la imposición de manos pudiera realizarse a través de estudiantes preparados. A veces, los Emisarios Pleyadianos de Luz me mostraban, mediante la clarividencia, en qué parte del cuerpo estaban operando para que me ocupase de eliminar el dolor, lo que por alguna razón ellos son incapaces de hacer. En otros momentos los dedicaba a relajarme sola, sintiendo leves energías o durmiéndome.

El cambio que más efecto tuvo en mí fue el mantenimiento de mi nivel energético a lo largo del día. Disminuyeron hasta casi desaparecer por completo los altibajos que solía sentir. Tomó cuerpo en mí una sensación general de ligereza y capacidad de recuperación. Posteriormente, los clientes a los que impartí los Ejercicios Pleyadianos de Luz describían unos resultados casi idénticos. Los pleyadianos encontraban divertida mi tendencia a juzgar el trabajo por los resultados inmediatos; me dijeron que el verdadero objetivo del trabajo tenía muy poca relación con mi experiencia de entonces. Tendrían que pasar dos años a partir de la apertura de los canales de Ka para que la mayoría de los receptores pudieran percibir la verdadera función de Ka, la conexión a través de las dimensiones superiores con nuestro propio Yo Superior. Esta conexión abrirá comunicaciones multidimensionales con el Yo Superior, así como con otros seres de luz, permitiéndonos la comunicación directa con los sistemas estelares asociados con nuestro sistema solar y esta galaxia. Incluso después de esos dos años la gama de funciones de Ka continuaría expandiéndose en formas que aún no podemos ni imaginar.

Todavía satisfecha con los cambios que los ejercicios producían en mi vida y sabiendo que aún faltaba lo mejor, empecé la primera serie de sesiones con una amiga íntima que era a la vez alumna y cliente. Empezaba cada sesión sin tener ni idea de lo que iba a hacer. Siempre se me mostraba un canal, un punto de activación cada vez, cuyas experiencias yo trasladaba al papel. Otro estudiante y amigo vino a un intensivo de sanación de tres días, en medio del cual me revelaron tres grupos más de canales. A través de estas sesiones, así como durante las reuniones privadas con ellos, los pleyadianos me enseñaron todos los canales. Las piezas del rompecabezas empezaban a encajar.

Había un total de treinta y dos meridianos organizados en dieciséis pares. Todos tenían varios puntos de activación. A veces se daba la necesidad de sanar los canales mediante lo que podríamos llamar cirugía psíquica. En otras ocasiones, las técnicas de apertura de canales Ka eran más simples aunque más específicas; éstos eran los aspectos más fácilmente perceptibles de los Ejercicios de Luz Pleyadianos.

En una lectura con un cliente se me mostró el papel que juegan las rutas neuronales del cerebro en el desarrollo espiritual y la honradez. En pocas palabras, si nuestra respuesta a cada situación de la vida no es espontánea, correcta y sincera al 100 por 100, el espíritu no puede vivir en el cuerpo. La frecuencia de incluso el más mínimo engaño, hasta por omisión, está por debajo del nivel mínimo de frecuencia necesario para que el espíritu se encarne plenamente. [Se explica esto en detalle en el capítulo 12, «Despejar las rutas neuronales erróneas»]. Por ahora sopesa las implicaciones de ser espontáneamente sincero al 100 por 100 en tu propia vida. ¿Cómo te cambiaría eso?

Llegó noviembre, y con él el Intensivo de Ejercicios Pleyadianos de Luz. Ahora puedo decir sinceramente que superó con creces mis expectativas. Cada día la nave de luz venía a cubrir la casa, y el ánimo de todos los presentes se aceleraba de inmediato. Después de sólo tres días pensé: «Ahora sé por qué lo llaman intensivo». ¡En verdad que lo era! Todos sin excepción sufrieron la presión emocional por lo menos una vez; algunos alumnos en repetidas ocasiones. En parte se debía a la tendencia a recurrir a pautas de resistencia y oposición al cambio. Sin embargo, los Ejercicios Pleyadianos de Luz se reducían en su mayor parte a un proceso de sanación profunda que se daba con la suficiente consistencia como para ayudar a traspasar los límites previamente establecidos en una persona. En otras palabras, todos, incluso yo, progresamos mucho en esos veinte días.

La mayor dificultad supuso tener a mi pareja en el grupo, ya que nuestra relación tendía a ser bastante inestable en el mejor de los casos. Allí me encontraba yo al frente del grupo enseñando las bondades de la sinceridad espontánea en forma de responsabilidad espiritual dentro de los Ejercicios Pleyadianos de Luz cuando había días que no podía contener las lágrimas. Tener a mi compañero en la clase que dirigía habría sido difícil en el mejor de los casos. Máxime si a esto se añadía el mal estado de nuestra relación (incluso a veces me era difícil mirarle sin echarme a llorar). Así que... ¿qué es lo que hice?, ser totalmente sincera con el grupo, sin culpar a nadie, como les enseñaba que debían ser en su vida.

Nada más entrar en clase por la mañana explicaba cómo me sentía. A veces abierta y llena de equilibrio y amor; otras veces llorosa, y otras me sentía frustrada. Lo único que no variaba era mi voluntad constante de sincerarme ante el grupo. Cada día renovaba el compromiso de darles en cualquier caso lo mejor de mí. Y así fue. Me atrevo a decir que mi propia presencia diaria enseñó al grupo más sobre el dolor que acarrea la sinceridad y el sentir la mirada de los demás que cualquier otra cosa que hice entonces. Empecé a criticarme a mí misma por no estar normalmente más serena, por no tener una relación más satisfactoria y por haberle permitido permanecer en el grupo. Cada día me enfrentaba a mis propias críticas y expectativas sobre mí misma y cada día las transformaba en autoaceptación y autocompasión. Al final, todos los miembros del grupo sin excepción me agradecieron haber tenido el valor de «recorrer el trecho del dicho al hecho» y mostrarme tan vulnerable ante ellos. Su modo de aceptarme y acogerme con amor hicieron que fuese mucho más fácil aceptarme a mí misma. Pero, aún así, al término de la experiencia me prometí que nunca repetiría esa parte; la verdadera compasión hacia mí misma era no volverme a colocar nunca en esa situación. Lo cual no quiere decir que yo estuviese nerviosa todo el santo día. También tenía días alegres y despejados. Pero cuando el dolor aparecía, yo le dejaba quedarse. Sin dar demasiados detalles sobre mi compañero, hacía saber de palabra a los miembros del intensivo cómo me sentía. Pero a la hora de dar la clase ponía toda la carne en el asador. Existe una gran fuerza interior y un respeto hacia uno mismo cuando se madura lo suficiente para saber que podemos ser útiles a los demás a pesar de lo que nos vaya ocurriendo en la vida. Nunca antes mi capacidad se había puesto a prueba de esa manera. Seguro que después de aquello tenía las rutas neuronales echando humo.

La relación terminó poco después del Intensivo de los Ejercicios Pleyadianos de Luz, a lo que le siguió la sanación y la recuperación de mi persona. Como siempre, se mezcló mi propio proceso con la práctica de la sanación y de la enseñanza. Fue de gran ayuda que por fin me abrieran algunos de los canales Ka mediante la imposición de manos de un alumno diplomado en Ejercicios Pleyadianos de Luz, lo que supuso una gran compensación. Cuanto más profundo era el trabajo en mi cuerpo, más ganas tenía de compartirlo con más personas.

Una noche de invierno fui al salón a leer el correo y relajarme. Había entre el correo un boletín informativo de una amiga que no había visto hacía más de año y medio. En el boletín exponía los objetivos de un centro de sanación que ella misma estaba poniendo en marcha. Según iba leyendo, sentía cada vez más que el Intensivo de Ejercicios Pleyadianos de Luz tenía un papel que jugar en un futuro común con esta amiga. Sin embargo, cansada como estaba, empecé a dudar de mí misma pensando que podría estar proyectando mis expectativas sobre ella por tratarse de «lo último» que me había llamado la atención. Pero el sentimiento era intenso. Al final me fijé en un libro, *The keys of Enoch* que alguien de casa había dejado en la mesa. Nunca antes había tenido ganas de leerlo, pero de pronto me sentí empujada a tomarlo. En cuanto lo hice sonó la voz conocida de Ra que decía: «Abre el libro al azar y fíjate en lo que dice. Confirmará tus dudas o te reafirmará acerca del futuro de los Ejercicios Pleyadianos de Luz».

Abrí el libro al azar. En la sección 315 estaba la definición de Ka como el «doble divino» llamándolo por su nombre. Me quedé boquiabierta leyendo las tres secciones siguientes. Los pasajes describían la función de este doble divino en nuestro propio encristamiento, lo que supone hacer sitio para que nuestro propio Yo Maestro Ascendido adquiera forma física. Las líneas axiatonales, que a mi parecer coinciden con los canales Ka, se describen como equivalentes a los meridianos en acupuntura. Estas líneas o meridianos se describían no sólo como la clave de la salud física, sino que, correctamente alineadas con nuestro yo de dimensiones superiores, son también capaces de regenerar órganos y abrirse al descenso de nuestro yo crístico a nuestro cuerpo. Básicamente, el libro esbozaba los requisitos para que se dé la iluminación colectiva a nivel personal, aunque no explicaba el procedimiento concreto. Los Ejercicios Pleyadianos de Luz consisten precisamente en el procedimiento para llevar a cabo esta digna y oportuna tarea, y mi entusiasmo se disparó.

Lo siguiente que irrumpió con fuerza en mi vida después de semanas de insinuaciones fue la necesidad de escribir. En las veinticuatro horas siguientes a la experiencia de *The Keys of Enoch* dos amigos me hicieron esta pregunta: «¿Cúando vas a empezar tu libro?» Ninguno de ellos sabía por mí que pensaba escribir. Sin embargo, me preguntaban por ello. Shahan me contó que, en el transcurso de varias semanas, cada vez que iba a meditar en la rueda medicinal junto al lago, un libro flotaba en el aire sobre el círculo. Me contó que estaba escrito por mí y editado por ella y me preguntó cuándo empezábamos. Luego llamó Beth, una diplomada del primer intensivo. Había impartido en Georgia la primera tarde de introducción a los Ejercicios Pleyadianos de Luz y había resultado un éxito de asistencia. La mayoría de los asistentes estaban interesados ya sea en clases o en sesiones privadas. Pero lo que más le había sorprendido es que Ra llegó a la presentación con un mensaje para el grupo, anunciando: «Estad atentos al libro de Amorah que saldrá dentro de un año o año y medio. La palabra *Ka* es sólo conocida por un puñado de gente, pero en el tiempo que se acerca será una palabra muy oída por muchos...» Después de recibir este mensaje de Ra, Beth me dijo: «No sabía que estabas escribiendo un libro ¿cúando saldrá?» Mi respuesta sincera fue: «Yo tampoco lo sabía con seguridad pero supongo que tendré que ponerme a ello».

En ese momento de la conversación recibí una imagen de la portada de un libro en la que estaban escritas las palabras AHORA ES EL MOMENTO. Entonces pensé que las palabras de la portada eran el título; luego me di cuenta de que eran un mensaje para mí. Años antes, cuando los pleyadianos ya habían desaparecido, Ra me dijo: «Cuando sea el momento estaremos juntos de nuevo...» Hace unos meses pregunté a los pleyadianos por qué se introducía la sanación ahora y no antes. Ra me replicó: «Ahora es el momento». Así de claro y simple.

Capítulo 3

AHORA
ES EL MOMENTO

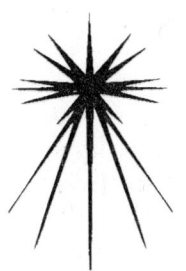

El mensaje de «ahora es el momento» de la revolución espiritual y el despertar del propósito evolutivo de la vida toda parece paradójico en esta sociedad que todavía valora dinero y beneficios por encima de la vida humana, y «la ley del más fuerte» por encima de la integridad. El mismo término *evolución* ha tenido una definición muy limitada en esta sociedad. El *Webster's New World Dictionary* define evolución como: «1. Despliegue, apertura o resultado; proceso de desarrollo de formas simples a complejas o de cambio progresivo, por ejemplo, de una estructura económica y social. 2. resultado o producto de esto; cosa evolucionada. 3. a) movimiento que forma parte de una serie o pauta. b) pauta producida, en verdad o en apariencia, por tal serie de movimientos. 4. una liberación o escape, por ejemplo, de gas en una reacción química. 5. a) el desarrollo de una especie, organismo u órgano desde su estado original o primitivo al actual o especializado; filogenia u ontogenia. b) teoría darwiniana.» (excluidas las definiciones matemáticas y militares).

Como yo lo entiendo, evolución y espíritu son inseparables, aunque no están ni remotamente conectados en el *Webster* ni en la vida moderna del ciudadano medio. La mayoría de la gente todavía cree que vivimos en el único planeta habitado que existe... donde todo humano u otra forma de vida vive sólo una vez y muere para siempre... donde el valor de cada vida y sustancia se expresa en dólares... donde únicamente un pequeño número de personas especialmente reconocidas por las iglesias establecidas son capaces de comunicarse y experimentar una relación directa con Dios, los ángeles o los Maestros Ascendidos... y donde la idea de evolución espiritual hacia un estado de autorrealización, iluminación y ascensión está considerada blasfemia o psicosis. Por todo, en el planeta aumenta el número de personas que empiezan a pensar de manera diferente. Son personas que tienen «consciencia de» o contacto con formas de vida de otros lugares. Ven una evolución espiritual que va más allá de esta vida. Los miembros de esta minoría actual son conscientes de la sacralidad inherente a todas las cosas. Se están abriendo a su propia presencia divina, así como a la comunicación con ángeles, guías y Maestros Ascendidos. A medida que se despiertan van eligiendo el camino hacia la autorrealización, la iluminación y/o la ascensión. Aunque este grupo sea con mucho minoritario, nosotros, sus miembros, somos cada vez más y la fuerza de nuestra voz es cada vez más fuerte en este mundo.

La paradoja de los que evolucionan espiritualmente en una sociedad capitalista en desarrollo se evidencia cada vez más y continuará aceleradamente de este modo a medida que pase el tiempo. Nos hemos convertido en un movimiento espiritual dentro de una sociedad no espiritual.

Este movimiento espiritual toma diversas formas: profesionales que abandonan una religión organizada para descubrir la meditación e introducirla en el lugar de trabajo; marginados sociales; profesiones de sanación alternativa; talleres espirituales, grabaciones, libros y grupos de meditación; oraciones y meditaciones a nivel mundial por la paz del 31 de diciembre; y lo más importante, personas como tú y como yo que se cuestionan el valor de vivir en un mundo como éste y exploran las alternativas externas e internas de nuestra vida. Exploramos las alternativas examinando nuestros propios pensamientos, emociones y acciones. Nos hacemos preguntas a nosotros mismos. Lo que hago, ¿daña de algún modo el planeta? ¿Desearía que mis juicios o mis pensamientos creasen mi realidad o la de cualquier otro? ¿Estoy preparado para preocuparme más del efecto que produzco sobre la Tierra, las personas y otras formas de vida, o me preocupa más salir adelante como sea? ¿Estoy intentando controlar a la gente y las circunstancias de mi mundo, o vivo en sintonía con los ideales de soberanía para todos —«todos ganan» en lugar de «que gane el mejor»? ¿Me preocupa realmente y siento compasión (no lástima) por los demás, sean conocidos míos o no? ¿Rezo por mis enemigos o los maldigo y les deseo cualquier mal? ¿Suelo perdonar o por el contrario culpo y guardo rencor a la gente?

Podríamos seguir indefinidamente con las preguntas, pero la cuestión es que todos debemos responsabilizarnos del modo en que creamos y compartimos la creación de la realidad en cada instante de nuestra vida con cada uno de nuestros pensamientos y acciones. «Ahora es el momento» de recapitular espiritualmente y decidir hacia dónde nos dirigimos. El hecho de que producimos un efecto los unos sobre los otros así como sobre el mundo es incuestionable. Debemos tener en cuenta este hecho y darle la máxima importancia si queremos que nuestro espíritu evolucione en este planeta. Si seguimos creando de forma autónoma a costa de los demás sufriremos nosotros. Las leyes espirituales han variado con el correr del tiempo y ese cambio continúa. Ahora no sólo se nos exige que seamos «buenos chicos» sino que vivamos impecablemente cada momento de nuestra vida. Se acabó el tiempo de la espiritualidad intelectual, de la pereza al estilo de «ya me preocuparé mañana» o la que lleva a la fascinación psíquica. Estos comentarios no pretenden asustar, juzgar o intimidar a nadie —sólo ponen al día la realidad espiritual—. Este milenio casi ha terminado. Lo que hagamos ahora con nosotros mismos, nuestras relaciones y nuestra vida, determinará la herencia que dejemos para el próximo milenio.

¿Quiénes son los Emisarios Pleyadianos de Luz?

Siempre que llegamos al final de un gran ciclo evolutivo, generalmente cada 5.200 o 26.000 años, los Emisarios Pleyadianos de Luz se hacen ver. Son un colectivo con responsabilidades y papeles diversos, incluyendo el de guardianes de la Tierra y de este sistema solar. Como tales guardianes vienen a abrirnos los ojos sobre dónde nos encontramos en nuestra evolución y lo que se necesita para dar los siguientes pasos. Esta información incumbe no sólo a nuestro planeta globalmente sino a los individuos que tienen, como yo, una conexión personal con los pleyadianos.

Cuando mi necesidad de ellos es real siempre aparecen. Ya se trate de necesidades de sanación y despejamiento personales o de información, o a veces sólo para tranquilizarme —o quizá para reavivar los recuerdos de mi cometido y actos de servicio aquí en la Tierra— los pleyadianos siempre me han ayudado de forma significativa y apropiada. Existen distintos tipos de seres con diferentes funciones dentro de los Emisarios Pleyadianos de Luz que se han hecho cargo de una gran variedad de necesidades en el camino. Pero no todos los pleyadianos son miembros de este grupo.

Ra, el ser que siempre me habla en calidad de instructor y filósofo, forma parte de lo que se llaman las Tribus Pleyadianas Arcangélicas de la Luz. Estos arcángeles son los custodios de la Tierra y de nuestro sistema solar. Existen cuatro Tribus Arcangélicas definidas por el color que irradian: el amarillo dorado, el rojo escarlata, el azul claro cielo y el verde suave esmeralda. Existen numerosos seres de cada color y los seres del mismo color comparten el mismo nombre.

Todos los miembros de la Tribu Pleyadiana Arcangélica de color dorado se llaman Ra y son los guardianes de la sabiduría divina, que es el producto de toda experiencia. Los seres azules se llaman Ptah y son protectores y cuidadores de la naturaleza eterna de la vida. Ma-at es el título concedido a los seres rojos, constituidos en guerreros espirituales; encierran en sí la energía de la valentía divina, que no conoce el miedo. Existen más seres Ma-at encarnados en la Tierra que de cualquier otro de los tres grupos arcangélicos. A los seres verdes se les denomina An-Ra y encierran la energía de la comprensión y compasión divinas.

Algunos de los arcángeles pleyadianos establecen lazos conscientes con seres humanos como el que Ra tiene conmigo. Otros se especializan en comunicaciones interestelares y planetarias que están centralizadas en Alción, el sol central de las Pléyades. Otros arcángeles pleyadianos trabajan con los humanos durante nuestro tiempo de sueño y nos muestran posibilidades que van más allá de lo que tenemos por limitaciones físicas. A veces organizan sueños especiales de sanación con los que nos liberamos del pasado y continuamos creciendo, o encontramos nuevas maneras de expresarnos que son más acordes con el estado que vamos a alcanzar. Ahora empiezan a facilitarnos el recuerdo y la enseñanza de modalidades ancestrales de sanación, tales como los Ejercicios Pleyadianos de Luz, que son el tema de los capítulos 5 al 14.

Otro tipo de comunicación con los humanos terrestres fue el que se dio en el invierno de 1992. Los Emisarios Pleyadianos hicieron posible para nosotros, los que nos encontramos viviendo vidas humanas, el viaje espacial casi instantáneo fuera del cuerpo entre la Tierra y la constelación pleyadiana. Hubo entonces una gran celebración, a la que tuve el privilegio de asistir, donde se reunieron los alumnos humanos de los Ejercicios de Luz con los miembros de la Federación Galáctica, incluyendo a los Emisarios Pleyadianos de Luz. También tuve la buena suerte de experimentar este viaje «fuera del espacio y del tiempo» cuando me llevaron a un planeta de uno de los sistemas solares de las Pléyades. La ida y la vuelta fueron cuestión de segundos.

El planeta al que me llevaron era maravilloso. Los pleyadianos que lo habitan han creado el equivalente a un museo de dimensiones planetarias donde todavía sobrevive cada una de las especies que ha existido en esta galaxia, incluyendo las extintas en la Tierra. Existen arboledas de especies que se extinguieron en la Tierra en tiempos prehistóricos. Cuidar este museo es una de las responsabilidades favoritas de sus habitantes.

Sin ni siquiera haber empezado a tocar la lista de cometidos específicos de las Tribus Arcangélicas Pleyadianas, os he dado una idea general de la gran variedad de su pericia y dedicación. Los cirujanos psíquicos y los sanadores son los otros miembros de los Emisarios Pleyadianos de Luz con los que he tenido el privilegio de trabajar. No son arcángeles pleyadianos (mi abreviatura de las Tribus Angélicas de Luz), pero su colaboración es muy estrecha. En términos generales, los arcángeles pleyadianos son los instructores que asignan las tareas a realizar. Así como nosotros en la Tierra tenemos el Consejo Superior de los Doce que supervisa la totalidad de nuestro sistema solar, las Tribus Arcangélicas Pleyadianas de la Luz cumplen esa función en las Pléyades. Así como nosotros tenemos ángeles, guías, Maestros Ascendidos y educadores trabajando bajo la mirada de nuestro Consejo Superior de los Doce, los pleyadianos tienen numerosos grupos que sirven a sus arcángeles. Estos arcángeles a su vez cuentan con un Ser Supremo a un nivel más amplio al que sirven como nuestro Consejo Superior al suyo.

Estas jerarquías no son de señores y vasallos en el sentido de ser unos «más que» y otros «menos que». La estructura se basa simplemente en la esencia especial presente en la naturaleza de todos los seres que, al llegar a ciertos niveles de evolución, desean profundamente dar y servir a otros. Por lo que se me ha dado a entender, este deseo se basa en el Amor Divino, cuya naturaleza la mayoría de los humanos se muestran incapaces de entender. También lo mueve lo mismo que nos empuja a seguir creciendo: el deseo de que la separación llegue a su fin para ser Uno con Dios/Dios/Todo Lo Que Existe. Estos seres superiores anhelan ser de nuevo Uno con nosotros.

Puede que los nombres de las Tribus Arcangélicas os resulten familiares —Ra, An-ra, Ma-at y Path— ya que se usaban frecuentemente en el Antiguo Egipto, sobre todo en la realeza. Los egipcios estaban en aquellos tiempos más avanzados espiritualmente que ahora. Los pleyadianos, incluyendo a las Tribus Arcangélicas, estaban en comunicación cotidiana con los antiguos egipcios, capaces de responderles durante la cima de su progreso espiritual. Aprendieron de los pleyadianos la mayor parte de sus conocimientos espirituales, prácticas de sanación, desarrollo pleno del sentido de la percepción y una comprensión de la finalidad de la Tierra dentro del sistema solar, la galaxia y más allá de la misma.

En el Antiguo Egipto muchos pleyadianos tomaron cuerpo humano mientras otros trabajaban en dimensiones superiores con los soñadores, videntes, sanadores, sacerdotes y sacerdotisas, incluso con la realeza. Sus objetivos comunes eran la evolución global del planeta y la raza humana, así como almacenar el suficiente conocimiento superior aquí en la Tierra para que, al llegar el momento del Gran Despertar, contásemos con lo necesario. Por supuesto, Egipto no fue la única civilización que recibió estos dones.

La finalidad de la conexión pleyadiano/crística

En una ocasión, cuando me encontraba bajo hipnosis, recordé una vida pasada maya en el año 10 a. de C. en la que había una gran reunión de todas las tribus para celebrar la finalización de la pirámide más grande jamás construida por su cultura en ese tiempo. Se trataba de una estructura muy alta que contaba con una abertura en la cámara superior así como un pasaje de entrada en la base. Lo asombroso de esta pirámide era que estaba construida con un tipo de roca granítica blanca con grandes vetas de oro —tanto oro que parecía mármol cruzado por grandes franjas relucientes.

Al empezar la ceremonia de celebración maya se abrió en el aire un portal transparente de escaleras cristalinas justo sobre la pirámide. Salió un grupo de arcángeles pleyadianos a elogiar el logro estructural y a comunicar a todos su verdadera finalidad. El templo en sí era un portal hacia dimensiones superiores y una cámara de ascensión. Estábamos todos rebosantes de alegría al ver a nuestros queridos amigos pleyadianos, nuestros maestros espirituales y guardianes de nuestro pueblo durante tanto tiempo. Así que, cuando los pleyadianos nos mandaron subir a la pirámide, lo hicimos sin dudarlo. Cuando entramos todos vi una rampa que subía en espiral hacia el interior de una abertura en forma de ventana cerca del vértice. Poco después el brillo del sol cruzó la abertura iluminando el interior de la pirámide, que brillaba así con luz dorada. Los rayos del sol iluminaban la rampa, sobre la que se encendió de un color rojo escarlata la figura trémula del Quetzalcóatl etéreo, la deidad con forma de serpiente emplumada. En el vientre apareció el rostro del Cristo, que decía: «Ahora me conoceréis».

Los arcángeles pleyadianos nos explicaron que el Cristo nacería dentro de unos pocos años y que sabríamos la fecha exacta mediante la aparición de una gran estrella en el cielo. Explicaron su papel en la Tierra como representantes del Cristo cósmico colectivo, mencionando después a los ciento cuarenta y cuatro mil «elegidos» de entre ese colectivo, lo cual constituía el número mínimo de aquellos cuya consciencia despertaría tras conocerle en vida. A fin de preparar la vibración de la Tierra para el nacimiento del Cristo, muchos de los ciento cuarenta y cuatro mil que estaban en la Tierra en ese momento tendrían que morir conscientemente o ascender. Esto tendría que empezar a ocurrir desde aquel mismo día y continuar hasta su nacimiento.

En ese momento muchos de nosotros empezamos a levitar. Cada vez más ligeros, ascendimos desapareciendo literalmente de la tercera dimensión. Mientras el Cristo decía: «Me voy a preparar un lugar para vosotros», desapareció a través de la abertura de la cámara superior, todavía en el vientre de la sagrada serpiente emplumada. Los que ascendimos en ese momento le seguimos por la abertura uniéndonos a él en el interior del vientre de Quetzalcóatl.

La siguiente escena tuvo lugar en los salones de la Ciudad de Luz pentadimensional donde se reunieron los ciento cuarenta y cuatro mil y el Cristo. Cada uno con el aspecto de nuestra próxima reencarnación. Nos encontrábamos preparándonos para ella repasando y planeando los hechos futuros. Nos dijeron que se produjo una aparición parecida de arcángeles pleyadianos y del Cristo en lugares de poder de todo el mundo, Machu Picchu, Glastonbury, Hawai, Grecia, Egipto, África y el Tibet. Los «elegidos» de entre todas estas culturas habían sido reunidos antes de volver a nacer en nuestra vida con el Cristo. Tanto el hecho como el momento del mismo se habían preparado con mucha antelación. (Durante una canalización el Cristo dijo que el término «elegidos» es erróneo. Debería ser «los que eligieron» porque se trata de un grupo compuesto por los seres que hace mucho tiempo eligieron servir a la Tierra y a su gente mediante encarnaciones, olvidando su identidad en cuanto a ciertos puntos de su evolución para recibir después la iluminación y al Cristo. Ésta fue la pauta de evolución espiritual que seguirían otros.)

Un día, en el monte Shasta, hace aproximadamente un año y medio después de la primera sesión de hipnosis, cuando me contaron por primera vez algo sobre los Ejercicios Pleyadianos Intensivos de Luz que yo enseñaría, Cristo estaba tan presente con los pleyadianos y especialmente Ra, que me di cuenta de que existía una conexión entre ellos. Aunque parezca extraño, nunca había hecho la asociación mental entre ellos hasta ese momento. Hacía poco que había notado que cuando los pleyadianos estaban presentes también lo estaba el Cristo, pero no creía que fuera más que una coincidencia.

Anteriormente me habían dicho que el trabajo de Remodelación Cerebral Delfínico y de Enlace-Estelar

Delfínico eran vitales en la sanación y la preparación de nuestros sistemas nerviosos a las frecuencias cada vez más altas del Ejercicio Pleyadiano de Luz. Yo me daba cuenta de que el Ejercicio Pleyadiano de Luz, sobre todo el aspecto de Canales Ka, era necesario para ayudar en el alineamiento divino con la incorporación del Yo Superior. Pero ahora el nexo con Cristo era también inequívoco. Si en cuanto a población humana vamos a realizar un salto cuántico a la consciencia de Cristo, mucha gente necesitará prepararse con sanaciones muy específicas y aperturas. Ése es el único objetivo del Ejercicio Pleyadiano de Luz: despejar el camino para la segunda llegada de Cristo en masa. Las profecías mayas, egipcias y hopis —tal vez también otras fuentes espirituales que yo desconozco— han pronosticado este momento en el que despertaríamos a estados de maestría, iluminación y, luego, consciencia de Cristo todavía durante la estancia en la Tierra en cuerpo humano.

Éste es precisamente el despertar masivo al que Jesucristo vino a prepararnos hace casi 2.000 años. Muchas encarnaciones y maestros iluminados a través de las épocas y de muchas culturas diferentes han llegado al mismo nivel de consciencia que él. Sin embargo, este libro se centra en la consciencia de Cristo y la conexión con el Ejercicio pleyadiano de Luz porque, como ya hemos mencionado, resulta especialmente relevante para nuestros tiempos.

Para poder entender el objetivo de Cristo, también debemos darnos cuenta de que las religiones ortodoxas y la censura bíblica —lo que ocurrió hace unos 150 años después de su muerte—, todo esto destruyó su verdadero mensaje. Aunque todavía podemos saber algo de él en la versión bíblica del Rey Santiago: «Sed tan perfectos como yo» y «haréis cosas todavía más grandes de las que yo he hecho» son invitaciones inequívocas a la elección de la evolución espiritual, la iluminación, la ascensión y a abandonar la idea de que sólo unos pocos son elegidos para darse cuenta de que somos todos elegidos. Nos toca a cada uno de nosotros decidir si nuestra respuesta es «Sí» o «No».

El asesinato de Jesucristo fue el resultado de su rebelión contra el gobierno y el dominio de la Iglesia sobre el pueblo llano. Enseñó a las masas que eran iguales a los ojos de Dios a los que pretendían ser superiores a ellos —ya fuesen hombres de estado o reyes, sacerdotes o recaudadores de impuestos—. Les enseñó a respetarse a sí mismos y a estar dispuestos a cuestionar la autoridad para encontrar la verdad.

Cristo anduvo por la Tierra mostrando a los plebeyos que los milagros ocurren y que son un fenómeno natural cuando la gente está en alineamiento con la presencia de Dios. Curó a los enfermos y levantó a los muertos, animando a los espectadores a creer que ellos podían hacer las mismas cosas. Cuando decía que era el «hijo de Dios», estaba diciendo a la gente que ellos también eran hijos e hijas de Dios. Dijo a la gente que Dios les amaba y deseaba que estuviesen contentos y bien; para demostrarlo, logró que sus seguidores y audiencia así lo sintieran.

Sus discípulos, que dicho sea de paso eran hombres y mujeres, pertenecían a todas las condiciones sociales, gente corriente, gente rica y miembros de los templos de diosas, como María Magdalena, que era también su mujer. Existían miles de discípulos además de los doce de los que habla la Biblia. Todos estos discípulos se abrieron a los dones de sanación, profecía y clarividencia, demostrando que lo que dijo Jesús era verdad. Uno tras otro, los discípulos realizaron milagros y hasta iniciaron a otros al despertar espiritual, tal y como lo hizo Cristo.

Muchos de los poderes de Cristo fueron conferidos a través de mujeres despiertas. Durante los primeros doce años de su vida lo enseñaron diosas encarnadas tales como: María Madre, su madre Ana y otras. Más tarde, cuando alcanzó la edad de doce años, como era tradición entre los hombres, fue con los eruditos para compartir y enseñar. Viajó a Egipto y a la India y se inició en las pirámides. Aprendió técnicas ancestrales del templo y enseñanzas iniciáticas de escuelas esotéricas. Aprendió el dominio de las funciones del cuerpo de antiguas prácticas yoguis y los secretos de la longevidad y la muerte consciente. Enseñó estas materias así como lo que naturalmente aprendió a través de la comunicación con Dios/Diosa/Todo Lo Que Existe, los ángeles y Melquisedec. Lo compartió con sus discípulos, quienes a su vez practicaron las disciplinas y gradualmente también despertaron.

Los gobiernos y las iglesias de la época se sintieron muy amenazadas por todo ello. Una población de seres humanos soberanos y maestros de sí mismos no tendría necesidad de los que se proclaman como autoridades. Cuando los humanos se abren a su consciencia sensorial plena y a la herencia espiritual perciben fácilmente el engaño, la falta de amabilidad y la injusticia en los demás. Las llamadas autoridades ya no pueden esconderse detrás de los altos cargos o de la intimidación; se les destrona o simplemente nunca se les pone en el poder. La amenaza de estos posibles cambios llevó a la crucifixión, con la esperanza de que tomaran en serio el aterrador ejemplo de lo que les pasaría si continuaban de manera tan radical.

Hoy en día no es un secreto la corrupción que existe a nivel mundial de gobierno e iglesia. Tenemos hasta películas y libros sobre ello pero aún así sigue empeorando. Así que aquí estamos, casi 2.000 años después de Cristo, todavía viviendo en un planeta donde las masas están controladas por unos pocos, y demasiado asustadas, entumecidas o perezosas para hacer nada al respecto. El despertar espiritual es la única cura para esta enfermedad social tan extendida porque el empuje magnético sobre la Tierra para permanecer sin poder siendo conformista es más fuerte que nunca. El despertar espiritual es para lo que Cristo, con mucha ayuda, empezó a prepararnos durante su estancia en la Tierra.

Ahora estamos llegando a la era de la luz —tiempo de volver a despertar—. Para poder evolucionar como especies debemos convertirnos en un mundo interconectado en muchos niveles. Entre todos debemos alcanzar la pureza de las enseñanzas espirituales sagradas de las ocho culturas principales y sus ancestrales maestros pleyadianos. Todos debemos olvidar las diferencias y elegir el amor divino y la armonía con todos los seres, ya sean humanos, animales o sensibles. Todos deben ganar en esta Convergencia Armónica. Así que, como a mí me han dicho los pleyadianos y el Cristo en numerosas ocasiones: «Ahora es el momento».

Los Emisarios Pleyadianos de la Luz y muchos otros grupos extraterrestres de esta galaxia y mucho más allá están verdaderamente entusiasmados sobre lo que está ocurriendo ahora en la Tierra. ¿Te has preguntado alguna vez por qué tantos extraterrestres, ángeles y Maestros Ascendidos están con mayor disponibilidad de lo que solían estar? ¿O por qué se nos vigila y se nos guía ahora tan cuidadosamente? Según los pleyadianos es porque estamos en un momento de nuestra evolución aquí en la Tierra en que tenemos la oportunidad de realizar un tremendo vuelco paradigmal. Si lo conseguimos, este vuelco sería tan enorme que no sólo erradicaría todo el karma del sistema solar al completo sino que liberaría a los planetas y a los sistemas estelares de toda la galaxia y algunas más allá.

¿Qué es tan especial de nosotros en este momento? Para responder a la pregunta el siguiente capítulo muestra la información canalizada por mí a través de Ra, el representante de los Emisarios Pleyadianos de Luz y las Tribus Arcangélicas. La perspectiva cosmológica actual de la Tierra y su futuro papel en esta galaxia te ayudará a entender por qué es «Ahora el momento».

Capítulo 4
HABLA RA

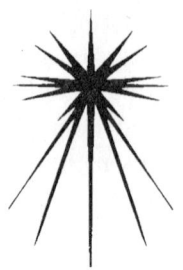

Teniendo en cuenta que he canalizado este capítulo y la mayoría de los procedimientos contenidos en la sección de ejercicios, deseo aclarar lo que quiero decir con canalizar información o a seres de luz. Nunca hago entrar a otros entes en mi cuerpo ni lo pretendo. Para el cuerpo es algo exigente en extremo, a veces hasta peligroso, excepto en raras ocasiones. La mayor parte de los entes o seres incorpóreos que entran en un cuerpo no saben cuidarlo para procurar que salga ileso de la experiencia. Además, introducir un ente en el cuerpo es simplemente innecesario.

Soy extremadamente clariauditiva, así como clarividente, clariperceptiva e intuitiva. (Respectivamente, tengo oído, vista, tacto y conocimiento sensitivo plenos.) En primer lugar, canalizo entrando en un alineamiento multidimensional pleno del Yo Superior, similar al descrito en el capítulo 13. Después ocurre una de dos cosas: un ser etérico puede aparecer delante o encima de mí, presentándose ante mi visión clarividente y hablándome. Si estoy impartiendo clase o en una sesión privada, repito entonces su mensaje palabra por palabra. Si estoy sola, simplemente escucho y asimilo o copio el mensaje.

De modo alternativo, con los pleyadianos más que con los Maestros Ascendidos, puede que reciba palabras a través del canal de mi Yo Superior y les dé voz o las copie espontáneamente en el ordenador. Cuando esto sucede, no sé lo que se va a decir antes de que empiece a articular palabras o a teclear el mensaje. Escucho, sin embargo, las palabras en el interior de mi cabeza tal como se me transmiten, ya que siempre permanezco en el cuerpo. Después, suelo recordar la esencia de lo dicho, pero no los detalles. Esto es así porque durante el proceso de la transmisión estoy en trance o en estado alterado. Aunque permanezca en mi cuerpo, mi consciencia opera desde un estado más profundo; este estado opera en una frecuencia superior a aquélla en la que mantengo conversaciones normales con los ojos abiertos. El material siguiente se canalizó de esta manera.

Ra es el portavoz del colectivo de los Emisarios Pleyadianos de Luz y los Arcángeles Pleyadianos encargados de comunicarse conmigo y enseñarme. A continuación sigue un mensaje de Ra:

En este momento tú y tu planeta pasáis por una transición única y maravillosa de vuestra evolución espiritual. Os disponéis a dar un salto cualitativo como ninguno que hubierais dado antes. A fin de ayudaros a comprenderlo más plenamente, debo hablaros primero de la órbita que describe la galaxia entera alrededor del Gran Sol Central de Todo Lo Que Es. Así como vuestro «anillo solar» —nuestro término para «sistema solar»— orbita alrededor del centro galáctico, la galaxia misma se mueve por el espacio en forma de círculos continuos y conectados a modo de gran espiral cósmica. En el punto donde se cierra una sola órbita circular de un multibillón de años alrededor del Gran Sol Central, nuestra galaxia se conecta diagonalmente con el anillo siguiente de la gran espiral cósmica. Cuando esta diagonal avanza dentro de la gran espiral cósmica desde un anillo al siguiente, todos los planetas y sistemas solares, así como sus habitantes, dan simultáneamente un paso iniciático en un nuevo ciclo evolutivo. Esto es lo que está ocurriendo ahora. Además de estar al final de un ciclo Terrestre/Solar/Pleyadiano de veintiséis mil años, la totalidad del sistema pleyadiano, en el que se incluye este anillo solar, está a punto de cerrar una órbita de doscientos treinta millones de años alrededor del Centro Galáctico, y la galaxia toda está a punto de completar una órbita infinitamente más larga alrededor del Gran Sol Central. Los tres ciclos completan sincronizados el último paso de la danza espiral dentro de otra danza, siendo éste un tiempo muy crucial de transición. El objetivo es concluir la danza y empezar una nueva sin que nadie se pise los pies. Luego, la danza siguiente, más sofisticada y elegante, empezará a su debido tiempo.

En términos de evolución planetaria terrestre, se trata de lo siguiente: Cuando los cien mil años de la era glacial terminaron hace casi ciento cincuenta mil años, la galaxia estaba a medio camino de su cambio diagonal hacia el anillo siguiente de la gran espiral cósmica —una danza había terminado y se estaba gestando la nueva—. A fin de prepararse para la siguiente espiral evolutiva, la galaxia entera entró en un período de limpieza de pautas kármicas pretéritas que se completará al final del año 2012.

Siempre al final de un gran ciclo tiene lugar una limpieza kármica. Cualquier elemento de la espiral evolutiva anterior que quede sin resolver se hace aflorar a la superficie para ejecutarse por última vez con un sentido de transmutación y trascendencia. Cuando se termina de limpiar la casa, comienza un ciclo evolutivo distinto en relación con Dios/Diosa/Todo Lo que Es. Esta limpieza doméstica está llegando a su fin.

Durante este tiempo de transición se experimentan saltos espirituales de renacimiento e iniciación. Las consciencias nacen producto de nuevos paradigmas y nuevos potenciales, aprovechándose de lo aprendido en la espiral anterior aunque de modo inconsciente. Metafóricamente hablando, es como si se tomaran los pasos de baile aprendidos en lecciones anteriores, se depuraran, se dominaran y se empezara a añadir nuevos pasos en un reto mucho más emocionante. Incluso se acelera entonces el ritmo de la música añadiendo más inspiración.

Cuando el próximo anillo de la gran espiral cósmica de la galaxia y el nuevo ciclo terrestre de veintiséis mil años empiecen simultáneamente en el año 2013, esto es lo que ya habrá ocurrido: 1) La variación de los polos habrá hecho variar la posición de la Tierra en relación con el Sol. 2) El Sol, a su vez, se habrá recolocado en virtud de una variación de polos similar, en relación a las Pléyades. 3) Las Pléyades habrán llegado al término de una espiral, que habrá recolocado a ese sistema en relación a Orión. 4) Orión habrá sufrido una revolución y una limpieza doméstica espiritual completas. El sistema entero de Orión habrá quedado oscurecido por un período de lo que en la Tierra serían veinticuatro horas, variando así los polos de cada estrella y planeta de ese sistema. Se habrá consumado la vaporización de muchos de los planetas de ese sistema, así como la reapertura y reconversión de Orión como portal galáctico al Centro de esta Galaxia y fuera de ella. Sirio ha venido cumpliendo esta función durante aproximadamente los últimos trescientos mil años, desde que los liranos invadieron Orión y tomaron allí el acceso al portal galáctico. 5) Sirio se habrá elevado a la posición de escuela mistérica espiritual *galáctica* en lugar de operar específicamente en este anillo solar y este brazo próximo de la galaxia. 6) La pauta orbital actual de vuestro anillo solar alrededor de Alción, sol central de las Pléyades, será reemplazada por la del sistema pleyadiano entero, que empezará a orbitar alrededor de Sirio. Sirio será el nuevo sol central de este brazo de la galaxia y las Pléyades habrán pasado a formar parte del sistema solar de Sirio.

Al principio del 2013, cuando se hayan completado estos preparativos, el sistema pleyadiano entero, del que vuestro Sol es la octava estrella, se convertirá en un sistema de aprendizaje superior y en hogar de las Ciudades de Luz. Las Ciudades de Luz son lugares donde poblaciones enteras perciben espiritualmente la evolución y lo sagrado que hay en todas las cosas. Los residentes de las Ciudades de Luz reconocen la evolución y crecimiento de sí mismos como individuos, del resto del grupo y de toda la existencia, dedicando a ello su vida. En otras palabras, dedican la vida a servir al plan divino, encontrándose como mínimo en el nivel de consciencia de Cristo. La Tierra, junto con vuestro anillo solar, sois los últimos del sistema pleyadiano en realizar este cambio. El resto de los siete anillos solares pleyadianos, las Siete Hermanas, están ahora mismo al día en cuanto a escuelas místéricas y sedes de Ciudades de Luz; cada uno de estos siete anillos solares se elevará para cumplir su próxima función natural en un estado evolutivo superior cuando en el 2013 empiece la nueva danza llamada la Era de Luz.

Antes de los cambios previstos para el final del 2012 y el principio del 2013, la Tierra sufrirá una limpieza doméstica espiritual y física correspondiente a lo que se ha llamado comúnmente «cambios terrestres». Estos cambios, que ya han empezado, se intensifican externa e internamente a medida que vuestro anillo solar se adentra en la banda de fotones, una emanación cósmica de alta frecuencia que procede del Centro Galáctico. Hace años que venís entrando y saliendo de los límites de esta banda de fotones, y para el año 2000 quedaréis inmersos completamente en ella durante los próximos dos mil años. Los códigos sagrados, necesarios para el despertar espiritual y el salto evolutivo de vuestro anillo solar, se transmitirán al Sol, a la Tierra y al resto del anillo solar a través del Centro Galáctico, Sirio, Alción, y Maya, que es otra estrella de las Pléyades. Cuando se completen estas transmisiones iniciales, vuestro Sol seguirá transmitiendo los códigos a la totalidad del anillo solar. Estas emanaciones y codificaciones fotónicas transmitirán a una vibración tan alta que requerirán de vosotros que el sistema nervioso central, el cuerpo emocional y el cuerpo eléctrico estén bien sintonizados a fin de poder soportarla.

[Nota de la autora: Barbara Hand Clow ofrece una historia y una descripción mucho más detalladas sobre la banda de fotones, así como de los cambios cosmológicos de las relaciones dimensionales que sufrimos, en su último libro, *El Plan Pleyadiano, una nueva cosmología para la Era de Luz*].

Muchos ya experimentáis la intensificación en vosotros de procesos de crecimiento y despejamiento según el planeta entra y sale de los límites de la banda de fotones. El incremento de frecuencias continuará acelerándose sin pausa durante los próximos diecisiete años hasta que la galaxia quede anclada plenamente en su nueva pauta orbital y la Tierra se inicie como escuela mistérica y sede de las Ciudades de Luz.

Tendrán lugar inundaciones, terremotos, cambios en las masas terrestres, erupciones volcánicas y, finalmente, la variación total de los polos dentro de los años previos al 2013, en cuyo momento tendrá lugar la iniciación solar galáctica de la Tierra. Los que ahora vivís en la Tierra debéis decidir si estáis o no preparados para convertiros en seres humanos espiritualmente responsables a fin de permanecer en la Tierra pasado ese momento. Aquellos que no deseen permanecer en la Tierra serán trasladados a otro planeta situado en otro lugar de la galaxia donde continuarán las lecciones kármicas y la evolución tridimensional. Aquellos que sí pretendan quedarse deben aprender la nueva danza de la Era de Luz que requiere la apertura y activación del Ka Divino. Si el Ka no funciona a pleno rendimiento, vuestro cuerpo simplemente no podrá resistir los incrementos de frecuencia cuando la luz fotónica llene cada vez con mayor intensidad la atmósfera de vuestro planeta y los cuerpos de los que se queden. Por lo tanto, el vestido único y apropiado que resulta aceptable para la nueva danza es el traje de Ka.

La convergencia armónica de 1987 fue una llamada al despertar planetario que comunicó a los ciudadanos del planeta su obligación de aprender la nueva danza y abrazar una filosofía de «todos ganan», a fin de que sea un planeta centrado el que llegue al cambio del 2013. Fue un mensaje que enseñaba la creación compartida para el beneficio colectivo de todos y para comprender el enlace mental con la consciencia colectiva superior. Este hecho no se limitó a la experiencia de dos días que se dio en ese momento. Es una convergencia armónica que se extiende a lo largo de 25 años, muchos días en los que es posible la activación para renovar vuestro compromiso con la espiritualización de la Tierra y su gente.

[Nota de la autora: Una vez, en una sesión de hipnosis, se me llevó a un lugar lejos de la atmósfera terrestre donde existe la consciencia colectiva superior de la población total de la Tierra. En este lugar vi miles de millones de rostros sonrientes y amables sin cuerpo, rodeando el planeta en el límite de una burbuja transparente que rodeaba a la Tierra. Esta consciencia colectiva superior estaba compuesta exclusivamente de Seres de Luz inocentes, inteligentes, dulces y amables: todos los que vivimos en la Tierra. Estos preciosos seres observaban y enviaban amor y ánimos a través de la burbuja hacia sus homólogos en la superficie del planeta. También contemplaban desde una perspectiva que favorecía el bien mayor para el conjunto. En ese momento sólo se me permitió observar. El conjunto estaba planeando un gran terremoto; comprendí más tarde que se trataba del terremoto que ocurrió en Japón a principios del año 1995. Se hacían comentarios sobre el comportamiento robótico de las personas, absortos en el materialismo, y su carencia de profundas conexiones de amor. La decisión conjunta dentro de la consciencia colectiva superior de pedir un terremoto en Japón no fue, desde ningún punto de vista imaginable, un castigo. Los seres emanaban buena voluntad y amor concentrados hacia esa parte del planeta, esperando que el terremoto despertara a su espíritu de su sueño, les hiciera reorganizar sus prioridades vitales y se hicieran más amables y cooperantes entre sí. Además, había un sentimiento delicioso de alegría entre los seres de la consciencia colectiva superior porque habían hallado un modo de lograr que sus homólogos humanos evolucionaran.

En respuesta a su decisión, se envió un mensaje a unas naves de Sirio en los límites de la atmósfera de la Tierra para que empezaran el proceso de generación de un terremoto. Más tarde, me mostraron el proceso utilizado para llevar a cabo esta tarea. A través de las capas de lo que llamamos la atmósfera terrestre, hay multitud de anillos circulares de placas que se corresponden con las placas tectónicas de la superficie terrestre. Estas capas múltiples de placas son de naturaleza geométrica y continúan extendiéndose bajo la superficie de la Tierra hasta aproximadamente el núcleo interno del planeta, el cual tiene un diámetro aproximado de quinientos metros. Cuando se provoca un cambio en la Tierra, la gente de Sirio altera las placas atmosféricas de la capa más alejada del planeta. Posteriormente, el resto de las placas atmosféricas se reorganizan capa por capa según la posición exacta de las placas tectónicas a fin de llevar a efecto el cambio deseado. Cuando se completa el proceso en las capas exteriores, las capas internas subterráneas se alteran en correspondencia con las exteriores. Finalmente, se produce el terremoto, organizando las placas tectónicas según las nuevas posiciones de las placas atmosféricas y subterráneas. El método de producción de erupciones volcánicas, inundaciones y otros cambios planetarios ocurre de modo muy parecido.

También existen cambios planetarios que ocurren de modo natural cuando las placas internas y externas se alteran en respuesta a aumentos de presión, la contaminación, tanto de polución como de energía psíquica, agujeros en la capa de ozono, la reducción de los bosques tropicales (la cual cambia el equilibrio atmosférico), extracciones minerales en exceso y bloqueos geotérmicos, así como explosiones y experimentos llevados a cabo por los gobiernos. Hay veces en que los «desastres» naturales se ven amortiguados por Sirio en reacción a las peticiones de la consciencia colectiva superior. Se puede ayudar en este proceso desde la Tierra mediante la alineación con la consciencia superior a través de la meditación y la vida recta. Conozco varios terremotos y erupciones volcánicas amortiguados o evitados de este modo desde 1990, debido principalmente al alineamiento de la consciencia humana con la consciencia colectiva superior.

Por ejemplo, se evitó una erupción volcánica en el monte Shasta en 1991. A principios de ese año, recibí el mensaje de una visión clara en la que el monte Shasta entraría en erupción en noviembre. En la semana que siguió a esa experiencia profética, fui corriendo a ver a un astrólogo de la zona, que me dijo haber predicho una erupción volcánica para noviembre. Me habló de su predicción sin conocer la mía. Esa misma semana me dijeron que una mujer-medicina india había recibido la misma información, incluyendo momento y lugar. En los últimos días de agosto de ese año permanecí de pie bajo la lluvia observando la tormenta eléctrica más sorprendente que viera nunca. Surgieron rayos extrañamente amplios e increíblemente definidos y brillantes desde la montaña, disipándose en lo alto de la atmósfera. Hubo varias tormentas parecidas durante tres días, tras los cuales los más perceptivos podían sentir una calma profunda surgiendo de la tierra y del monte Shasta en particular. Me dijeron que el número suficiente de personas había despejado y transmutado la acumulación de baja negatividad astral y emocional provocando la intervención y ayuda de las jerarquías, que disiparon una carga acumulada en la montaña que de otro modo se habría liberado en forma de erupción volcánica. Mientras quienes como yo, implicados conscientemente en el crecimiento espiritual, la meditación y el alineamiento con la consciencia superior, limpiábamos la atmósfera sobre la Tierra, los de Sirio alteraban las placas atmosféricas siguiendo la alteración de las placas tectónicas y subterráneas que se había producido. Cuando las placas de la atmósfera quedaron reorganizadas y la carga eléctrica acumulada se liberó a través del rayo, cesó la necesidad de una erupción volcánica.]

Ra vuelve a hablar

Cuando una persona ha alcanzado cierto punto en la evolución de la consciencia y vive en un área donde un gran terremoto o riada propaga la muerte, lo que ocurre simplemente es que asciende a través de la vibración al siguiente nivel dimensional, experimentando una elevación espiritual en lugar de la muerte. Puede incluso que esta persona ayude a realizar el cambio vibratorio a aquellos que estén listos para abrazar la Luz. En las áreas de grandes terremotos, riadas, incendios y otros cambios terrestres donde el miedo, la negación, el odio, la codicia y la ira han creado planos de energía densos y amorfos en el plano astral inferior, las almas pueden quedar atrapadas en estas ilusiones en el momento de la muerte. Sin embargo, los Seres de Luz siempre están allí para ayudar a quienes estén dispuestos a liberarse a sí mismos. Los seres que ascienden, en lugar de experimentar la muerte física en ese punto, pueden elevar el área que los rodea a un campo de luz donde aquellos que deseen evolucionar y entrar en la luz se refugien y realicen la transición suavemente. Quienes realizan este servicio se presentaron voluntarios a él antes de entrar en esta vida y tienen generalmente experiencia adquirida en vidas pasadas referente a las almas que sufren la transición de la muerte.

No hay nada que temer. Quienes tengan un compromiso genuino con la Luz y vivan en ella, simplemente avanzarán al lugar inmediatamente superior correspondiente. A otros se les presentarán opciones a cada paso; pueden elegir el progreso espiritual a través de sus experiencias o permanecer con el miedo y la ilusión. Es vital que se suspenda todo juicio sobre aquéllos cuyos cuerpos mueran en estos cambios terrestres. Algunos elegirán «desastres» naturales como método de partida porque su consciencia superior ha comprendido que su yo humano está demasiado inmerso en ilusiones para cambiar en esta vida. Otros abandonarán la Tierra de este modo a fin de hacer que otros seres avancen hacia la Luz durante la transición de la muerte y para establecer la pauta de ascensión como se ha dicho previamente. Otros, sin embargo, elegirán esta forma de morir porque están preparados para abandonar la Tierra y elegir otro planeta en virtud de su evolución.

Más aún, otros morirán físicamente porque la genética y mutaciones celulares de su cuerpo han resultado ser excesivas para poder transmutarse en el tiempo que le queda al proceso de transformación en este planeta. Independientemente de por qué muera el cuerpo de una persona o, en el caso de la ascensión, parezca morir, la consciencia colectiva superior tiene una influencia con fuerza suficiente para procurar que no haya accidentes. Aquellos que abandonen el mundo físico es porque debían abandonarlo. Quienes permanezcan en la Tierra tendrán la responsabilidad de ayudarse unos a otros para la supervivencia física y la evolución espiritual.

Para el año 2013 todos cuantos permanezcan en la Tierra deben comprender los siguientes cuatro principios evolutivos: 1) El objetivo del ser humano sobre la Tierra es evolucionar física, emocional, mental y espiritualmente. 2) Todo ser humano posee una Esencia Divina hecha de luz y amor cuya naturaleza es el bien. 3) El libre albedrío es un derecho universal absoluto; la impecabilidad exige al yo entregar su libre albedrío al arbitrio divino mediante la fe y la confianza. 4) Lo que existe en la naturaleza es sagrado sin importar el modo en que sirva o satisfaga las necesidades del yo individual.

En esta época todo ser humano vivo recibe estos cuatro principios espirituales de modo directo o sutil. Es ley planetaria que antes del final de un gran ciclo temporal como el que se da en este momento debe hacerse que cada persona viva recuerde los cuatro principios evolutivos a fin de que los abrace. Algunos recibirán estos mensajes a través de libros como éste, *El Retorno de las Tribus del Pájaro*, *La Profecía Celestial*, *La Quinta Cosa Sagrada*, *Mensaje Mutante desde Australia*, *El Plan Pleyadiano: una nueva cosmología para la Era de Luz*, sin descartar otros. Algunos recibirán estos mensajes a través de películas como *Bailando con Lobos*, *el Pequeño Buda*, *Misión: Salvar la Tierra* y *La Selva Esmeralda*. [Títulos aportados por la autora, no por Ra.] Otros experimentarán la muerte y volverán tras un cambio a su cuerpo físico, capaces a su vez de producir el cambio en sus seres queridos. Muchos recibirán visitas de ángeles, Maestros Ascendidos o la Madre María. Ya se han producido numerosas informaciones sobre tales visitas en este siglo. El mensaje de la consciencia sagrada evolutiva también se impartirá de modo subconsciente a aquellos que vean, lleven o sostengan objetos tales como gemas y cristales. Éstos son sólo unos ejemplos de las maneras en las que el movimiento planetario imparte las cuatro verdades espirituales.

Vuestro cometido es seguir una vida recta, aprender y practicar la impecabilidad, la oración a fin de conocer el plan divino y vuestro papel dentro de él y vuestra sanación y despejamiento a todos los niveles tanto como sea posible. A un nivel colectivo existen en este momento siete pautas kármicas primarias que precisan trascender y ser despejadas. Las pautas que actualmente se exageran a fin de haceros conscientes de ellas para así transformarlas, son: la arrogancia, la adicción, los prejuicios, el odio, la violencia, la tortura y la vergüenza. Estas siete fuentes de dolor, ilusión y separación aparecen en su orden de desarrollo dentro de este anillo solar —empezando en Venus y extendiéndose a Marte, Maldek, y finalmente la Tierra—. Está tan claro por qué han alcanzado su punto más alto en la Tierra que huelga seguir profundizando.

Ya sea la actitud de supremacía de Estados Unidos en el mundo o la actitud de un miembro de la Nueva Era de superioridad frente a seres menos espirituales y conscientes, la actitud es la misma: arrogancia. Ya sea un alcohólico tirado en las calles de Los Ángeles o una persona obsesionada con su aspecto físico o el cuerpo de su compañero o compañera, esta pauta se llama igual: adicción. Ya sea el KKK quemando cruces en el patio de personas negras o una persona espiritual despreciando a un «paleto», el nombre es el mismo: prejuicio. Ya sean los capitalistas que odian a los comunistas o una persona «políticamente correcta» que odia a los madereros y constructores, la actitud es la misma: odio. Ya sea Estados Unidos generando guerras en Vietnam o América Central o un progenitor golpeando y degradando a un hijo, la acción aún tiene el mismo nombre: violencia. Ya sean indios, aborígenes australianos u otros indígenas asesinados y su tierra destruida por los blancos, o sean ardillas y ciervos muertos a causa de conductores despistados que van muy deprisa, el problema es el mismo: tortura. Ya sea Alemania llevando las cicatrices de un Hitler o un pobre sintiéndose indigno a causa de su pobreza, el sentimiento es el mismo: vergüenza. Desde lo evidente a lo más sutil, cada persona debe cumplir individualmente su parte para reconocer y sanar estas pautas. Las expresiones individuales de estos siete puntos kármicos principales varían enormemente. Sin embargo, si se mira de cerca, se ve que la fuente de todo problema hoy en la Tierra es una o más de estas siete pautas kármicas de este anillo solar. Estas pautas están acompañadas por la incapacidad de percibir los cuatro principios evolutivos que deben aprenderse.

[Nota de la autora : las siete pautas kármicas mencionadas son comunes a este anillo solar, aunque la lucha contra ellas se desarrolle en la Tierra. También existen siete vicios primarios, o trampas del ego, que son analizados en las enseñanzas de la escuela mistérica inca y son específicas del planeta Tierra. Son: lujuria, pereza, gula, soberbia, ira, envidia y codicia. Según las enseñanzas incas, los humanos deben superar estas trampas del ego antes de alcanzar poder espiritual.]

Para quienes dominéis los niveles de comportamiento y actitud de estas pautas o trabajáis sinceramente con ellas, vuestro próximo paso es el alineamiento consciente con vuestro Yo Superior, la consciencia colectiva superior y ser Uno con la Divinidad. Éste es el objetivo de este libro de ejercicios. Es el deseo de los Emisarios Pleyadianos de Luz ayudar a quienes deseéis prepararos para los cambios terrestres, evolucionar y ascender con ese fin. Nosotros [los pleyadianos] siempre nos hemos presentado conscientemente ante seres de este anillo solar durante las épocas de cambio de ciclo evolutivo y ésta no es una excepción. Mirad, cuando empezamos a relacionarnos con grupos e individuos en la Tierra a principios de este siglo, cien años antes del final del ciclo actual de veintiséis mil años, las personas de la Tierra pidieron tener la oportunidad de despertar por su cuenta antes de que se produjeran comunicaciones directas a gran escala procedentes de las jerarquías, es decir, los pleyadianos, los Seres de Luz de Sirio, los Emisarios de Luz de Andrómeda, el Ser Supremo, el Consejo Superior de los Doce, los Grandes Hermanos Blancos y otros grupos espirituales más pequeños. Nosotros [los pleyadianos] nos encontramos entre vosotros en forma corpórea y etérica. Amorah Quan-Yin, Barbara Hand Clow y muchos otros transmiten ahora los mensajes, del mismo modo que ellas y otros pleyadianos siempre han hecho al final de otros grandes ciclos evolutivos de este planeta.

Tras la destrucción producida por la alteración de los polos y los cambios terrestres al final del último ciclo de veintiséis mil años, quedaron entonces menos de un millón quinientos mil humanos en el planeta. Pueden parecer muchos, pero si tenéis en cuenta que se extendían por todo el planeta y que antes de ese momento la población terrestre se acercaba a dos mil millones de personas, el número de humanos supervivientes era pequeño.

Ya existía entonces la consciencia colectiva superior, aunque no se encontraba tan desarrollada en aquel tiempo, y esta consciencia pidió que se establecieran escuelas mistéricas en el seno de cada grupo cultural del planeta. Todos en la Tierra tendrían la misma oportunidad de aprender y crecer. A medida que renacían en la Tierra las almas jóvenes cuyos cuerpos habían muerto en los cambios terrestres y la población volvía a crecer, las prácticas y enseñanzas espirituales se consolidaron y las maneras de vivir se llenaron con la evolución y el despertar espirituales. Incluso hoy existen grupos indios americanos y mayas cuyo historial de prácticas espirituales se remonta aproximadamente a veinticinco mil años. No es casualidad. Los maestros pleyadianos, los de Sirio y los de Andrómeda tomaron cuerpo físico, contribuyendo así a organizar varias civilizaciones, tales como las de Machu Picchu, Egipto e incluso la Atlántida. Lemuria había perdido la mayor parte de su masa terrestre y su población, pero los templos y enseñanzas de iniciación se mantuvieron a salvo en los territorios que quedaron en Hawai y el monte Shasta, en California.

En cada lugar se fundaron escuelas mistéricas, aunque la información y las prácticas eran a menudo coincidentes. La orden de Melquisedec y los Templos de Alorah se establecieron en la Atlántida. Aunque el uso de cristales, extendido en épocas anteriores, se había perdido, resurgió para la sanación y las comunicaciones multidimensionales. Thoth llevó la iniciación y consciencia solares a Egipto, junto con avanzadas técnicas espirituales como la teleportación, la telequinesia y el viaje a través de las dimensiones y más allá del tiempo y del espacio. Durante este período se construyó la Gran Pirámide con el propósito de recibir y transmitir códigos e iniciaciones solares para la gente de Egipto y el planeta entero. En todas las culturas se impartió la técnica de los sueños sagrados, evolucionando hacia prácticas chamánicas, sanación mediante el sueño y otros modos de viajar y comunicarse a través de las dimensiones.

Los pleyadianos y los seres de Sirio y Andrómeda, que enseñaban y contribuían en el establecimiento de las escuelas mistéricas, viajaban a menudo de una dimensión a otra. Muchos de ellos se especializaron en la materialización y desmaterialización de su cuerpo de luz, actuando de intermediarios de los seres terrestres, las civilizaciones subterráneas y la multitud de naves de luz situadas alrededor del planeta en aquel tiempo. Mientras las almas jóvenes y menos evolucionadas empezaban a reencarnarse hace alrededor de veinticinco mil años, los maestros de dimensiones superiores continuaron su relación con los humanos durante otros doscientos cincuenta años a fin de colaborar en la transición hacia civilizaciones de muchos niveles de evolución del alma y orígenes galácticos diferentes. Algunos humanos apenas habían evolucionado, muy poco más allá del comportamiento instintivo y de supervivencia. Su próximo paso evolutivo era nacer de progenitores más evolucionados, contraer nupcias con seres más evolucionados y, de este modo, extender su nivel de consciencia. Muchos pleyadianos aceptaron la misión de ser guías permanentes de estas almas jóvenes en las primeras fases de esta mezcla; algunos pleyadianos incluso adoptaron vidas humanas apareándose con humanos a fin de despejar las pautas genéticas y despertar el deseo urgente de evolución espiritual. A veces este proceso se denomina «siembra estelar».

Todo se hacía en respuesta a peticiones o acuerdos con la consciencia colectiva superior de los moradores de la Tierra. Los seres terrestres pidieron fundar sus propias escuelas mistéricas y de iniciación supradimensional tras su propia evolución, iluminación y permanencia en las dimensiones superiores que rodean la Tierra a fin de ayudar a los humanos. Los Grandes Hermanos Blancos existían ya desde hace casi quince mil años, cuando se produjo un despertar simultáneo en grupo de más de mil humanos procedentes de varias culturas terrestres. Estos mil decidieron por unanimidad establecerse como Grandes Hermanos Blancos, una orden que entonces se llamaba De la Gran Luz Blanca, a fin de establecer las bases de la iluminación y trascendencia espirituales sobre la Tierra.

Algunos miembros de esta orden bodhisattva decidieron someterse a reencarnaciones periódicas en calidad de Maestros Ascendidos. Nacían físicamente de progenitores espirituales y solían recibir una nueva iluminación a los 21 años. En ese punto recordaban sus vidas pasadas, su ascensión y su propósito espiritual. Estos bodhisattvas reencarnados eran maestros excelentes y poderosos debido al hecho de que sentían con la gente de la Tierra una afinidad más natural que aquellos que no habían sido nunca humanos. Había veces en que estos maestros ascendidos nacían —y aún nacen hoy— dentro de familias compuestas por almas jóvenes con varios grados de daño genético y pautas kármicas. Estos bodhisattvas aceptaron la responsabilidad de transformar, transmutar y trascender las energías inferiores a fin de crear «mapas» etéricos y de consciencia que otros pudieran seguir; han sido y son los adelantados evolutivos.

Las jerarquías aceptaron ampliar la orden de la Gran Luz Blanca para incluir en ella a humanos iluminados y ascendidos para desempeñar estos papeles: el Oficio del Cristo; Buda; la Orden de Merlín; puestos de Diosa como los de la Santa Madre ocupado ahora por Quan Yin y la Madre María; kachinas, maestros y guías locales. Antes del comienzo del ciclo actual de veintiséis mil años, los oficios supradimensionales, los guías, maestros y líderes espirituales planetarios habían sido sobre todo Seres de Luz de las Pléyades, Sirio y Andrómeda. Ahora la población desarrollaba un número suficiente de sus propios seres iluminados y ascendidos para establecer sus propios guías y escuelas mistéricas.

Al comienzo de este ciclo de veintiséis mil años también se pidió que, excepto en momentos cíclicos y evolutivos cruciales, la guía y las enseñanzas superiores vinieran de aquellos iluminados que se hubieran encarnado alguna vez en cuerpos humanos. La población de la Tierra debía evolucionar hasta el punto de ser capaz de comunicarse por su cuenta con las dimensiones superiores y los sistemas solares. Fue entonces cuando aparecieron las enseñanzas Ka. Cada persona necesitaba comprender el modo de alcanzar las distintas metas espirituales para así llegar a constituir una raza de maestros en la Tierra. En sus enseñanzas los pleyadianos les hablaron de su Yo Superior, del Ka a través del cual podrían establecer contacto permanente con el Yo Superior, las dimensiones superiores y los sistemas solares. Mediante una vida recta, la evolución, la meditación, la oración y el dominio de la consciencia, podían lograr el alineamiento con su Yo Superior. Mediante el despertar del Ka Divino, podían fusionar el Yo Superior con el cuerpo físico, personificando así su

Presencia de Maestro Divino o Yo de Cristo. Habría un período que precedía a la iluminación plena durante el cual se completaba su transmutación genética como resultado del fluir de la energía Ka a través de los canales Ka y los circuitos menores para penetrar en su cuerpo astral y en el sistema nervioso, el sistema glandular y el sistema de meridianos eléctricos del cuerpo físico, tales como los utilizados en acupuntura y Shiatsu.

Durante los siguientes cinco mil doscientos años, varios miles de personas iniciadas en los Templos Ka de Egipto y de la Atlántida recibieron la iluminación y muchos de ellos alcanzaron el nivel siguiente, la consciencia de Cristo. Algunos decidieron permanecer en la Tierra, viviendo más de dos mil años en el mismo cuerpo a través del mantenimiento de los Canales Ka y las prácticas espirituales. Ese mismo período de cinco mil doscientos años también alumbró otros caminos hacia la iluminación que resultaron efectivos para los humanos más evolucionados del planeta que estuvieran dispuestos a emprenderlos.

Al final de esos cinco mil doscientos años se produjo un gran terremoto que destruyó la mayor parte de los templos de Lemuria y la mitad de la masa de tierra de la Atlántida. Aquellos miembros de la raza lemuria que se quedaron en la Tierra decidieron establecerse de nuevo en una cultura subterránea bajo el monte Shasta. Unos pocos lemurios se integraron en tribus indias americanas, hawaianas y tibetanas, convirtiéndose posteriormente en mayas, incas y budistas. Estos antiguos seres de Lemuria ejercieron de líderes y maestros espirituales dentro de aquellas culturas. Los atlantes supervivientes contaban aún con número suficiente para continuar su cultura. En calidad de consciencia de grupo pidieron la reencarnación del ser cuyo nombre terrestre era Thoth para restablecer entre su gente las antiguas enseñanzas que habían perdido a causa de los terremotos. Thoth, que era miembro Ra de las Tribus Arcangélicas Pleyadianas, respondió a sus peticiones generando un cuerpo físico. Se convirtió en líder espiritual de la Atlántida.

Poco después de la llegada de Thoth a la Atlántida se produjo una gran brecha dentro del continuo espacio-temporal de la atmósfera terrestre durante el cual llegó a la Tierra un grupo de seres que venían de invadir Orión desde el sistema de Lira. Era Lucifer quien los guiaba, haciendo posible la creación de la brecha y la penetración posterior. Lo consiguieron mediante unas transmisiones intensas de alta frecuencia desde el exterior del anillo solar hasta la atmósfera terrestre, seguidas del paso inmediato de una nave a través de la brecha así creada. Los seres de Orion o liranos, con la ayuda de Lucifer, dominaban la técnica del viaje que prescindía del tiempo y el espacio, mediante el cual podían proyectarse a través de la brecha transcurridos pocos segundos a partir de su creación sin que nada pudiera detenerlos. El momento de su contacto con la Tierra era inevitable debido a las conexiones kármicas entre los liranos, Lucifer y algunos humanos de la Tierra. Tal como lo tenían previsto, aterrizaron en la Atlántida, porque era el lugar que mejor serviría a su propósito. Comenzaron inmediatamente a adoctrinar a los atlantes con su conocimiento y tecnología «superiores». Los atlantes se enorgullecían de ser en ese momento la raza más evolucionada de la Tierra y siempre buscaban extender su dominio a nuevas áreas. Los liranos los manipularon prometiéndoles poder, tecnología e influencia ilimitados y demostrándoles la «superioridad» lirana a través de la tecnología, el control psíquico y la inteligencia. Prometieron transmitir esa capacidad a los atlantes si acogían en su seno a los liranos y les permitían integrarse en su cultura. Muchos atlantes desconfiaron de los liranos desde el principio y percibieron la trampa espiritual que se les tendía. Otros, más crédulos y hambrientos de poder y supremacía, acogieron abiertamente a los liranos.

Durante los diez mil años siguientes, la Atlántida quedó dividida en dos grupos de población distintos: uno, que incluía a los liranos y destacaba tecnológicamente, y aquel que conservó la pureza y dedicación espirituales. Los Templos de Melquisedec sufrieron la proliferación y la influencia de los invasores controladores y manipuladores. Se formó un grupo llamado los Túnicas Grises, después llamado los Túnicas Negras. Se centraron en el desarrollo del poder psíquico y la magia negra. Algunos sacerdotes de Melquisedec conservaron la pureza, pero no fue así para la mayoría. En aquel tiempo existían en la Atlántida los Templos de Alorah, que albergaban órdenes de sacerdotisas de la Diosa, cuyas enseñanzas venían de la novena dimensión a través de un orden jerárquico llamado el Consejo de los Nueve. Estas enseñanzas escaparon a la subversión de los liranos y Lucifer. Las sacerdotisas, desafiantes, desaconsejaron abiertamente toda relación con los Hermanos Oscuros, como también se los denominaba. En principio, los atlantes que deseaban practicar las artes de la magia y la alquimia recibían primero una formación espiritual para que aprendieran el uso recto de los poderes. Sin embargo, el protocolo espiritual acabó diluyéndose y se extendió el estudio del poder psíquico y la magia negra. Lucifer siempre permanecía invisible, aunque constituía una importante influencia subconsciente. Controlaba a los Hermanos Oscuros de Lira y era capaz de poseer el cuerpo de Hermanos Oscuros en cualquier momento para comunicarse con ellos o con otros atlantes a través de ellos. Lucifer utilizaba a menudo este medio de llegar a la gente. Su propósito era minar la confianza de los atlantes en las fuerzas de la luz que gobernaban el planeta y el anillo solar; en último término, esperaba hacerse con el control en calidad de Ser Supremo de la Tierra.

Lucifer y los Hermanos Oscuros se introdujeron en la consciencia de muchos varones terrestres, vulnerables al control psíquico debido a su propio deseo oculto de control y dominación, en especial sobre las mujeres. Se creó un plano astral subterráneo, así como una serie de moradas y terrenos ceremoniales subterráneos donde la consciencia colectiva inferior de los Hermanos Oscuros estableció su territorio, enviando ondas de energía y mensajes subliminales que, atravesando la Tierra, llegaban al mundo de superficie. Esta consciencia colectiva era, y aún es, lo que llamáis «Satán». Fue creada mediante la fusión de consciencias inferiores de los Hermanos Oscuros. Esta fuerza satánica tiene la capacidad de operar como si fuera una gran entidad única. Cuanto más crecía esta consciencia colectiva y mayores eran la supremacía y el control que imponían sobre la Diosa, la Tierra, vuestro anillo solar y la Divinidad, más poder tenía esta fuerza oscura para generar su propio crecimiento continuo. La polarización de la oscuridad y la luz se hizo rápidamente más intensa en la Tierra al recibir la mente subconsciente de los humanos el bombardeo de imágenes y pensamientos negativos de desconfianza en Dios y en el Plan Divino, la inferioridad de las mujeres y la superioridad del ámbito mental sobre los ámbitos emocional y espiritual.

Tecnología y magia negra crecieron hasta alcanzar proporciones jamás vistas sobre la Tierra. Los templos de Luz fueron cada vez más el lugar de las mujeres, mientras que los templos de Oscuridad fueron cada vez más el lugar de los varones. Naturalmente, esta división no era absoluta, pero era cierta en términos generales. Hacia el fin de la era Atlante —diez mil años tras la llegada de Lucifer y los liranos— el caos y el miedo corrían libres por esa civilización. La competencia por el control y la supremacía era la actitud general en la Atlántida, e incluso en el seno de los Templos de Alorah prevalecían el miedo y el secreto.

Antes del fin de la Atlántida se dio aviso a los jefes de las órdenes y templos que aún poseían la Luz, aconsejándoseles dispersar sus enseñanzas por el globo. Pasaría mucho tiempo antes de que la totalidad del conocimiento superior pudiera concentrarse en un solo lugar debido a la influencia satánica sobre las mentes de la Tierra. Abandonaron la Atlántida pequeños grupos de personas formadas en todas las áreas del desarrollo espiritual. Se llevaron consigo muchos cristales que contenían información procedente de los Anales Acásicos, canalizada y programada en ellos por el Consejo de la Verdad. Uno de los cristales que se llevaron a Grecia las grandes sacerdotisas de los templos de Alorah fue tallado con la forma del cráneo de Thoth, ser que había dejado la Atlántida hacía casi nueve mil años. El cráneo de cristal quedó enterrado bajo el templo del Oráculo de Delfos —fundado por este grupo de sacerdotisas— y sirvió para proteger el templo de los mensajes subliminales oscuros y las ondas de energía procedentes de puntos situados bajo la superficie de la Tierra. Ya que este templo no podía recibir contaminación psíquica, los Hermanos Oscuros, bajo el nombre de «Guerreros de Zeus», acabaron encerrando y matando a las sacerdotisas, reclamando el templo para el patriarca de sus dioses.

Otros grupos se llevaron cristales y enseñanzas a América Central, Europa Occidental, el Himalaya, el Sur de África, Asia Oriental, Australia, Sudamérica y Egipto. (Las tribus indígenas del norte de América se encontraban entonces en una fase evolutiva singular y la infiltración de los atlantes era inadecuada.) El grupo más numeroso, compuesto de hombres y mujeres, marchó a Egipto siguiendo las instrucciones del Consejo de los Nueve. Todos los grupos contaban con personas intensamente dedicadas a preservar la verdad divina que es Luz y pasaron el resto de su vida estableciendo templos y enseñanzas iniciáticas en las distintas regiones. El hecho de que el mayor asentamiento tuviera lugar en Egipto se debió principalmente a la existencia de la Gran Pirámide; siempre había contenido, y aún contiene hoy día, las vibraciones de la verdad divina y el código evolutivo solar.

Se construyeron después muchas pirámides en Egipto, así como en otros lugares. Debían ser construidas sobre grandes cristales que contenían Anales Acásicos, colocados en varias formas geométricas que retendrían la luz e impedirían la entrada de vibraciones de densidad inferior. Los liranos y sus esclavos habían construido varias pirámides en la Atlántida con el propósito de distorsionar y controlar los códigos del Sol. Pero todas ellas se hundieron bajo el Océano Atlántico o estallaron cuando la Atlántida quedó destruida.

La destrucción final de la Atlántida fue causada principalmente por una transmisión subterránea de ondas de sonido tan intenso que creó una explosión sónica bajo la superficie terrestre. Su intención era deshacer las pautas de frecuencia superior de luz de los templos sagrados que aún permanecían de pie e inundar estos templos con las energías de la magia negra y el control satánico de los Hermanos Oscuros. En lugar de ello, la explosión sónica fue tan poderosa que rebotó hacia su propia fuente, reverberando en los centros de energía nuclear y cristalina que alimentaban el generador de sonido. Esto provocó una gran explosión, seguida de una reacción en cadena en otros generadores subterráneos de energía que acabó causando terremotos como nunca habían ocurrido en la Tierra. (Y que desde entonces no han vuelto a ocurrir.) Muchas de las pirámides estallaron literalmente en pedazos, mientras que otras permanecieron intactas. Los grandes cambios terrestres continuaron durante dos meses más hasta que el último trozo de la Atlántida acabó descansando en el fondo del mar.

Para entonces, aquellos que se habían marchado con el fin de restablecer el orden espiritual en otros puntos, estaban fuera de peligro y consiguieron alcanzar su destino. Unos pocos grupos de los que intentaron la marcha no estaban lo bastante lejos y fueron barridos por olas gigantescas provocadas por las explosiones. Esta destrucción final de la Atlántida tuvo lugar hace unos diez mil cuatrocientos años.

Lucifer reunió a los liranos en los planos astrales y comenzó a planear su próximo paso. Los liranos decidieron permanecer en los planos astrales dentro de la atmósfera terrestre y en los ámbitos satánicos subterráneos para aumentar su influencia sobre la mente subconsciente de los terrestres. Como resultado, las guerras tribales y los conflictos territoriales comenzaron a darse cada vez más a menudo en vuestro planeta. Muchos pueblos indígenas, entre ellos indios americanos, africanos, europeos y de América Central y del Sur se dividieron en tribus que en el pasado formaron parte de una extensa hermandad. Las luchas por la Tierra, las disputas sobre los derechos del agua y los minerales, las diferencias espirituales y una desconfianza inexplicable se convirtieron en razones para el movimiento de segregación. En otras zonas la llegada de los atlantes espirituales acercó más a las personas, y la evolución de estas culturas se aceleró. Los mensajes subliminales de la supremacía del patriarcado se introducían cada vez más en el ámbito subconsciente, pero algunos grupos fueron capaces, con la ayuda de los atlantes o de sus propios líderes espirituales evolucionados, de resistir las presiones y mentiras presentadas por las formas de pensamiento psíquicas negativas. Se crearon estructuras como la de Stonehenge y ruedas medicinales para detener las energías astrales negativas y crear espacios seguros en los que poder celebrar ceremonias y otras reuniones.

Durante casi cinco mil años prosperaron los templos de la Diosa en muchas de las nuevas tierras atlantes. Los templos de varones y mujeres ofrecían y guardaban por igual las enseñanzas sagradas de Melquisedec, Thoth y Alorah; también extendían sus enseñanzas a la inclusión de los arquetipos divinos y prácticas espirituales locales. Las enseñanzas sobre los papeles masculino y femenino, la iniciación espiritual, los templos Ka y las prácticas de sanación y evolución espirituales crecieron en Egipto, Grecia y partes de América Central y del Sur. No todas las tribus en otros lugares quedaron afectadas por la polución astral; algunas permanecieron puras y humildes. Pero una polarización de la luz y la oscuridad iba creciendo.

Hace unos cinco mil años los liranos y sus compañeros, convertidos en Hermanos Oscuros, empezaron a reencarnarse en varios puntos del mundo. Su objetivo principal era introducirse en las áreas ocupadas por las culturas más avanzadas espiritualmente y provocar guerra y destrucción contra ellas. Aunque este hecho tuvo lugar poco a poco, el planeta sufrió muchas alteraciones en las fuerzas que lo gobernaban. Se sucedieron ciclos de luz y oscuridad en Egipto, Grecia, Europa y América Central.

Los Hermanos Oscuros mataron, destruyeron, violaron y establecieron su mando; después, las fuerzas de Luz se rebelaban y los derrocaban. Este ciclo se sucedió repetidamente.

La Tierra en conjunto siempre se ha mantenido alineada con la Luz, el Ser Supremo —también llamado espíritu del Ser Uno— y el Consejo Superior de los Doce. Sin embargo, la población terrestre ha sufrido muchos cambios con respecto al equilibrio de poder. Es curioso señalar que la mayoría de la población terrestre siempre ha creído en el amor y la bondad, pero han sido débiles e ineficaces contra la intimidación por parte de fuerzas gubernamentales y religiosas que operan buscando el control. La población terrestre en su mayor parte se ha sentido incapaz, durante mucho tiempo, de influir sobre las clases dominantes; ésta es la paradoja terrestre más grande. Una razón para el miedo y la impotencia es el control astral que Lucifer, los liranos y los Nibiruanos o Anunnaki ejercen sobre la cuarta y quinta dimensiones.

[Nota de la autora: esto se explica en profundidad en el libro de Barbara Hand Clow, *El Plan Pleyadiano*].

Lo que es importante que sepáis en este momento es que tenéis el poder y la capacidad de liberaros del control psíquico de estos seres astrales. La información y los procedimientos descritos en este manual os guiarán y os ayudarán a este fin.

Cuando ciertos grupos se establecieron en la Tierra hace unos ciento cincuenta mil años, se celebró una gran reunión de la consciencia colectiva incluyendo a los pleyadianos, los andromedanos, los guías etéricos y los reinos dévicos. Se decidió la creación de una estructura jerárquica que permitiera albergar tanta confianza y seguridad como fuera posible. La razón de esto se ha de buscar en experiencias pasadas entre los recién llegados a la Tierra, incluyendo la traición de miembros de ámbitos superiores y una duda sobre el propio potencial profundamente asentada. La duda fue lo que impulsó principalmente al grupo a exigir un liderazgo. Los nuevos moradores de la Tierra no confiaban en sus propias decisiones ni en su soberanía. Las jerarquías respondieron a la petición acordando que, cuando llegara el momento de designar a un Ser Supremo para vuestro planeta, existiría a su vez una estructura descendente de autoridad espiritual con el poder de anular cualquier decisión tomada por el Ser Supremo. La estructura más inmediata bajo el Ser Supremo sería el Consejo Superior de los Doce. Éste se compondría de cuatro delegados de las Pléyades, cuatro de Sirio y cuatro de la vecina galaxia de Andrómeda. Todos los miembros serían Seres de Luz altamente evolucionados. Si el Consejo Superior de los Doce no estaba de acuerdo por unanimidad con una orden del Ser Supremo, la decisión en cuestión quedaría anulada. De este modo, la población de la Tierra sabría, al menos inconscientemente, que era imposible la corrupción en el seno de la jerarquía espiritual. La estructura del Consejo Superior contaría incluso con un doble sistema de seguridad: al menos dos miembros de origen distinto serían responsables de cada área de autoridad en el ámbito inmediatamente inferior. Por ejemplo, en el área de dar instrucciones y supervisar el trabajo de los Ángeles Sanadores, un pleyadiano y un andromedano tendrían las mismas responsabilidades y ninguno de ellos podría hacer nada sin el consentimiento del otro. Este tipo de estructura aún existe en todos los oficios y grupos de las dimensiones superiores.

La creencia planetaria en la necesidad de que las autoridades gobiernen y tomen las decisiones importantes por vosotros debe ser despejada. Estáis listos para convertiros en seres soberanos con responsabilidad plena. La existencia de tanta corrupción en los gobiernos es producto de la falta de confianza en uno mismo y en los demás que aún existe en la Tierra. A medida que se desarrolle la Era de Luz, también llamada la Era de la Iluminación, más importancia tendrá cada vez la necesidad de poner fin a los sistemas patriarcales de gobierno y a devolver el poder real al pueblo. Aquellos que no sean capaces de aceptar esta responsabilidad sin dañar a los demás no serán una amenaza en el seno de un proceso de toma colectiva de decisiones. Aquellos que presidan las sesiones no serán elegidos. Los papeles de moderador, comunicador y cualquier otro que haga falta, rotarán entre los miembros dispuestos a cumplir esas funciones. De este modo, ni una persona ni un pequeño grupo podrá ganar autoridad sobre los demás.

[Nota de la autora: En *La Quinta Cosa Sagrada*, de Starhawk se ofrece un modelo utópico maravilloso que es de verdad «del pueblo, por el pueblo y para el pueblo»].

Lo que hace falta en este momento es que la población terrestre encuentre la valentía espiritual para exigir lo que quiere. Naturalmente, muchos ciudadanos terrestres de buena voluntad han caído en la maraña que supone la lucha por la supervivencia y han olvidado los ideales espirituales. Sin embargo, la mayoría de los humanos comprenden la moral básica y desean amor. Esto da en este momento a la Tierra una oportunidad tremenda para un gran salto espiritual. La consciencia colectiva superior de todos los seres humanos de la Tierra ha pedido la oportunidad de producir algo que nunca se ha dado antes: la ascensión planetaria. Si esto se da, la Tierra y toda su gente avanzarán juntos hacia la consciencia de la cuarta y la quinta dimensiones, separando su consciencia completamente de los planos astrales de control satánico. El control actual y continuado de las fuerzas destructivas se basa y se sustenta en dos cosas: 1) la supremacía ilusoria del odio y el miedo sobre el amor, y 2) la creencia de que la Oscuridad es más poderosa que la Luz. Si para el 2013 la población que quede en la Tierra es capaz de eliminar estas dos creencias y reconocer y aceptar los cuatro principios espirituales mencionados antes, este planeta será el primero que logre este salto espiritual.

A fin de que haya esperanzas para que ocurra este gran hecho, entre hoy y el 2013 un mínimo de —pero no limitado a— ciento cuarenta y cuatro mil humanos deben recibir iluminación y encarnarse en la consciencia de Cristo. Cuando se alcance este punto crítico de seres cuyo espíritu ha despertado, se producirá la «Segunda Llegada de Cristo en masa». En ese punto se producirá el «efecto del centésimo mono»: una onda vibratoria de energía iluminadora avanzará por el planeta entero y su población, erradicando las formas de pensamiento y ámbitos astrales inferiores, disolviendo los velos que separan a los humanos de experimentar interiormente la esencia y la verdad divinas. La población entera de la Tierra sentirá esta ola de iluminación que empapará toda la existencia del planeta. En ese momento se activará la iluminación planetaria y el propósito, inherente al alma, de la evolución espiritual. Si los liranos, los annunaki, Lucifer, los Hermanos Oscuros y los humanos que se han alineado con la Oscuridad eligen rendirse espiritualmente en ese momento, se unirán a la ascensión planetaria y quedarán libres del pasado. Quienes no escojan la luz experimentarán la destrucción del planeta y se encontrarán a sí mismos en una especie de centro galáctico de recuperación. Se les dará la oportunidad de evolución y alineamiento divino, pero sin obligarlos. Si piden ser libres para explorar la Oscuridad después de cierto tiempo, serán enviados a otra galaxia en la cual aún sea posible esa opción.

Incluso si algo extremo como una explosión planetaria ocurriera en ese momento, los ciento cuarenta y cuatro mil o más Seres de Cristo se limitarían a entrar en sus cuerpos de ascensión, llevándose con ellos a los demás recién despertados de la Tierra. Cuando se alcance el punto crítico de ciento cuarenta y cuatro mil el efecto de estos Seres de Cristo en la población será tan intenso que cada uno de ellos tendrá la capacidad de elevar a otros ciento cuarenta y cuatro mil humanos a los planos superiores de la consciencia. En otras palabras, los ciento cuarenta y cuatro mil Seres de Cristo crearán un salto cuantitativo para veinte mil setecientos treinta y seis millones de humanos. El velo oscuro, o la «red», como se la ha llamado, que rodea la alta atmósfera terrestre, se disolverá. Esto permitirá a los códigos galácticos impulsar plenamente a la Tierra a través del Sol. No quedará ningún plano astral inferior y todos tendrán una experiencia de «luz blanca» o *shaktiput*, después de la cual se encontrarán en una Tierra nueva que sea más bella y más limpia que aquella que dejaron. Estarán en la Tierra, pero en la cuarta dimensión. Quienes ya ascendieron en vidas anteriores avanzarán directamente a la quinta dimensión o incluso a otra superior.

Las escuelas de formación ya estarán preparadas para acoger a estos nuevos seres espirituales que se vuelvan tetradimensionales. Estos seres conocerán sus propias creaciones del pasado, el origen de su alma y sus objetivos, así como las enseñanzas espirituales apropiadas para ese nivel de evolución. Un período de gracia de mil años envolverá a la Tierra, durante el cual prevalecerá la paz y una preocupación por la evolución espiritual. En otras palabras, las escuelas mistéricas serán el centro de toda actividad durante esos mil años. Al final de ese tiempo, la Tierra asumirá oficialmente el papel galáctico de hogar de las Ciudades de Luz y escuela mistérica de otros planetas tridimensionales.

Os convertiréis en guardianes y maestros de formas de vida tridimensionales, así como nosotros, los pleyadianos, lo hemos sido para vosotros. Si tenéis éxito, en lo cual creemos, emanará de la galaxia entera una ola gigante de amor y alegría a partir de la unión de la consciencia colectiva superior con la consciencia de la tercera dimensión y de la cuarta. Esta ola de iluminación transmutará instantáneamente en luz pura el karma y las energías astrales inferiores que queden en vuestro anillo solar, a la vez que la ola de iluminación planetaria actuará sobre la Tierra y su población. El poder de esta ola se dejará sentir e influirá sobre la galaxia entera y toda la existencia. ¿Por qué?

La posición de esta galaxia en relación con el Gran

Sol Central de Todo lo Que Es acaba de sufrir un cambio de ciclo, como ya se ha dicho. El nombre evolutivo de este nuevo ciclo galáctico es «La Espiral Evolutiva del Dominio». Cada anillo solar de esta galaxia debe subir al paradigma evolutivo inmediatamente superior. Para la Tierra y vuestro anillo solar, ese paso es convertirse en hogar de las Ciudades de Luz compuestas de Seres de Luz que hayan experimentado específicamente encarnaciones físicas y alcanzado la iluminación. Al final de los mil años de paz, os convertiréis exclusivamente en una raza de Seres de Cristo.

Los Ejercicios Pleyadianos de Luz, especialmente el aspecto relativo al Ka, son uno de los caminos hacia la sanación y el despertar que nosotros, los pleyadianos, os ofrecemos en este momento. Es esencial que despejéis los Canales Ka y la Plantilla Ka de residuos kármicos y energías bloqueadas a fin de permitir que vuestro Yo Crístico se ancle en el ámbito físico a través del cuerpo físico. Estáis entre los ciento cuarenta y cuatro mil o más que traerán la Era de la Iluminación, la Era de la Luz, la Edad de Oro o la Nueva Era sobre la Tierra. Los contenidos presentados en este manual os ayudarán en esa transición para que estéis disponibles y seáis permeables a las frecuencias superiores del Ka y, por lo tanto, al Cuerpo de Cristo o Presencia del Maestro.

Tenemos fe en vosotros y en la consciencia superior de vuestro planeta. Aunque el futuro se presenta bueno, no dejéis que la pereza, la resistencia o la arrogancia detengan vuestro proceso de ascensión. Mientras cumpláis con vuestro papel y estéis dispuestos a convertiros en lo mejor que seáis capaces de ser, estaremos allí ayudándoos en cualquier modo que creamos apropiado. Sin embargo, nunca usurparemos vuestro propio aprendizaje y crecimiento. Estáis aquí para convertiros en Maestros, no en inválidos que precisen ser rescatados. Que nadie os diga que os harán el trabajo o que os salvarán. Es hora de que os salvéis a vosotros mismos a través de una sanación persistente y dedicada, el crecimiento y un despertar espiritual continuo. Con decisión y determinación, todo lo divino es posible.

So-la-re-en-lo
(Con gran amor y devoción),
					Ra,

portavoz de las Tribus Arcangélicas Pleyadianas de la Luz, los miembros de los Emisarios Pleyadianos de Luz, que son guardianes de este anillo solar y miembros de la Federación Galáctica de Luz del Gran Sol Central.

Sección 2

EJERCICIOS PLEYADIANOS DE LUZ

Transformación Espiritual mediante el Despertar del Ka Divino

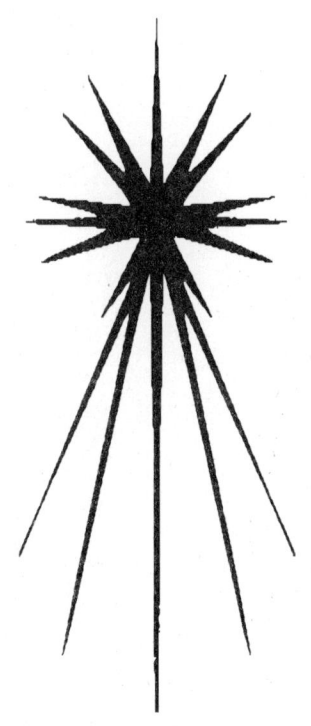

Introducción a la
SECCIÓN II

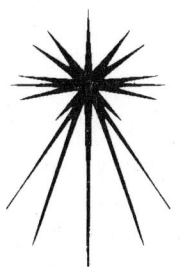

Estoy muy agradecida por la oportunidad de dar a conocer a los Emisarios Pleyadianos de Luz como sanadores y guías espirituales tanto para las personas como para el planeta. El objetivo de esta sección del libro es la de enseñarte a invocar a los Emisarios Pleyadianos de Luz para que su energía opere en ti. Con la colaboración del Cristo y otros Maestros Ascendidos, así como en compañía de guías y ángeles, te ayudarán a evolucionar y sanar el espíritu de maneras muy específicas, como se explicará a lo largo de esta sección del manual. La pericia de los Pleyadianos en diferentes campos te conducirá a la iluminación plena y a la ascensión.

Estos últimos años de colaboración consciente con los pleyadianos han supuesto, como poco, un verdadero regalo. Su entrega hacia mí como ser humano ha estado y está siempre presente. Su integridad ha sido siempre impecable. Y la variedad de su energía ha ido desde lo muy sutil hasta lo milagroso, y los resultados son obvios. Me gustaría proporcionaros algunos puntos generales a partir de mis propias experiencias con esta actividad sanadora y espiritual.

Aunque lo mencionaré de nuevo me gustaría recomendaros algo sobre la actividad con cualquier ente no físico. Siempre es beneficioso invocar sólo aquellos que son «de la Luz y sirven al Plan Divino». Esto implica que estos seres deben encontrarse a un cierto nivel de consciencia y evolución para procurar verdadera ayuda. Si un ser etérico llega sin tu invitación consciente entonces pronuncia tres veces la pregunta: «¿Eres de la Luz y sirves al Plan divino?». Es Ley Universal que cuando se realiza tres veces esta pregunta, debe responderse sinceramente.

Hasta los seres oscuros deben responder sinceramente. También es Ley Universal que si un ser responde no a la pregunta y tú le pides que se vaya, debe hacerlo, respetando así tu propio libre albedrío. Este procedimiento siempre me ha dado resultado. Si te encuentras en esta situación y un ser es reticente a dar la respuesta, sólo pídele que se vaya inmediatamente.

Numerosos autores y canalizadores atraen almas humanas sin cuerpo, entes astrales, extraterrestres con sed de poder, incluso a seres oscuros, en nombre de la búsqueda espiritual. Los hay que creen que cualquier ser humano o entidad no encarnados son automáticamente superiores a aquellos de nosotros que vivimos en un cuerpo. Estas personas conceden a las entidades que canalizan una confianza y un respeto inmerecido. Sólo por el hecho de que un ser no se encuentre en un cuerpo no quiere decir que esté a un nivel de evolución desde el que pueda ayudarte —ni siquiera quiere decir que no sea dañino—. Eres responsable de utilizar tu sabiduría con discernimiento y discriminación. Así que, por favor, utiliza el criterio esbozado en esta sección del libro para invocar a seres superiores y para canalizar mensajes —a no ser que prefieras otros métodos que hayas aprendido.

Los capítulos 5 y 6 «Ejercicios Pleyadianos Previos I y II» están especialmente diseñados para los principiantes en el campo de la sanación y la actividad espiritual, o que tengan dificultades con los límites y la conexión a la tierra. Lo que quiere decir que si tienes un aura saturada o los chakras atascados, o tiendes a ser una esponja psíquica de las emociones y el dolor de otras personas, los Ejercicios Pleyadianos de Luz pueden ser demasiado para empezar. A medida que las energías de frecuencias superiores de los ejercicios Ka y otros aspectos de los Ejercicios Pleyadianos de Luz van llegando a cuerpo y aura, se acelera la liberación de emociones, la energía bloqueada y el karma. *Me siento con la responsabilidad de preveniros de que, si no habéis hecho mucha meditación, si no habéis realizado actividades de autosanación con la luz o no os habéis despejado etérica, mental y emocionalmente, necesitaréis trabajar estos dos capítulos durante por lo menos un mes antes de seguir con el resto del libro.* Si la efectividad de las técnicas presentadas en estos capítulos sigue siendo vaga o inconstante al cabo de un mes, deberás seguir trabajando diariamente con ellas hasta que vayan integrándose en tu naturaleza. Así te será más fácil realizar cierto despejamiento previo a futuros ejercicios más avanzados.

Estas directrices también pueden servir a quienes ya lleven muchos años introducidos en la espiritualidad y los ejercicios de luz. He encontrado mucha gente de la Nueva Era, sanadores y monitores, que todavía recogen las emociones y el dolor de otras personas o vuelcan las suyas indiscriminadamente sobre los campos de energía de los demás. Puede que algunos hayan despertado espiritualmente pero se saltaron algo tan elemental como la conexión con la tierra, el despejamiento del aura, los límites, etcétera. Hay quienes bromean llamando a este tipo de personas espirituales pero sin base, «hadas atontadas» o «colgados del espacio». Sin embargo, lo cierto es que la mayoría de los así llamados no están informados sobre la necesidad o los métodos de conexión a la tierra y fijación de límites. Por ello resulta esencial la información y los procesos de los dos capítulos sobre «Ejercicios Pleyadianos Previos».

Seguramente también necesitarás utilizar estas técnicas de autosanación y despejamiento durante los Ejercicios Pleyadianos de Luz. Es decir, aunque lleves tiempo familiarizado en el terreno espiritual y metafísico, lee, aunque sea rápidamente, las técnicas de los dos primeros capítulos de esta sección para confirmar que estás preparado para los Ejercicios Pleyadianos de Luz del resto del libro. *Si ves que sueles no estar centrado, que todavía recoges la energía y los problemas de otros o sientes alguna vez presencias oscuras cerca, sigue por favor a consciencia los dos primeros capítulos antes de continuar.*

El método guiado que se expone en esta sección del libro está a la venta separadamente en cinta para aquellos que lo deseen. Desde luego, no todo el mundo necesita la guía adicional de las grabaciones para la meditación y la sanación. Si lo necesitas, encontrarás las instrucciones para pedirlas al final del libro. Las instrucciones para coordinar las cintas con el texto se encuentran en un cuadernillo que acompaña a las cintas; éste es el símbolo 🖭 que sigue a varios ejercicios del texto el cual te indica que pongas en marcha el magnetófono. También puedes hacerlo tú mismo grabando los procedimientos; en ese caso asegúrate de dejar silencio para completar cada paso antes de continuar con el siguiente.

Gran parte de la información y las técnicas de este manual parecen alejarse del concepto de despertar el Ka Divino. Aunque sólo sean dos capítulos los que tratan de Ka en profundidad, toda la sección sobre los Ejercicios Pleyadianos de Luz está diseñada para aumentar, expandir y facilitar el avance de los ejercicios Ka. Cuando el Ka se despierta y se activa, se produce un intenso despejamiento directamente proporcional al influjo de la pura energía Ka de alta frecuencia. Si la persona no vive en alineamiento, consciencia e integridad de espíritu, el Ka, lejos de abrirse completamente, se irá cerrando de forma gradual hasta hacerlo por completo. Como dijo Ra: «se os anima a seguir a consciencia el manual, ya que hasta los procesos que no están directamente relacionados con el Ka os ayudarán a integrar los ejercicios Ka, emocional, mental, física y espiritualmente». Los métodos de sanación, información de límites y meditaciones que se presentan a lo largo del manual tienen como objetivo ayudarte a tu propia sanación y crecimiento espiritual, así como a la del amado planeta Tierra. Crean la mejor atmósfera interna posible para que Ka pueda despertar plenamente y continuar expandiéndose.

La Tierra no sanará hasta que nosotros como especie no evolucionemos espiritualmente. La evolución debe incluir todo, desde una ética básica hasta una moralidad superior y el despertar del Ka; desde no contaminar físicamente hasta despejar sentimientos y pensamientos negativos que contaminan psíquica y espiritualmente. La Tierra no soportará por mucho más tiempo que sigamos siendo una raza espiritualmente irresponsable. Sólo desarrollando una consciencia, despertando a lo sagrado de toda vida y eligiendo hacer honor a esta consciencia seremos habitantes del planeta de forma no perjudicial y restauradora.

Es obvio que debemos tomar esta decisión para sobrevivir así como abrazar los cuatro principios evolutivos:

1. Nuestro objetivo aquí es evolucionar física, emocional, mental y espiritualmente.
2. Todo ser humano es Esencia Divina compuesta de luz y amor cuya naturaleza es la bondad.
3. El libre albedrío es un derecho universal absoluto; la impecabilidad exige al yo que entregue su libre albedrío a la voluntad divina con fe y confianza.
4. Toda existencia natural es sagrada, sin depender de si satisface o si cumple las necesidades del yo individual.

Ya existe un conocimiento suficiente de las amenazas al futuro de nuestro planeta como para que tomemos ahora la decisión de evolucionar. Cualquiera de las siguientes causas, por mencionar sólo unas pocas, podría muy pronto provocar el fin de la vida en la Tierra. Los agujeros de la capa de ozono, el efecto invernadero y el calentamiento del planeta, la destrucción de la selva tropical y de bosques milenarios, la muerte de los océanos, los residuos radiactivos subterráneos, explosiones nucleares...; la lista puede ser interminable. Ya no es seguro permanecer en la ignorancia, la indiferencia, la inconsciencia y la irresponsabilidad. Debemos empezar a examinar nuestras propias mentes, creencias y sentimientos y empezar a limpiarlos; son la auténtica causa de todo el daño que se ha causado al planeta.

Nuestros pensamientos, creencias, sentimientos y actitudes hacia nosotros mismos y hacia los demás están detrás de cada acto inconsciente y destructivo —o detrás de las circunstancias a través de las que nosotros y nuestro planeta podemos sanar—. La elección es nuestra. Estas energías contribuyen de forma constante a la creación compartida del mundo en cada nivel. Los pensamientos son una energía que se puede medir, y el movimiento de energía tiene un efecto en todo lo que la rodea. A partir de un pensamiento comenzó la Creación, y nuestros pensamientos están continuamente recreando —o destruyendo—. La expresión «piensa en grande, actúa en pequeño», quiere decir que debemos empezar por examinarnos y cambiarnos a nosotros mismos; entonces, lo que hagamos y las actitudes que tengamos se extenderán a las personas queridas, la comunidad, e incluso llegarán más lejos.

Una vez que veamos claramente la esencia de ser «buenas» personas, la evolución continúa en un nivel superior. Siempre existe otro escalón por subir para alcanzar lo mejor de uno mismo, y esto es de lo que en última instancia somos responsables. Afortunadamente, el anhelo —y la visión deseada— de llegar a ser lo mejor posible llena cada día de nuestra vida. Este anhelo nos dará motivos para nunca estar tan satisfechos como para estancarnos. Claro que es también vital para nuestro crecimiento la aceptación de nosotros mismos dondequiera que estemos en cada momento del día. Sin ella nos debilitamos por falta de autoestima y nos imponemos castigos. Sin embargo, el anhelo espiritual por Dios, la iluminación, el amor divino y el final de la separación es la fuente de nuestros logros. Es lo único que inspira al alma.

Desde que el Cristo sentó el ejemplo de lo que llegaremos a ser, hemos tenido casi veinte siglos para desarrollar los juegos de control, las pautas kármicas y las formas de pensamiento planetarias manifestadas. Hemos visto y experimentado todas las adicciones y obsesiones que nos han mantenido alejados de nuestro poder y bajos de autoestima. Son las siete pautas kármicas del círculo solar citadas en el capítulo cuarto que nos han mantenido atrapados desde que empezó la colonización de este sistema solar: arrogancia, adicción, prejuicio, odio, violencia, sentimientos de víctima y vergüenza.

Lo único que nos queda ahora es buscar la verdad y el poder superiores que pongan fin a esta locura y nos ayuden a ser un mundo de seres del Cristo, soberanos y llenos de respeto por nosotros mismos. Los Ejercicios Pleyadianos de Luz no son ni mucho menos la única manera de llegar a esto. Cualquier grupo espiritual o de actividad sanadora que así lo afirme o crea ser *la única vía* es, desde luego, algo a evitar. Sin embargo, los que se sientan atraídos por estos ejercicios son aquéllos a los que van dirigidos y para los que éstos son importantes. En una ocasión pregunté a los pleyadianos: «¿Por qué, si estos ejercicios son clave para anclar la Presencia de Cristo en el cuerpo, es necesaria la imposición de manos para lograr los mejores resultados? ¿No crea eso exclusividad? Cristo no necesitó sesiones prácticas de sanación para anclar el alma en el cuerpo. ¿Por qué nosotros sí?»

Ra contestó: «Cristo nació de padres de espíritu despierto. Él no llegó a sufrir los daños y las mutaciones de la gente de hoy. Si hubieses nacido de padres de espíritu despierto y nunca hubieses sufrido daños y ataques externos y si el código genético de tu ADN estuviese despejado como lo estaba el suyo, estos ejercicios no serían necesarios. Habrías nacido con los canales Ka, y el eje alineado con los aspectos multidimensionales del ser superior intactos. Lo que es más, el ADN y los canales Ka no estarían dañados por la vida. Se acelerarían el crecimiento y la realización espirituales, siendo mucho más directamente accesibles. Sin embargo, la Tierra ha estado tanto tiempo en el oscurantismo espiritual que las principales civilizaciones han perdido siglos concentrándose en la avaricia, la culpa, el control de poder y la destrucción de los pueblos indígenas. Debido a éstas y otras pautas kármicas, así como a esta sociedad moderna, con sus aditivos químicos, pesticidas, contaminación acústica, radares, electricidad, microondas, televisión y ordenadores, os habéis convertido en una raza mutante. Además, vuestra generación ha elegido adoptar adicciones y mutaciones genéticas, así como conductas como padres y como sociedad con el objetivo de transformarlas; sois la generación puente, el puente entre el antiguo y el nuevo mundo que va a nacer en el siglo XXI.

»No todos tendrán necesidad de los Ejercicios Pleyadianos de Luz. Se hará disponible a todo aquel que lo requiera y esté preparado, tanto durante el estado de vigilia o el de sueño. Este manual ayudará a difundir los Ejercicios Pleyadianos de Luz a mucha gente que de otro modo nunca los habría conocido. De la misma manera que hemos trabajado contigo (Amorah), trabajaremos con otros; hasta que tuviste alumnos preparados para completar en ti los Ejercicios Pleyadianos de Luz mediante la imposición de manos, aprovechaste muy bien la actividad etérica que te hemos proporcionado. Una vez los alumnos preparados activaron tus canales Ka a través de la sanación mediante la imposición de manos, la actividad en ti de la relación cuerpo/espíritu se intensificó rápidamente. En general, los resultados varían de un 40 a un 80% de efectividad cuando sólo lo realizan Cristo y los Pleyadianos etéricamente. Aquellos que hayan sufrido menos daño en esta vida obtendrán un mayor porcentaje de efectividad. Para ellos bastará con la actividad etérica. Aquellos que reciban la imposición de manos de los Ejercicios Pleyadianos de Luz reconocerán la necesidad de los mismos así como aquellos llamados a ser especialistas; y los resultados se elevarán al 100%, como fue tu caso.

»Al menos el 50% de los especialistas habrán realizado este tipo de sanación y actividad espiritual en vidas anteriores. También habrán recibido la iluminación en otras épocas terrestres. Su experiencia será la de un nuevo despertar, con mucha práctica y sabiduría sobre la vida ganadas en el proceso. Tu generación tomó las mutaciones genéticas y las conductas porque sabía que era capaz de transmutarlas. Muchos de vosotros sois almas muy antiguas y habéis estado sirviendo a la Tierra y aprendiendo a ser humanos durante mucho tiempo.

»La mayoría de vosotros no volverá aquí después de esta vida. Ahora existe un nuevo grupo de almas maestras naciendo en el planeta. Empezaron a llegar a mediados de los 70 y seguirán llegando cada vez en mayor número durante las próximas dos décadas. Estos nuevos empezarán desde donde lo dejéis, por así decirlo. Mediante tu propia actividad de despejamiento y práctica espiritual, estás preparando el camino para que nazcan con mucho menos que transmutar. Existe una ventaja añadida: a medida que sus padres continúen creciendo y sanando, estos nuevos Seres de Luz se beneficiarán a su vez de ello. Algunos de ellos han sido humanos hasta el punto de anclar su consciencia de las pautas kármicas y genéticas y puede que conserven cierto karma en ellos, pero será relativamente mínimo.

»Debéis criar a estos niños para que sean conscientes desde el momento que nazcan de que son bienvenidos aquí en la Tierra, seres amados y espíritus santos hechos de luz. Necesitan oírlo una y otra vez a medida que crezcan. Debéis mirarlos intentando ver la belleza de su esencia y amarlos. Debéis comunicaros con ellos desde el principio como con otros seres inteligentes y conscientes —porque eso es lo que son—. Es un regalo poco frecuente tener la oportunidad de dar a luz a uno de estos sabios Seres de Luz y hacer que formen parte de nuestra vida. Honrad siempre ese regalo.

»Muchas parejas que deseen tener hijos querrán recibir los Ejercicios Pleyadianos de Luz y despejarse genéticamente antes de concebir. Ello hará que los niños nazcan sin bloqueos en los canales Ka. Aunque sólo reciban la actividad etérica de los pleyadianos, eso les ayudará tremendamente.

»Como ves, querida, de nuevo se te hacen recordar estos ejercicios porque *ahora es el momento*. Cuando exista necesidad de más, se te comunicará. ¿Acaso no ha sido siempre así? Confía en que mantedremos la promesa que te hicimos antes de venir aquí: Estar contigo hasta el final.

Que nunca te perderás ni serás olvidada. Que cuando llegue el momento te reunirás de nuevo, te reencontrarás con nosotros. La promesa se mantiene. Te queremos, formas parte de nosotros. Te estamos agradecidos por el valor y la dedicación necesaria para llegar hasta aquí; y recuerda que ya casi está hecho. Pronto volverás a casa de nuevo.»

Al terminar el discurso, Ra procedió a darme detalles sobre el intensivo de Ejercicios Pleyadianos de Luz y la actividad sanadora en general. Por supuesto, todo tomó sentido; mi propio cuerpo necesitaba la Remodelación Cerebral Delfínica y el Enlace Estelar Delfínico, así como unos años de práctica antes de reaprender y recibir personalmente los ejercicios Ka. Mi sistema nervioso es extremadamente sensible y estaba severamente dañado. Necesitaba tiempo para curarme y liberar las pautas de bloqueo de mi sistema óseo a fin de estar preparada para la futura actividad de frecuencia superior.

A través de los años había acumulado un gran número de técnicas de conexión con el Yo Superior que me habían allanado el camino. La mayor parte de la información contenida en esta sección del manual ha sido canalizada por mí. Los capítulos 5, 6 y 11 consisten principalmente en técnicas que he ido recogiendo de otros maestros. Estoy muy agradecida de que la persona o Ser de Luz Etérico adecuado siempre haya aparecido en el momento preciso. Mis experiencias con los Pleyadianos no han sido ninguna excepción a esta regla general.

A medida que leas esta sección del manual se te revelará el objetivo superior de cada técnica. Por ahora, lo importante es darse cuenta de que los únicos objetivos a largo plazo de esta obra son el despertar y la iluminación de los seres humanos y el planeta en general. A medida que se intensifique tu despertar espiritual y te acerques cada vez más a la iluminación plena, tus experiencias de fenómenos psíquicos (percepción sensorial plena) pueden aumentar de frecuencia. Es muy importante que cuando ocurra no sucumbas a la fascinación del poder del fenómeno. Esto sería un desvío, fruto de la inmadurez, del auténtico propósito que es reencontrar tu Dios/Diosa y volver a ser Uno con Todo lo que Es.

He creado el término *percepción sensorial plena* para reemplazar los términos *adivino* y *percepción extrasensorial*. Este nuevo término describe con más exactitud lo que es realmente una experiencia como ésta. Creo que todos tenemos la capacidad inherente de expandir los sentidos a niveles más allá de los estímulos físicos. Esta percepción sensorial plena aparecería automáticamente si viviésemos en un entorno natural. Personas provenientes de culturas indígenas de todo el mundo han sido capaces de sentir o saber qué hierbas o sustancias naturales son necesarias para equilibrar enfermedades en seres queridos o animales. Así es como su cultura ha sentido o visto a los ayudantes espirituales, devas y hadas, así como también ha sabido construir con precisión sus pirámides siguiendo especificaciones superiores.

En una ocasión, iba por un carril de aceleración de un acceso a la autopista de San Diego, cuando se me apareció al lado un espíritu indio americano de unos sesenta metros de altura. Flotaba a mi alrededor mientras comentaba: «No me extraña que tu pueblo haya olvidado escuchar y sentir la Tierra. Vais demasiado deprisa. Debéis reducir la marcha y quedaros quietos si queréis percibir estas cosas». Sabía que tenía razón. Los obstáculos que encuentra hoy la percepción sensorial plena son la electricidad, los productos químicos, la contaminación acústica, el estrés relacionado con el trabajo y el ritmo de vida y, sencillamente, el ir demasiado deprisa. Necesitamos salir a la naturaleza y sentarnos en calma debajo de un árbol o cerca de una corriente donde sólo haya sonidos naturales. Necesitamos estar ahí hasta que nuestros pensamientos, emociones y sistema nervioso vayan más despacio y sintamos de nuevo la paz interior hasta el fondo del cuerpo y el alma. Entonces podremos oír los árboles y las corrientes y los espíritus de la naturaleza cuando nos hablen. Entonces volveremos a recordar lo que es ser Uno.

Hasta que volvamos a encontrar esta manera natural y

abierta de ser, resulta fácil que muchos egos se dejen llevar por el sentimiento de ser especiales o espiritualmente superiores cuando la percepción sensorial plena vuelva a ellos. A medida que se abra el tercer ojo o recibamos enseñanzas a través de fuentes canalizadas o del Yo Superior, es fácil adoptar una actitud elitista o intentar tener seguidores. Éstas son las trampas que hay que evitar. No nos llevan a ningún sitio que valga la pena. Debemos sintonizar estas experiencias celebrando que somos normales, no extrasensoriales o adivinos. Recobramos la manera natural y sana de comunicar con nuestro entorno y con los demás.

Estaba en una ocasión en casa de una señora mayor que padecía artritis. Su hija, que me conocía, concertó una cita privada de lectura y sanación con su madre. Al cabo de unos veinte minutos de sesión la mujer exclamó súbitamente: «¡Ay cariño, me acabo de dar cuenta de que el dolor de la espalda ha desaparecido! Es la primera vez en veinticinco años que no he sentido dolor de espalda. ¿Cómo podías saber esas cosas sobre mi niñez?»

Tan sólo contesté: «Ha sido fácil, estaba ahí mismo en su aura y en su espalda. ¿Cómo no verlo?» Mi actitud fue la de que era más natural verlo que no verlo. A mi contestación siguió una vocecita del interior del pecho que decía: «Ahora estás preparada para dedicarte exclusivamente a la sanación, primero tenía que convertirse en un fenómeno natural». Entonces empecé a planear mi propia compañía de joyas, gemas y cristales. En todo lo que ocurría existía un sentimiento de calma y de que todo estaba bien hecho.

Tened cuidado con los maestros y sanadores que pretenden tener «dones» que vosotros no tengáis ni podáis alcanzar —gente que tenga todas las respuestas e intente hacer que dependas de ellas—. Hay etapas en las que precises confiar en personas que hayan alcanzado un conocimiento o unas capacidades antes que tú. Puede que necesites una clase, una preparación u ocasionalmente un seminario o una sesión de sanación. Asegúrate de que la experiencia esté organizada de modo que tenga un final y después te permita cuidar mejor de ti mismo. Siempre deberían proporcionarnos unos instrumentos y una consciencia para utilizar uno mismo cuando el intercambio haya finalizado. No intento de ningún modo negar el beneficio de ir a ver a un verdadero sanador cuando llegue el momento. Todos necesitamos un primer empujón o un afinamiento. Siempre han existido seres con dotes de sanación espiritual aquí en la Tierra: los chamanes, curanderos/as, videntes, sanadores por imposición de manos. Conocer auténticos sanadores es un verdadero don, pero es importante no crear dependencia con ellos. Están aquí, en el nombre de la gracia, no para suplantar tu propia actividad interna. Lo que desde luego no intentan es ser un sucedáneo de tu despertar, tus dones y tus capacidades. Sin embargo, los auténticos sanadores pueden servirte cuando te encuentras «atascado» y necesitas ayuda.

Tienes una responsabilidad como receptor de una capacidad sanadora, así como de ayuda y de aprendizaje espirituales. He sufrido la desafortunada experiencia de tener que renunciar a ciertos clientes por no poner ellos algo de su lado. Cada vez que sufrían una emoción dolorosa o una confusión, me pedían por teléfono una cura de urgencia. Tuve que decir: «Siento haberme convertido en tu muleta y lo que en realidad deseo es que puedas andar solo. Estoy aquí para capacitarte, no para incapacitarte; por eso, en nombre de mi integridad, nuestra relación debe terminar».

Esto es diferente de cuando un cliente ha sufrido un grave abuso físico o sexual y viene a sanarse. En estas situaciones el sanador tiene la responsabilidad de estar presente en el proceso de sanación hasta que se haya superado el trauma. El paciente debe ser capaz de confiar en que una vez se abran las puertas del viejo trauma no serán abandonados por su especialista hasta que el proceso termine de modo natural. Aun en estos casos, el especialista necesita aclarar desde el principio que habrá momentos en que el cliente deberá trabajar por su cuenta o realizar cambios en su vida a fin de aumentar el efecto de la sanación o para reponerse. Si el cliente no puede comprometerse a esto con antelación, las sesiones de sanación no deberán comenzar. Ya seas paciente o especialista, establecer de antemano los límites y expectativas es una buena condición previa a la sanación.

Si eres cliente, pregunta a los sanadores y terapeutas cuál es el objetivo de su trabajo. Resulta también apropiado preguntarles si tienen una vida espiritual y qué relación tiene con su trabajo. Yo, personalmente, nunca acudiría a sanadores que no favorecieran su propia iluminación o no utilizasen su actividad sanadora para ayudar a otros en el camino. Esto no se debe a un elitismo o prejuicio por mi parte; es un simple discernimiento basado en mi propia elección de vivir en la Verdad Divina en todos las modos posibles. También los herboristas, naturópatas, acupuntores y quiroprácticos pueden utilizar conscientemente su especialidad sanadora de esta manera si así lo sienten. Utiliza tu discernimiento. Elige al mejor —el que mejor te sirva en tanto que ser completo en el camino espiritual— aunque la actividad se enfoque principalmente en el cuerpo físico. Todos los aspectos de ti mismo deben estar despejados, sanos y operativos para obtener los mejores resultados holísticos.

Incluyo estas directrices previas porque el objetivo de este libro es ayudarte en el despertar espiritual y a que seas consciente de la existencia de ayuda disponible de Seres de Luz de gran integridad. La sección II del manual te proporciona técnicas que puedes usar tú mismo por si te resultan útiles. Guarda y utiliza lo que te funcione y olvida el resto.

Hasta en el caso de los Ejercicios Pleyadianos de Luz, Cristo y los Pleyadianos dejarán de colaborar con nosotros si dependemos demasiado de que ellos nos arreglen las cosas. Siempre debemos poner de nuestra parte: cambiar de conducta; exponer todo aquello que negamos y juzgamos; expresar y liberar las emociones; ser sinceros con nosotros mismos y con los demás; vivir virtuosamente y hacernos impecables; observar y transformar nuestros pensamientos. En otras palabras, somos responsables en último término de nuestra propia integridad, evolución, iluminación espiritual y ascensión. Para convertirnos en nuestro Yo de Cristo debemos ser primero nuestros propios amos. Cristo, María —su Madre—, Buda, Quan Yin, Pacal Votán y muchos otros Maestros Ascendidos han alcanzado el autodominio estando en forma humana y así nos han mostrado el camino. Cristo y los Pleyadianos están aquí para guiarnos y ayudarnos en el autodominio sin usurpar nuestra propia autoridad y responsabilidad. Les importamos demasiado para obrar de otro modo.

Capítulo 5

EJERCICIOS PLEYADIANOS PREVIOS
1.ª PARTE: LÍMITES SALUDABLES

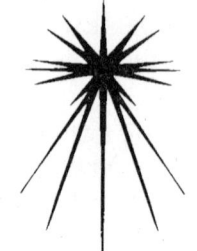

Este capítulo, como su nombre indica, te preparará para los Ejercicios Pleyadianos de Luz de los que trata el resto del libro. Al actuar los Ejercicios Pleyadianos de Luz en los cuerpos de energía sutil, despejando emociones y bloqueos antiguos de energía, así como energías de otras personas que hayas podido absorber, es esencial que primero conozcas ciertas herramientas psíquicas básicas de cuidado personal. No esperes por lo tanto pasar rápidamente esta sección del manual. Te será de ayuda leer los procesos antes de realizarlos. A veces necesitarás trabajar un proceso unos días, antes de pasar al siguiente. En particular, después de despejamientos intensos necesitarás un tiempo de asimilación.

La información de este capítulo puede resultar familiar a algunos. En este caso hojéalo hasta encontrar algo nuevo o diferente de lo aprendido hasta ahora. Compara los procesos con los anteriores para encontrar cuál es mejor para ti. Es importante que seas capaz de usar las técnicas, o equivalentes, rápida y eficazmente cuando llegues al próximo capítulo.

Conexión a la tierra

Aunque *conexión a la tierra* es un término usado con frecuencia en grupos espirituales y de sanación, significa cosas distintas para mucha gente. Para algunos puede significar ser conscientes de sentir los pies en la tierra, o puedes relacionarlo con lo que sientes al estar en la naturaleza. En esencia, estar conectado a la tierra significa estar en el cuerpo, consciente de lo que te rodea y presente y disponible para lo que ocurra. La técnica utilizada en este capítulo para conectarse a la tierra consiste en la visualización que consigue acercar más al cuerpo la presencia espiritual y la consciencia. Muchas de las personas iniciadas en la espiritualidad que meditan a menudo, así como otros que todavía no han fortalecido su consciencia, no han aprendido a conectarse a la tierra, tendiendo así a vagar por el éter encima del cuerpo. Si eres uno de ellos, puedes acabar muy propenso a absorber energía extraña —energía de otras personas u otros entes—. En el mejor de los casos, aun no siendo una esponja psíquica, no puedes expulsar bien del cuerpo las emociones o el karma si no estás en tu cuerpo.

El enfoque espiritual pleyadiano incluye la iluminación y/o ascensión del cuerpo entero y a nivel celular. El objetivo no es abandonar el cuerpo y trascender el plano físico; la meta es trascender la creencia en y el miedo a las limitaciones de lo físico. Se consigue descendiendo espiritualmente a la materia con el objetivo de despejarte de energías de baja frecuencia tales como emociones reprimidas, sistemas de creencias, juicios, control y otras energías contraídas que son fuente de limitación en la tercera dimensión. Cuando lo consigues, permites que el Yo Superior se mezcle contigo como fue el caso del Cristo, Quan Yin y Buda. Esto se traduce no en un escape sino en una iluminación o ascensión de todos los chakras a nivel celular.

Esta meta espiritual requiere que te encuentres en tu cuerpo y por eso existe la necesidad de conectarse a la tierra. La técnica usada para conectarse a la tierra es la siguiente:

1. Siéntate en una silla cómoda con la espalda relativamente derecha, los pies en el suelo sin cruzar ni pies ni manos y los ojos cerrados.

2. Mediante la respiración atrae la mayor intensidad posible de tu presencia consciente hacia el centro de la cabeza. Deja marchar los pensamientos perdidos que inhiben este proceso hasta que te sientas centrado.

3. Ahora, realiza un par de respiraciones profundas. Fíjate hasta qué punto se expande el cuerpo al respirar, ¿qué zonas no se expanden?

4. Expande conscientemente más partes de tu cuerpo con la respiración hasta que inhales profundamente sin tensión ni incomodidad. Hazlo de dos a cuatro veces hasta que te sientas más vivo y presente en tu cuerpo.

5. Siente los pies en el suelo. Utiliza la respiración hasta que los pies parezcan vivos.

6. Sólo hombres: fija tu consciencia en el primer chakra, a la altura de la rabadilla. Visualiza un tubo o cordón espiral de luz de unos 10 a 15 cm de diámetro acoplado al primer chakra. (Ver ilustración 1a en la página 116)

Sólo mujeres: fija tu consciencia en el segundo chakra, a medio camino entre el ombligo y la base de la espina dorsal. Visualiza un tubo o cordón espiral de luz de unos 10 a 15 cm de diámetro acoplado al segundo chakra. (Ver ilustración 1b en la página 117.)

Hombres y mujeres: sigue con la vista este *cordón de conexión* e imagínalo prolongarse hacia el interior de la Tierra mientras la consciencia permanece en el centro de la cabeza. Mira cómo el cordón atraviesa las capas terrestres hasta que llega al centro del planeta donde se sitúa el núcleo magnético o centro de gravedad. Puede que veas o sientas que se ancla el cordón de conexión sin poder ver más allá.

7. Tómate de medio a un minuto para respirar suavemente, sintiendo los cambios en el cuerpo y la consciencia. En algunas ocasiones, clientes o alumnos han experimentado dolores o palpitaciones cuando se conectan por primera vez. Algunos hasta han experimentado emociones ocultas que salen a la superficie. Si te ocurre esto, ten en cuenta que ese dolor, ya sea físico o emocional, es en parte la razón por la que no estabas conectado a la tierra,

ya que el ser humano tiende por naturaleza a evitar sensaciones desagradables. Sin embargo, como ser consciente de un problema es el primer paso para sanarlo, explora tus sentimientos con libertad y curiosidad mediante la respiración en lugar de contraerte o huir de ellos. Libérate de los juicios y el miedo a sentir e intenta asumir una actitud gozosa ante tu propia toma de consciencia de la necesidad de atención de esa área del cuerpo o esas emociones.

Dirige la respiración hacia la zona molesta. Lo normal es que sientas un alivio rápido. Si no es así, podría ser indicio de un problema crónico para el que necesitarás ayuda a no ser que sepas tratar ese tipo de situaciones. A lo largo del capítulo se proporcionarán más técnicas de despejamiento.

Si no experimentas molestias, puede que tengas cierta sensación de estar más presente y ser más real. Puede que te sientas relajado y el cuerpo un poco pesado al rato de tener enfocado el cordón de conexión.

8. Cuando te acostumbres al cordón de conexión, visualiza un cambio de color en el cordón. Contempla el espectro completo de colores y varía los tonos y texturas de cada color. Que sea divertido. Mantén lo suficiente cada color notando el efecto sobre ti mismo en cada cambio. Explora todos los colores que se te ocurran además de los que se presentan aquí.

Empieza con los azules; cambia el color del cordón a azul pálido, luego a azul intenso, a azul marino, a azul verdoso y, finalmente, a azul cobalto.

Añade un poco de verde al azul y visualiza el cordón de un turquesa intenso, luego aguamarina pálido.

Experimenta con los verdes: un verde pastel, un verde esmeralda, un verde selva, un verde oliva, un verde hierba, un verde amarillento pálido.

Después, visualiza los amarillos: amarillo pastel, amarillo brillante, amarillo dorado y amarillo mostaza.

Ahora contempla tonos de naranja: naranja amarillento pálido, melocotón, naranja brillante como la fruta, salmón, óxido y naranja rojizo.

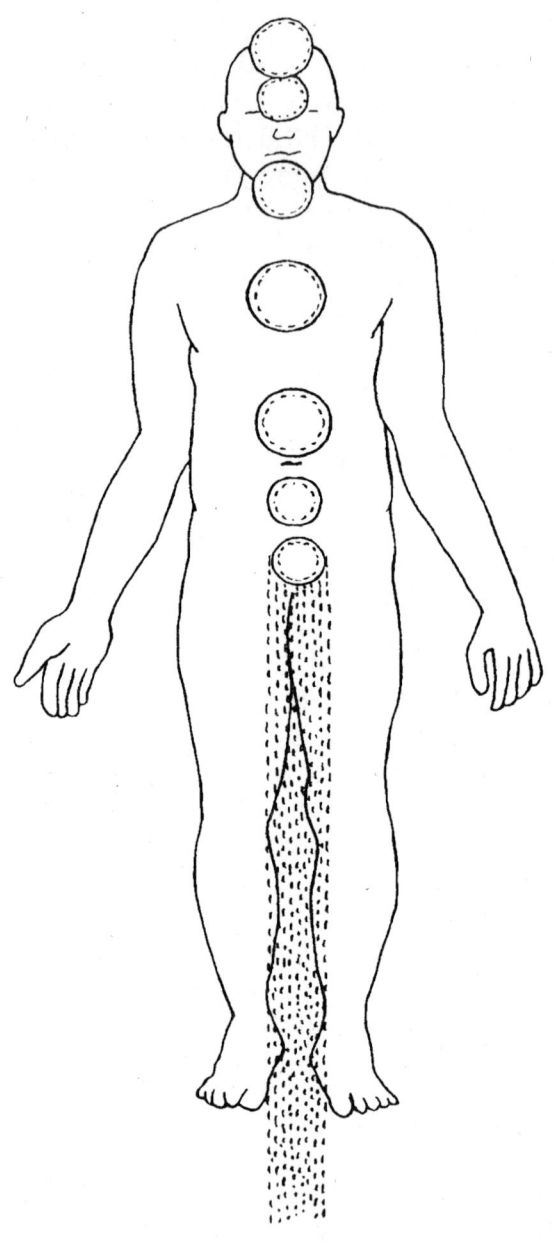

1a. El cordón de conexión masculino se extiende desde el primer chakra hasta el centro de la Tierra.

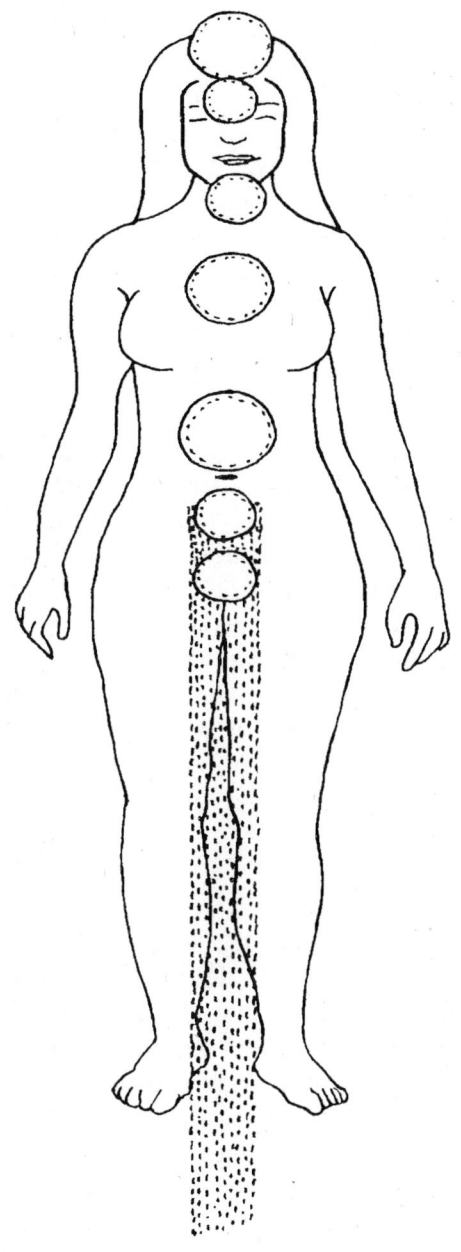

1b. El cordón de conexión femenino se extiende desde el segundo chakra hasta el centro de la Tierra.

Visualiza los rojos: rosa pálido, rojo clavel, fucsia, rojo vivo, rojo sangre, granate y rojo violeta.

Ahora los violetas: azul lavanda, azul real, azul uva y azul violeta.

Luego intenta los blancos: blanco puro, blanco con destellos de luz, nacarado o perla, y crema.

A continuación, visualiza los tonos marrones: tostado, camello, chocolate, caramelo, marrón grisáceo como la corteza de un árbol.

Deja los colores metálicos para el final: plateado metálico, dorado metálico, cobre, platino y finalmente mezcla de plata y oro.

Encontrarás que algunos colores tranquilizan y calman y otros te hacen sentir más fuerte y más seguro de ti. Algunos colores te ayudarán a sentirte más en tu cuerpo mientras otros son desagradables y no favorecen la conexión. Encuentra los que te gusten y haz una lista comentando lo que te hacen sentir o, si tienes buena memoria, toma nota mentalmente.

9. Cuando termines de recorrer los colores, decide cuál quieres ahora. Elimina el primer cordón tirando de él hacia abajo y dejándolo caer hacia tierra. Ahora proporciónate un nuevo cordón del color elegido y envíalo al centro de la Tierra.

10. Abre los ojos.

A partir de estte instante, si te despiertas cansado y gruñón, puedes usar el color del cordón que te haga sentir más ligero y activo. Si te encuentras pasando una época de dudas y falta de confianza puedes utilizar el color del cordón que te proporcione más cualidades positivas.

La conexión a la tierra no va a solucionar todos tus problemas ni va a hacer que desaparezcan los estados emocionales desagradables pero te puede ayudar a pasarlos más rápida y fácilmente. Saber qué color es mejor y para qué situación, te ayudará a mantenerte conectado y serás capaz de superar los momentos en que querrías abandonar.

Durante una semana apoximadamente empieza cada

mañana desprendiéndote del cordón anterior y tomando uno nuevo. El color puede ser igual o distinto al anterior, de acuerdo con tus necesidades. Repite el proceso tantas veces como te acuerdes. Aunque al principio sean cincuenta veces al día, aunque estés paseando por la calle, o en el trabajo, crea un nuevo cordón. Cuanta más energía de pensamiento pongas en crear algo, en algo más real y duradero se convertirá. Lo harás con tal facilidad que podrás realizarlo con los ojos abiertos trabajando, paseando o estando dentro del coche.

Al cabo de aproximadamente una semana serás capaz de conectarte a la tierra por la mañana y lograr que te dure más. Con hacerlo una vez al día puede ser suficiente. Estarás tan familiarizado entonces con la diferencia entre estar conectado o no conectado, que sabrás cuándo necesitas reemplazar el cordón.

Mi experiencia personal y en la enseñanza a muchos alumnos no me ha hecho creer que el concentrarse durante una semana en conectarse a la tierra sea opcional —aunque algunos tengan tendencia a saltárselo—. Aquellos que realizan esta semana de forma consistente se sienten más conectados a la tierra, más presentes y disponibles para la vida y la sanación que aquellos que se han mostrado menos diligentes. Aquellos que se salten este paso pueden encontrarse con que el proceso de sanación dure más, que sus desarreglos emocionales se extiendan más en el tiempo y que su percepción sensorial plena les sea menos útil y accesible. Por ello insisto en que sigáis el proceso hasta que os resulte automático.

Después de realizar la meditación conectiva, como se detalla en los pasos del 1 al 9, no es necesario repetir toda la secuencia de colores a no ser que exista una razón personal para ello. Esa parte del proceso sólo tiene por objeto la identificación de los mejores colores para la conexión.

Mi anécdota favorita sobre la conexión a la tierra ocurrió en una clase de meditación para niños que impartí hace unos años. Después de realizar la meditación de conexión que necesariamente tuve que abreviar, pedí a cada niño que expresara al grupo lo que sentía al estar conectado. La primera respuesta fue la de un niño de tres años y medio que dijo: «Es como mi mamá».

Otro niño de la misma edad respondió: «Se siente como en una tienda de salud, como algo bueno». Hizo una pausa, se movió un poco y añadió: «No sé si me gusta o no».

El resto de los niños dieron su versión de la conexión hasta llegar a la última, una niña de siete años que no quería hablar. Bajaba la cabeza hasta donde podía y parecía que iba a llorar. Yo sabía que sus padres se estaban separando y preparando el divorcio. También sabía que lo estaba pasando mal.

Dejé de mirar hacia ella y empecé a explicar al grupo cómo a veces cuando te conectas a la tierra te das cuenta de que hay sentimientos en ti de los que antes no eras consciente. Seguí diciendo: «A veces son sentimientos de ternura y de cariño, como los que ha descrito Elizabeth. Pero otras te hacen daño, como cuando sientes tristeza o rabia. El truco no consiste en hacer que desaparezcan, sino en seguir con ellos. Respirad muy profundamente e intentad sentirlos más intensamente. Entonces ocurre algo verdaderamente mágico. Después de unos minutos sintiéndolo, habrá desaparecido el dolor y ni siquiera sabréis cuándo se fueron. Os sentiréis bien de nuevo. Pero si no seguís con ellos y los sentís hasta que se vayan, se quedarán en el cuerpo esperándoos. De modo que es mejor sentirlos ahora en lugar de temer que vuelvan».

La niña triste no dijo nada. Sin embargo, después de unos diez minutos, cuando estábamos en medio de otro proyecto, se incorporó y exclamó: «¡Se han ido!» Luego bajó la cabeza con timidez al darse cuenta de que había gritado. Le pregunté qué se había ido. Respondió: «Los sentimientos, como tú decías. Estaba muy triste, pero he hecho lo que nos decías». Sus ojos estaban llenos de sorpresa y hasta de una cierta reverencia —como si quizá la técnica, o el profesor tuviera magia.

Unos días después llamó la madre de la niña para

decirme que su hija había llegado del colegio muy agitada. Cuando su madre le preguntó qué le pasaba, la niña contestó: «Tengo sentimientos, así que me voy a mi cuarto a sentirlos». Veinte minutos después salió de su cuarto vestida para salir a jugar. Cuando le preguntó qué pasaba, le contó a su madre lo que había aprendido en clase: esa forma mágica de ordenar a los malos sentimientos que se fueran y no volvieran. La buena voluntad de esa niña inocente fue un gran ejemplo para todos.

No tienes que esperar al siguiente si no quieres. Existe una corriente natural y una relación complementaria entre la conexión a la tierra y el despejamiento del aura.

Sanación y despejamiento duraderos del aura

El aura es el campo de energía que se irradia alrededor del cuerpo. Está creado por la producción de energía de los chakras; cada uno de ellos contribuye a la sanación y el mantenimiento del campo áurico. Cuando los chakras están mínimamente abiertos y/o dañados, el aura puede mostrarse gris y débil. Por otro lado, si gozas de buena salud y estás razonablemente abierto a tus emociones, tendrás unos chakras más activos y abiertos y un aura más fuerte, vibrante y resistente.

Si tienes el aura contraída, se extenderá a sólo una distancia de 35 cm de tu cuerpo. Si tienes un aura demasiado extendida, puede expandirse en un radio de unos 17 hasta 600 metros. Ninguno de estos tipos de aura es el ideal. Un aura contraída tiende a hacer sentir tensa a la persona, con miedo, separada. Este tipo de sentimientos también pueden ser la causa de este tipo de aura. Un aura extendida en exceso puede desembocar en escapismo, dispersión y tendencia a absorber aquellos pensamientos, emociones y dolor ajenos que se encuentren en el área que cubre. Un aura demasiado extendida puede ser también el resultado de los mismos sentimientos y situaciones que tiende a causar. En otras palabras, la causa de un aura poco sana tiende a regenerar las mismas condiciones que la han causado.

El objetivo es conseguir un aura ovoide y distribuida uniformemente encima, debajo, detrás, delante y a los lados del cuerpo. Con la práctica he llegado a la conclusión de que el radio de aura más manejable mide de 60 a 90 cm en cada dirección, sobre todo en público. Cuando estoy en un entorno natural, permito conscientemente que mi aura se expanda incluyendo bosques, lagos y arroyos a mi alrededor. Así se intensifica mi sentimiento de conexión con Dios/Diosa/Todo lo que Es a través de la Creación. Me siento en comunión con las plantas, el agua y los espíritus de la naturaleza, me calma y sana mi sistema nervioso. Sin embargo, cuando paso directamente de la naturaleza a la ciudad o a otras zonas pobladas, siempre vuelvo a retraer el aura a unos 60 o 90 cm a mi alrededor. Cuando se me olvida, no tardo en darme cuenta. Percibo gratuitamente la vida de otras personas, a veces incluso su dolor. Así que no suelo tardar en acordarme.

En mi propia casa, si no estoy con amigos o clientes, dejo que mi campo áurico se expanda hasta donde sea cómodo. También mantengo la casa muy despejada psíquicamente para sentirme bien en ella.

A continuación sigue el proceso para despejar y sanar el aura:

1. Conéctate a la tierra según la técnica anterior.

2. Con los ojos cerrados siente el área alrededor del cuerpo. Para empezar, haz que la respiración llegue hasta unos 35 cm de tu campo áurico utilizando tu intención. Al respirar dentro del área siente si tu aura está contraída y espesa, débil y disipada o vibrante y blanda.

3. Mediante la respiración y la visualización (escuchando un mensaje, utilizando la intuición) observa hasta dónde se extiende el aura en dirección frontal.

4. Observa el ancho de tu aura a ambos lados.

5. Ahora mira y siente el aura sobre la cabeza y bajo los pies. Compara las dos áreas.

6. Utiliza la respiración, los sentimientos, la visión y cualquier otra forma que te sea natural para identificar el espacio que abarca el aura por detrás. ¿Cómo está en relación con la parte frontal?

7. Ahora que ya conoces algo más sobre la naturaleza del aura ajústala para que rellene exactamente un radio de unos 60 a 90 cm en forma de huevo. Utiliza la respiración, la visión y una intención despejada. Al principio pueden resultarte útiles las manos para abarcar físicamente el espacio alrededor del cuerpo y tirar o empujar el aura cuanto desees. Para la mayoría, ajustar el aura significa retraerla y definir los contornos. Los demás necesitarán empujarla para que llene el espacio. Si eres principiante, puede que te resulte un problema pasar el aura por debajo de los pies. En ese caso, la práctica y la persistencia son los mejores antídotos.

8. Observa cualquier cambio de sentimientos, sensaciones físicas y consciencia que traiga el ajuste del campo energético a tu alrededor.

9. Ahora visualiza una lluvia de luz líquida de oro que cae y atraviesa el aura. Deja que la primera vez caiga de 2 a 5 minutos por lo menos. Nota lo maravilloso que es. (Ver ilustración de la página siguiente.)

10. Después visualiza un fuego gigante color violeta del tamaño del aura. Extiéndelo por toda el aura, también bajo los pies. No destruirá nada, la llama violeta simplemente transmuta las energías de baja frecuencia en energías de mayor frecuencia, lo que constituye una forma más natural de ser. Mantente dentro del fuego sólo de 1 a 2 minutos si es tu primera experiencia con el fuego violeta. Esta técnica te hará sentir más calor y energía. Si utilizas demasiado el fuego violeta, puedes sentirte abrumado por la combustión de antiguas energías etéricas. Así que al principio, tómatelo con moderación; experimentando hasta encontrar tu nivel.

11. Cuando hayas concluido, elimina el fuego violeta y abre los ojos.

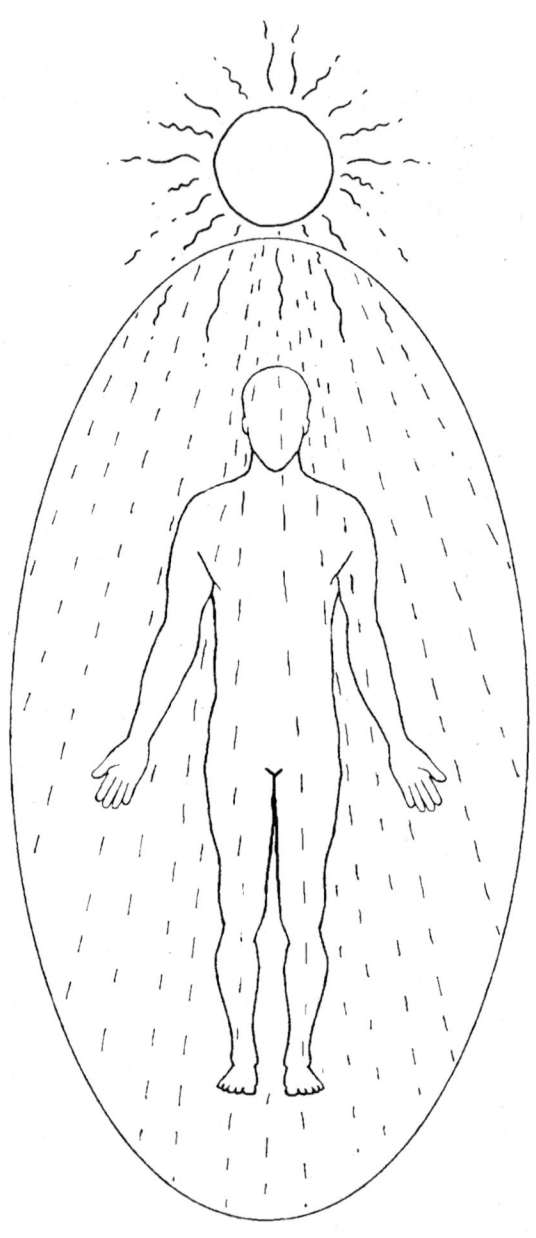

2. Lluvia de luz de oro limpiando el aura.

La mayoría de los que meditan dicen sentirse más ligeros, más frescos, psíquicamente más limpios y más brillantes al visualizar la lluvia por primera vez. Es una manera simple pero efectiva de despejar cualquier energía o desecho extraño que hayas recogido. También es buena para deshacerse de energías liberadas de tu cuerpo durante una meditación o sanación.

La primera vez que utilicé estas técnicas, usé la respiración, las sensaciones, la visión y la intención para hacerlo real y tan efectivo como fuera posible. Puedes experimentar para descubrir qué métodos te son más afines.

A continuación hablaré de la *protección del aura*. Sin embargo, antes de seguir quiero dejar claro que estas técnicas no están de ninguna manera enfocadas en crear un sentimiento de rechazo o temor hacia las personas o el mundo. Desde luego, no intentan disuadirte de intimar con otras personas. Sólo pretenden ayudarte a elegir lo que dejes entrar en tu campo áurico y lo que no. Si tu problema es que absorbes indiscriminadamente la energía que flota alrededor te puedes pasar la vida literalmente abrumado, emocionalmente desequilibrado, confundido, con sensación de inutilidad. Lo sé porque he sido una de las peores esponjas psíquicas que he conocido. Si estaba cerca de una persona con dolor de espalda, puedes estar seguro de que también me pasaba a mí. Cuando realizaba una sanación por imposición de manos o simplemente abrazaba a un amigo, el otro se sentía mejor y yo solía sentirme peor. Lo puedes llamar «el síndrome de vertedero humano». Aprender a establecer los límites cambió literalmente mi vida.

En recompensa por haber aprendido a establecer mis límites, ahora disfruto intimando y compartiendo mi vida con amigos y seres queridos. Ahora puedo entrar en un restaurante sin miedo a ponerme enferma o paranoica. De hecho, ya ni siquiera pienso en ello porque para mí se ha convertido por fin en natural repeler las energías vibratorias bajas y aceptar las divinas. Llegar a este punto me llevó unos cuantos años de mucha meditación, colaboración con el Yo Superior y dedicación a mi plenitud espiritual. Todavía se me presentan a veces ciertos intercambios kármicos con personas cercanas, pero ya no pierdo ni mi tiempo ni mi energía procesando problemas no asumidos o el dolor de Fulanito y Menganito.

Las siguientes técnicas intentan hacer que sepas cuáles son los límites saludables aprendiendo a elegir lo que permites entrar en tu cuerpo y campo áurico. Una de las mejores maneras que yo he encontrado es extender el aura aproximadamente un metro en todas direcciones. Luego rodea el aura de luz de diferentes colores según las necesidades de protección de ese momento.

Después de atraer el aura y bañarla con una lluvia de oro, rodea toda su superficie de una capa de 3 a 6 cm de luz solar dorada. Esto hace que sane y se refuerce continuamente, puesto que el oro penetra en los orificios del aura y ella misma tiende así por naturaleza a sanarse.

El siguiente paso depende de lo que sientas. Si te sientes vulnerable o más inseguro de lo normal, puedes añadir una capa azul añil a la parte externa de la luz dorada. El sobrenombre del tono concreto que buscas es «azul certeza» o azul auténtico. Este color irradia una sensación de confianza y seguridad, lo que tiende por naturaleza a repeler «rateros psíquicos». Con él también te sentirás más seguro de ti mismo para estar alerta y mirar el mundo a través de este color para el borde del aura.

Cuando no estés en casa o tengas visitas —sobre todo si recibes clientes— es bueno mantener una capa de luz violeta en la parte más externa del aura. Existen varias razones para ello; primero, como ya he dicho, la luz violeta transmuta las energías a sus frecuencias naturales superiores. Si estás trabajando con un cliente que de pronto libera una gran cantidad de ira reprimida, la luz violeta transmutará esa ira e impedirá que entre y dañe de alguna forma tu campo áurico. Segundo, la luz violeta repele los parásitos astrales. Éstos son entes etéricos que se alimentan de dolor y emociones reprimidas. Hasta que despejes tu campo de energía de cualquier caldo de cultivo y alimentación de estos parásitos, es sensato dejarlos fuera.

Una vez despejes hasta cierto punto los cuerpos de energía sutil y tu alma, chakras y Yo Superior empiecen a irradiar luz, repelerán naturalmente a estos entes y energías de baja frecuencia. Hasta entonces, estas herramientas de tratamiento de límites te serán de mucha ayuda. ¿Por qué perder tiempo de meditación y de vida en general procesando y despejando lo que ni siquiera nos pertenece? El uso de herramientas de tratamiento de límites es un ejemplo práctico de gracia.

Se recomienda incluir siempre la conexión a la tierra en la meditación de la mañana, crear la esfera áurica y visualizar sus límites teñidos con colores como los que acabamos de ver. Si no tienes tiempo o no sientes la necesidad de pasar por las fases de lluvia o fuego violeta, puedes saltártelas. Los tres pasos restantes son lo esencial en cuanto a límites y, una vez acostumbrado a ellos, te ocuparán muy poco tiempo.

Sé dueño de tu ruta vertebral

Ser dueño de la propia ruta vertebral cumple diferentes funciones. Primero, despeja energías extrañas de la zona de la columna así como energías propias bloqueadas. Ello permite que tu ser habite esa parte del cuerpo más plenamente. Igualmente importante, abre el camino para que la energía cósmica y la fuerza vital fluyan libremente en y a través de las rutas centrales del cuerpo, que a su vez hacen girar los chakras. Ello facilita el despejamiento y la apertura de los chakras.

Otro de los efectos de esta técnica es equilibrar el flujo ascendente y descendente. Si eres una persona etéricamente saludable, la energía cósmica y la fuerza vital están constantemente fluyendo a través de la coronilla en forma de rayo de luz coloreada. Cada uno tiene un rayo de un color determinado que «hace fluir» durante toda la vida. Este rayo está condicionado por el objetivo que pretenda alcanzar tu alma a través de la encarnación y por las lecciones concretas que quiera aprender. (*The Seven Rays Made Visual* de Helen Burmeister es un libro excelente sobre este tema.)

A medida que la energía del rayo penetra tu aura y alcanza el chakra exterior sobre la coronilla, gira alrededor de una serie de anillos y entra en afinidad con tus necesidades actuales. Entonces entra en el séptimo chakra o de la coronilla, llegando a una estructura en forma de prisma situada en el interior de la parte superior de la cabeza. Allí se refracta descomponiéndose en otros colores que se envían en sentido descendente hasta el punto central del sexto chakra o tercer ojo. Parte de la energía vuelve a girar, esta vez hacia el interior del sexto chakra, mientras que el resto desciende a través de la ruta vertebral entre los chakras, llegando hasta el área de la garganta. La energía continúa girando en los chakras, descendiendo por la columna hasta la raíz o primer chakra. La luz descendente es transducida en el corazón o cuarto chakra en una energía, más en sintonía con el plano físico, que tiene cierta cualidad ígnea.

En el primer chakra esta luz ígnea asciende en forma de remolino por la ruta vertebral, haciendo girar a su paso cada uno de los chakras. En el chakra del corazón se vuelve a transducir en luz cósmica para luego continuar ascendiendo hasta que alcanza de nuevo la coronilla, donde se vierte sobre el aura. El movimiento descendente de energía en forma de rayos llena la parte subconsciente de cada chakra situada en la parte posterior del cuerpo. El flujo ascendente gira y se desborda penetrando en la porción consciente de cada chakra situada en la parte frontal del cuerpo.

Todo el proceso funciona de forma continua, día y noche. Si cualquiera de los chakras se parase completamente y fuera incapaz de mantener el flujo de los rayos, el cuerpo moriría en unos tres días. De ahí la importancia de mantener despejada la ruta vertebral.

La ruta vertebral es una de las zonas del cuerpo más susceptibles a la posesión por parte de entes y al control psíquico procedente de otras personas. La sanación o prevención de este problema son otros beneficios de la técnica que expondré a continuación.

Para poder equilibrar el flujo de energía cósmica del cuerpo se toma energía terrestre a través de las plantas de los pies. Tienes un pequeño chakra situado en el centro de la planta de cada pie. Estos chakras están para que te conectes con el planeta y el planeta contigo gracias a un proceso de intercambio continuo similar al que se da entre el chakra de la coronilla y la energía cósmica.

En muchas personas, los chakras de los pies permanecen inactivos a todos los efectos. La Tierra ha venido asimilando una gran cantidad de dolor a través del genocidio de las civilizaciones indígenas en todo el mundo, la absorción de las emociones reprimidas por la población humana, la casi inexistencia de celebraciones conscientes y ritos de gratitud hacia la Tierra y sus dones, por no mencionar el abuso indisimulado del propio planeta; debido a esto, la mayoría de sus habitantes se encuentra aislada de esta fuente vital de alimento, conexión y fuerza de vida. Es más, la mayoría de las personas iniciadas en la espiritualidad que he conocido y con quienes he trabajado conscientemente, operan fundamentalmente a partir del chakra del corazón hacia arriba. El resto de los chakras les siguen funcionando básicamente en piloto automático, con poca o ninguna comunicación con la Tierra.

A medida que te abres para recibir de nuevo la energía de la Tierra es importante ser muy específico y claro en el intento.

Muchos tienen chakras activos en los pies pero absorben energías oscuras acumuladas en el planeta en lugar de conectar con el ser planetario de forma saludable y enriquecedora para ambos. Si eres una de esas personas, será muy importante seguir el proceso para tomar energía de la Tierra. Tendrás que comunicar con la Tierra como el ser consciente que es. Dándole las gracias y pidiendo exactamente lo que quieres de ella. Tu salud y tu camino evolutivo son inseparables de los suyos. Abrirse a la Tierra es más una invocación a Gaia, la Tierra en tanto que Ser Sagrado, que una técnica para obtener energía. Por ello, cuando se incluya operar con la energía de la Tierra en el siguiente proceso, se dará a modo de liturgia, sugiriéndose oraciones de gratitud para acompañar la técnica.

Ver ilustraciones 3a y 3b en las páginas 132 y 133 antes de comenzar el siguiente proceso.

Sigue los siguientes pasos para mantener la ruta vertebral despejada y los chakras girando mediante el flujo de luz y energía cósmicas y terrestres.

1. Conéctate a la tierra

2. Retrae el aura a 60 ó 90 cm en todas las direcciones del cuerpo, sobre la cabeza, bajo los pies, a ambos lados del cuerpo, delante y detrás en la forma ovoide que ya conoces.

3. Comprueba los colores que tiñen el límite del aura y renuévalos si es necesario.

4. Visualiza un sol dorado a unos cincuenta cm por encima de la cabeza. Míralo cómo brilla radiante.

5. Dirige un rayo o corriente de luz solar hacia el chakra de la coronilla, situado en el centro de la parte superior de la cabeza. Primero una corriente muy pequeña como un hilo. Así descenderá fácilmente por el canal sin atascarse en caso de que éste estuviera bloqueado.

6. Lleva la pequeña corriente de luz solar al interior de la cabeza mediante la respiración, la visualización y la intención. Dirígela hacia la parte posterior de la columna justo debajo de la protuberancia occipital en la base del cráneo. Ve despacio.

7. Continúa dirigiendo el flujo de luz dorada todavía descendiendo lentamente por la parte posterior de la columna hasta el primer chakra situado en su base.

8. Permite que un 10 % de la energía descienda por el cordón de conexión llevándose cualquier energía bloqueada. Como un desatascador cósmico.

9. Dirige lentamente el 90% restante de la luz solar dorada en sentido ascendente por la parte delantera de la columna.

10. Cuando la luz alcance el chakra de la garganta (ver ilustración de la página 133) situado en el centro de la misma, divídelo en tres partes iguales, luego haz que dos partes desciendan por los brazos y salgan por las palmas de las manos y que la tercera parte ascienda saliendo a través del chakra de la coronilla. Habrá un continuo movimiento de entrada y salida de luz dorada por el área de la coronilla con el ir y venir de la corriente.

11. Cuando sientas la energía salir suavemente por la palma de las manos y por la coronilla, continúa visualizando la corriente descendente por detrás y la corriente ascendente por delante de la columna. Cada vez que repitas la visualización sigue el movimiento de la energía con tu consciencia hasta que salga por las manos y la coronilla. Repítelo varias veces hasta que se convierta en algo fácil y natural.

12. Ahora, imagina un dial con las etiquetas «manual» y «automático» superpuestas en el Sol. Mueve el dial a automático y deja tu mente calma y serena.

13. Al mismo tiempo que mantienes el flujo de energía cósmica en automático lleva tu consciencia hacia las plantas de los pies. Saluda solemnemente a Gaia, la Madre Tierra, dándole las gracias por todo lo que nos proporciona: comida, refugio, ropas, coches, combustible que nos calienta, agua para beber y lavarnos, flores y árboles que embellecen, la creación del aire que respiramos y todo lo que nos sirve para sustentar y mejorar la vida física, así como para alimentar el espíritu. Luego dile a la Madre Tierra que prometes ocuparte siempre de ella y que la respetarás en todos los sentidos; dile que sólo tomarás de ella lo que necesites y que le corresponderás con tu amor y gratitud. Encuentra tu propia y sincera manera de expresarlo. Luego pide a la Tierra que te llene de su enriquecedora y cariñosa luz. Abre los chakras de los pies inhalando a través de ellos y adoptando la intención des-

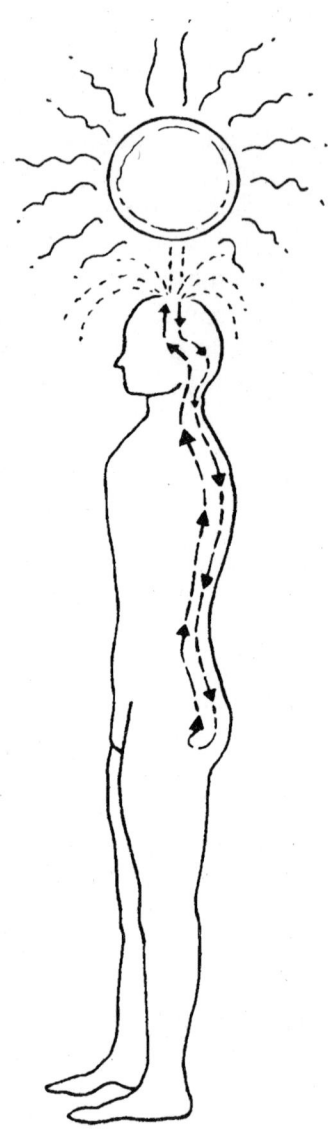

3a. Flujo de energía, vista lateral. La luz solar dorada fluye desde encima del aura y entra por el chakra de la coronilla. Fluye desde la coronilla descendiendo por la parte posterior de la columna, rodea la rabadilla, sube por la parte frontal de la columna y vuelve a salir por la coronilla.

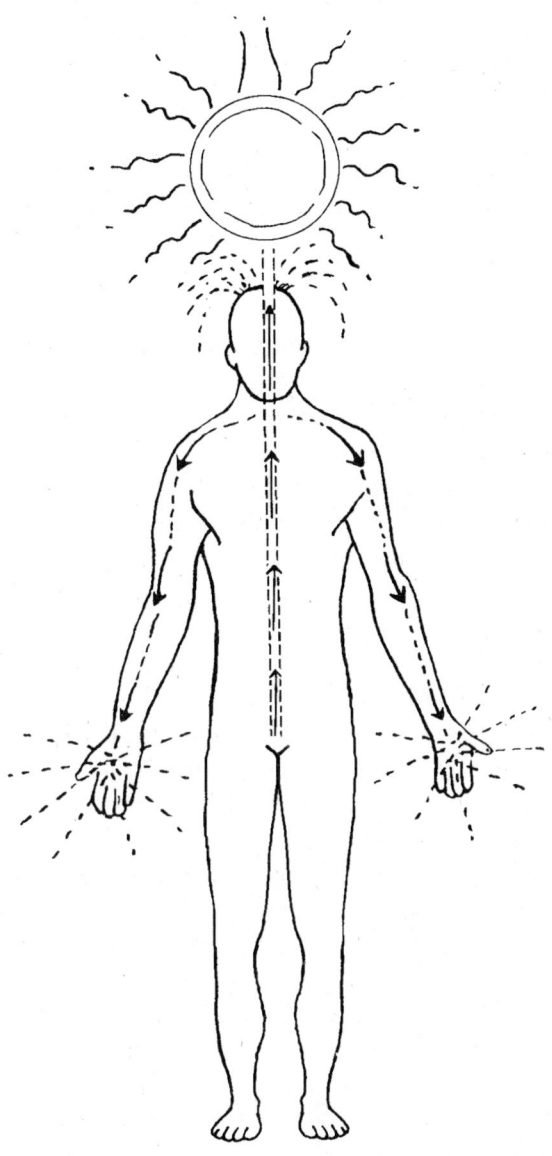

3b. Flujo de energía, vista frontal. Después de que la luz solar dorada ha descendido por la parte posterior de la columna, rodeado la rabadilla y ascendido por la parte frontal de la columna hasta el chakra de la garganta, la energía dorada se divide en 3 partes iguales. Dos porciones bajan por los brazos y salen por las palmas de las manos. La tercera parte fluye por la cabeza saliendo del cuerpo a través del chakra de la coronilla.

pejada de recibir lo que te dé. La energía fluirá desde los pies por las piernas ascendiendo al primer chakra donde se mezclará con la energía cósmica en ascenso.

Nota: Si tienes tendencia a absorber el dolor o la energía oscura del planeta, coloca un filtro de luz violeta de unos 115 cm^2 de ancho por 15 a 20 de espesor bajo los pies. Esto lo solucionará.

14. *Paso optativo*: A veces querrás sintonizar con ciertos lugares del planeta donde exista dolor y oscuridad o pedirás que se te muestren. Visualiza que llenas y rodeas esos lugares con fuego violeta. Mantén la visión sanadora hasta que veas o sientas una liberación y transmutación de las energías. En áreas donde el mal es crónico pueden hacer falta varias sanaciones hasta que se note un cambio significativo.

15. Ahora pon el flujo de energía de la Tierra en automático y reanuda la meditación normal. Si todavía no has desarrollado un estilo de meditación, puedes simplemente observar tu respiración para crear un punto de enfoque, o repetir una y otra vez una afirmación como «yo soy el que soy» o «estoy lleno a rebosar de luz y amor divinos», o simplemente fija la vista en la llama de una vela, rechazando cualquier pensamiento que te venga a la mente.

16. Cuando hayas terminado devuelve los dos indicadores de energía, cósmica y terrestre, a la posición manual. Vuelve a comprobar tu conexión a la tierra, abre los ojos y sigue con tu vida diaria. Si te sientes sobrecargado de energía, dobla el cuerpo hacia delante de modo que cabeza y brazos cuelguen y las manos toquen el suelo mientras respiras profundamente. Puedes hacerlo sentado o bien de pie con las rodillas flexionadas y los pies separados. A esto se le llama «inclinarse y volcar todo».

Se recomienda que hagas fluir energía durante un mínimo de diez minutos en cada sesión para obtener los mejores resultados. Mientras fluya, utiliza la técnica de meditación que desees. Si te cuesta mantener la luz dorada y las energías de la Tierra fluyendo cuando dejas de dirigirlas conscientemente, adopta como foco de la meditación la imagen del flujo a través de los canales. Después de hacerlo unas cuantas veces, podrás poner el proceso en automático y seguir con otra técnica de meditación o autosanación mientras la energía sigue fluyendo.

Mantenimiento de una casa psíquicamente despejada y segura

El último procedimiento para crear unos límites sanos y una protección psíquica es para la casa. También se puede usar para despejar cualquier otro lugar en el que estés temporalmente, como un hotel o la casa de alguien donde te encuentres de visita. Aunque no lo había comentado aún, una función importante de los límites sanos es nuestro alejamiento de los planos astrales inferiores. Éstos comprenden la sub-tercera, cuarta y quinta dimensiones donde viven los seres y entes oscuros, así como las formas de pensamiento negativas creadas por los seres humanos. Es el lugar donde se generan y a menudo se sufren las pesadillas.

Cuando te duermes por la noche abandonas el cuerpo físico a través de la vía llamada «cuerpo astral». El cuerpo astral viaja literalmente a través del espacio-tiempo y más lejos incluso, ya sea a los planos astrales inferiores o a los planos superiores de Luz. Lo segundo es mucho más recomendable. Al someterte a distintas experiencias durante el viaje astral, a veces se convierten en sueños tuyos. Estos sueños te ayudan a ser más consciente y a curar el subconsciente. A veces, emociones y traumas pasados se liberan por medio del cuerpo astral. Otras veces puede que vayas a dimensiones superiores y recibas cierta formación espiritual o sanación. Puede que repases vidas pasadas a fin de asimilarlas y así crecer. Éstas son sólo algunas de las posibilidades.

Tener unos límites sanos mientras duermes es esencial

para tener unos límites sanos durante la vigilia. Si tu cuerpo astral está dañado en los planos astrales inferiores, las zonas homólogas de tus cuerpos físico y etérico quedarán psíquicamente vulnerables a cualquier ataque o invasión de frecuencias de energía inferiores. El cuerpo astral en estado de vigilia crea una protección muy efectiva para todo tu campo energético. Cuando se daña, la función protectora está en peligro. Debido a la ley de magnetismo psíquico —«Las frecuencias iguales se atraen»—, si durante el sueño el cuerpo astral ha asimilado dolor, daño o miedo, magnetizarás los mismos tipos de frecuencias inferiores hacia el aura, chakras o el mismo cuerpo cuando estés despierto. Serás mucho más vulnerable al ataque psíquico o a la invasión de los entes que vibran al mismo ritmo y viven del miedo y del dolor. Su objetivo principal es mantenerte en estado de miedo, dolor y confusión para seguir teniendo su «caldo de cultivo». Recuerda, nada puede entrar en tu campo de energía si algo en ti no lo magnetiza.

De la misma manera, si vas a planos superiores durante el sueño y experimentas una sanación, un aprendizaje, amor o un despertar espiritual, esas frecuencias se transferirán al espacio que ocupa el cuerpo físico cuando vuelva el cuerpo astral y despiertes. ¿Recuerdas haber tenido sueños de volar y despertarte sintiéndote lleno de luz y felicidad? Quizá recuerdes haber pasado por situaciones de aprendizaje espiritual durante el sueño y despertarte recordándolas y aplicando en la vida lo aprendido. Estas últimas experiencias representan la intención del tiempo de sueño; otra intención es la de despejar el subconsciente.

Para que tanto la sanación como el aprendizaje puedan darse, es vital que tu casa y tu aura se encuentren despejadas de toda influencia astral. Puedes conseguirlo usando variaciones de lo que ya conoces para mantener los límites personales despejados. Además, existe una invocación que ancla las energías de dimensiones superiores en tu casa, en el trabajo o en cualquier otro lugar. Para simplificar el proceso las instrucciones se refieren únicamente a la casa como el lugar a despejar. Puedes adaptar el proceso a tu situación en cada caso o necesidad.

Sigue estas instrucciones para despejar tu casa:

1. Coloca un cordón de luz de conexión a la tierra que abarque el suelo de tu casa o tu piso. Haz que se prolongue hasta el centro de la Tierra.
2. Visualiza un sol dorado de unos setenta cm de diámetro en el centro de tu casa.
3. Expande gradualmente el sol dorado hasta que llene y rodee el espacio que ocupa tu casa.
4. Rodea el sol dorado de un muro de luz violeta de 130 a 260 cm de espesor.
5. Afirma: «Esta bola de luz violeta permanecerá intacta hasta que yo vuelva a repetir el procedimiento. Que así sea».
6. Pronuncia seguidamente esta invocación: «En el nombre de Yo Soy El Que Soy, ordeno que esta casa y sus cimientos se llenen de luz dorada de la Ciudad de Luz donde moran los Maestros Ascendidos. Sólo aquello de naturaleza divina podrá entrar. Todo aquello ilusorio e inferior a lo divino debe partir. Así quedará. Que así sea».

Utilizar la frase «Yo Soy El Que Soy» equivale a decir «la Presencia Divina de Dios/ Diosa» en oposición al ego «yo». Cuando utilizas esta frase o afirmación, vas a dar una orden en nombre de la consciencia misma de Dios/ Diosa. Es una afirmación muy poderosa llamarse a uno mismo «Yo Soy» y deberías hacerlo con cuidado y sólo de forma positiva y creativa. Cada vez que dices «yo soy...» y luego terminas la frase de manera definitiva, aunque sea casualmente, estás identificando tu esencia con lo que dices. Por ejemplo, puedes decir, «soy rencoroso» o «soy cariñoso» y la afirmación define literalmente tu esencia como una cualidad.

La segunda parte de la invocación afirma: «...luz dorada de la Ciudad de la Luz donde moran los Maestros Ascendidos...» Se refiere a la dimensión superior, «lugar donde moran» los seres que un día estuvieron encarnados en la Tierra, fueron iluminados y murieron o ascendieron. Estos Maestros Ascendidos —o Gran Hermandad Blanca, como también son llamados— permanecen en la Ciudad de Luz para ayudar a otros seres vivos en su viaje espiritual hacia la iluminación y la ascensión. Te guían y te enseñan durante el sueño y el estado de vigilia cuando estás preparado, deseoso y disponible. Invocar a la luz donde moran es llenar tu casa con la energía equivalente a la de un templo sagrado lleno de una luz de frecuencia tan alta que sólo energías divinas y seres de intención divina pueden soportarlo.

Utilizando este procedimiento podrás despejar tu casa de energías negativas y astrales en muy poco tiempo y empezar gradualmente a sentir una mayor paz y sensación de bienestar en tu nuevo templo. Eso te ayudará a tener un sueño más positivo.

Seguramente querrás repetir este proceso un par de veces por semana. A medida que tu casa está más despejada repite el procedimiento para despejarla cuando sientas la necesidad. Yo lo realizo una vez por semana como rutina porque me sienta bien.

Por la noche, antes de acostarte, sigue estos pasos:

1. Rodea tu aura de una burbuja violeta.

2. Pide a tu ángel de la guarda que vigile y mantenga tu cuerpo seguro toda la noche mientras duermes.

3. Repite esta declaración: «En el nombre del Yo Soy El Que Soy ordeno que mientras mi cuerpo duerme, yo solamente viaje a los planos superiores de Luz Divina. Que así sea».

Realizando este procedimiento a la hora de ir a la cama puedes dormir mejor. Es especialmente importante si tienes la tendencia a experimentar miedo o inquietud.

Capítulo 6

EJERCICIOS PLEYADIANOS PREVIOS

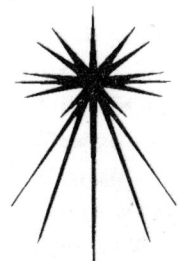

2ª Parte: Autosanación y despejamiento

Las técnicas ofrecidas en este capítulo pretenden incrementar tu capacidad de auto-sanación y auto-despejamiento de un modo fácil y eficiente a medida que avanzas en tu crecimiento espiritual normal y en la expansión de tu consciencia. Los Ejercicios Pleyadianos de Luz, que empiezan en el capítulo siguiente, además de acelerar el crecimiento y expansión espirituales, también acelerarán el afloramiento de pautas kármicas, pensamientos y creencias que precisen ser despejados, además de bloqueos de energía de diversas fuentes. A veces, en plena sesión de energía de los Emisarios Pleyadianos de Luz y del Cristo, es posible que te veas trabado en imágenes pasadas, emociones reprimidas o pensamientos negativos. Cuando surjan éstos u otros problemas, pueden resultar valiosas y capacitadoras las herramientas de autoayuda presentadas aquí.

Se recomienda vivamente, por lo tanto, que te molestes en aplicar los siguientes métodos de entrenamiento como preparación para enfrentarse a lo que surja en tu proceso de despejamiento del modo más fácil y elegante posible. La liberación desencadenada por los Ejercicios Pleyadianos de Luz y la continua evolución espiritual no sólo se dan durante las sesiones, sino que a menudo también después. Al abrirse a frecuencias cada vez más altas de las energías Ka y del Yo Superior, las energías más densas contenidas en tu cuerpo y aura se «consumen» de modo natural. Cuanto más eleves el nivel vibratorio, se producirá un mayor «consumo» —o «fuego interno».

A medida que madures espiritualmente, empezarás a reconocer este consumo como liberación y transmutación de energías pasadas y te identificarás cada vez menos con ellas. Las cuestiones que surjan durante o después de las sesiones de sanación ya no tendrán tanta importancia. Aunque a veces se vean intensificadas por el influjo de energías vibratorias superiores, te encontrarás más capaz de preguntar: «¿Qué necesito aprender de esto?» en lugar de reproducir escenas de tu vida diaria como si fueran reales. Utilizarás tu habilidad de auto-sanación y despejamiento para ocuparte de estas cosas y seguir adelante. Ésta es la gracia natural que se adquiere con la experiencia; las técnicas efectivas son parte de esa gracia.

Piensa en el tiempo y en la energía que inviertas en el aprendizaje de las técnicas de este capítulo como una inversión en un futuro más pacífico y lleno de gracia. Te prepararás adecuadamente a recibir los ejercicios de luz más pasivos y la energía de los Pleyadianos y el Cristo contenidos en el resto del libro cuando seas capaz de ocuparte de tus propias energías estancas o de saber si requieren atención.

Despejamiento con rosas

La visualización y el despejamiento psíquico utilizando imágenes etéricas de rosas llevan siendo de uso corriente durante al menos varios siglos. Mis propios recuerdos de vidas pasadas como sacerdotisa y bruja blanca revelaron el uso de rosas en prácticas espirituales que se remontan al siglo XII. Ciertamente, es posible que el despejamiento con rosas se remonte aún más atrás. La rosa como símbolo de sanación es una herramienta muy efectiva en el proceso de despejamiento propio y de otras personas.

Así como el loto se ha utilizado a través de las eras como símbolo de iluminación, la rosa se ha utilizado para simbolizar y presentar la «pureza de la afinidad con uno mismo». Lo que esto significa es que las rosas tienen la capacidad de eliminar las energías antinaturales y ajenas a tu modo de ser esencial e inherente que se encuentren dentro de tu campo energético. Por ejemplo, si sientes congestión en el chakra del corazón y sospechas que se debe a que has absorbido el desequilibrio energético de otra persona, puedes liberar la energía ajena con una rosa. Limítate a colocar la imagen de una gran rosa abierta en el chakra del corazón y, con la imagen de la persona en su interior, deja que la rosa se llene de la energía ajena. Después, elimina de tu chakra del corazón la rosa llena de la energía de la otra persona, envía la rosa al exterior de tu aura, incluso al exterior del edificio en que te encuentres, y visualízala disolviéndose, vaporizándose o, simplemente, haciendo «puf». La energía de la otra persona se disolverá con la rosa. Al desaparecer la rosa, la energía expulsada del chakra del corazón se neutraliza y vuelve a la persona a la que pertenece. Esta técnica se llama «soplar rosas». Date cuenta de que siempre es importante que soples las rosas *en el exterior* de tu campo áurico. Si disuelves la rosa dentro de tu aura, la energía de la otra persona se neutralizará un poco, pero aún la tendrás en el interior de tu espacio.

En otras palabras, si absorbes los miedos de otra persona hacia el chakra del corazón y luego extraes el miedo hacia una rosa para devolvérselo, lo que la persona recibe no es miedo sino energía emocional neutralizada. La persona a la que devuelves la energía es libre de hacer con ella lo que desee. Puede volver a convertir la energía en miedo o elegir utilizarla de algún otro modo. Te liberas de la energía de un modo tan suave que no magnetizará ningún karma de esa persona.

Algunos métodos psíquicos o espirituales enseñan técnicas como la colocación de espejos alrededor de la energía o alrededor de la otra persona para que el espejo devuelva al intruso el reflejo de lo que te fue enviado, pero diez veces más fuerte. Otros te enseñarán a formar una bola con la energía y devolverla al intruso psíquico. Estos tipos de prácticas te hacen caer en la guerra psíquica y generan karma. Cualquier práctica que pueda causar daño a otra persona crea un enlace kármico entre esa persona y tú. También existe una gran posibilidad de que absorbas más responsabilidad kármica que la otra persona debido a tu intento de devolver un daño mayor que el daño que te fue enviado, en lugar de limitarte a protegerte.

En último término, te corresponde a ti la responsabilidad de no permitir que te llenen de «basura psíquica» o te conviertan en víctima. De modo que, si tienes un problema relacionado con tus límites, necesitas conocer los límites saludables en lugar de culpar a otros de verter algo en ti y castigarlos por ello. Esto de ningún modo niega a la otra persona su responsabilidad de aprender a no hacer daño. Todos somos responsables del efecto que provocamos en otros, eso forma parte de estar en un planeta en el que hemos aceptado la creación compartida. Lo que esto significa es que eres responsable de eliminar de ti el mal sin dañar por ello a nadie siempre que esto sea posible. El uso de rosas será un modo muy efectivo de asumir este tipo de responsabilidades.

A continuación sigue el primer ejercicio para el uso de rosas:

1. Cierra los ojos y conéctate a la tierra.
2. Comprueba el aura y expándela 60 o 90 centímetros alrededor del cuerpo en todas direcciones.
3. Comprueba los colores de los límites y haz los ajustes necesarios.
4. Visualiza en el aura y delante de los ojos una rosa abierta de cualquier color. Sigue visualizándola hasta que parezca real. Trata de verla o imaginarla con el mayor detalle posible.
5. Expulsa a la rosa del aura y haz que desaparezca.
6. Ahora crea una rosa en el centro de la cabeza. Haz que absorba la energía de otras personas que pudiera haber allí. Prolonga la visión de la rosa dentro de la cabeza unos treinta segundos.

7. Expulsa la rosa de la cabeza y del aura y haz que desparezca.

8. Ahora crea una rosa en el exterior del aura enfrente de ti.

9. Piensa en alguien con quien hayas tenido un problema reciente o con quien te sientas mal. Trata de ver el rostro de esta persona en la rosa y pide a la flor que despeje los pensamientos negativos que tengas sobre esa persona o de aquella energía suya que pueda haber en ti.

10. No dejes de mirar a la rosa durante unos treinta segundos. Puede que veas que se cierra del modo como algunas flores lo hacen por la noche. Esto indica que la rosa absorbe algo.

11. Coloca la rosa por encima de tu casa y disuélvela.

12. Si esta última rosa se ha cerrado del todo, indicando que ha absorbido mucha energía de la persona elegida, crea una nueva en el exterior del aura con la imagen de la misma persona. Sigue mirándola hasta que esta rosa se llene completamente o deje de cerrarse cuando quede parcialmente llena de la energía de la persona o de tus pensamientos negativos sobre la persona, lo primero que ocurra.

13. Coloca de nuevo la rosa por encima de tu casa y haz que desaparezca.

14. *Opcional:* Si la última rosa se ha llenado del todo, puedes continuar el proceso de crear y disolver rosas con la imagen de esta persona hasta que una rosa no se vea afectada durante diez segundos. Entonces sabrás que has liberado la mayor cantidad de energía posible relativa a esa persona en este momento.

15. Abre los ojos y sigue leyendo sobre más usos para rosas si lo deseas.

Las rosas también se pueden usar para despejar asuntos problemáticos de la vida. Te daré un ejemplo práctico de una experiencia personal sobre mi antiguo miedo al agua. He tenido una relación de amor/odio con cuerpos de agua toda mi vida. De niña me encantaban las piscinas, los lagos, los ríos e incluso la bañera. Pero mi madre, en su ansia de protegerme, no dejaba de gemir y de decirme que me ahogaría si no tenía mucho cuidado. Ella decía: «Te puedes ahogar hasta en unos centímetros de agua si te caes. Ten cuidado». Estoy segura de haber escuchado esa frase cientos de veces hasta los cuatro años. Esta frase, seguida por gemidos de terror si aceleraba un poco el paso en la piscina infantil de 20 centímetros de profundidad o me ponía de pie en la bañera, me implantó un miedo antinatural en el cuerpo.

Poco después de cumplir los 30 decidí enseñarme a mí misma a nadar, ya que mi propio miedo me impedía confiar en nadie cuando estaba en el agua. Despacio, paso a paso, acompañada de mis propios gemidos de pánico, aprendí. Acabé nadando sin darme cuenta e incluso entraba en la piscina de un salto. Finalmente, pude sentirme relativamente segura y disfrutar del baño aun si se trataba de grandes volúmenes de agua.

En 1988 se me presentó otro reto. Estando de vacaciones en el Caribe, en Isla Mujeres, México, decidí probar el buceo con tubo. Ya sabía entonces que no me podía hundir ni podía bucear porque soy una mujer grande y muy exuberante. Decidí por lo tanto que nadaría y flotaría boca abajo con las gafas puestas para disfrutar de la vista de los arrecifes de coral y los peces de vivos colores que moraban allí.

Para mi frustración, al ponerme la máscara la primera vez para practicar en 20 cm de agua, me incorporé gimiendo presa del pánico. Después de intentarlo unas cuantas veces más, con resultados cada vez peores, me senté en el agua sintiéndome derrotada y a punto de rendirme. Entonces la vocecita de mi interior dijo: «No te rindas. Tienes herramientas a tu alcance, utilízalas. Intenta soplar rosas». Aunque dudando, asentí. Empecé poniéndome la máscara y respirando a través de la boquilla mientras soplaba rosas. Cuando eso ya era fácil, di otro paso. Todavía con la máscara y el respirador puestos, coloqué la cara en el agua, me puse a cuatro patas y soplé rosas, soplé cuantas rosas pude antes de sentir pánico. Después, me incorporé a tomar aliento antes de continuar. No tardé más de cinco minutos antes de sentirme completamente en paz y marchar hacia el arrecife. No fue necesario parar ni soplar más rosas cuando me encontraba a unos treinta metros de la costa y pasándomelo bien. Me quedé allí aproximadamente una hora sin ningún incidente ni ataque pasajero de miedo. Desde entonces me he tomado muy en serio el uso de las rosas.

La próxima vez que te puedan los nervios o el miedo en cualquier circunstancia, sea por una primera cita o por aprender a bucear, intenta soplar rosas. Sigue haciéndolo mentalmente en plena situación mientras sigas teniendo miedo. Si eso es imposible, imagina la situación en otro momento y sopla rosas.

Otro modo de usar rosas en asuntos vitales es crear un símbolo o una imagen para el problema en cuestión. Por ejemplo, si te cuesta mucho confiar incluso en personas dignas de confianza, imagina un símbolo o una imagen que represente desconfianza. Imagina incluso la palabra *desconfianza* en letras grandes y utilízala como símbolo. Usarás el símbolo en la liberación de imágenes, emociones, u otras energías bloqueadas relativas a tu desconfianza. Después puedes sentarte y hacer fluir energía mientras sigues soplando rosas con el símbolo dentro, hasta que las rosas dejen de llenarse de energía mal equilibrada. Hacer fluir energía al soplar las rosas te ayuda a liberar las energías bloqueadas contenidas en los chakras relacionados con el asunto en cuestión.

El ejercicio siguiente es un modo de usar rosas para despejar:

1. Cierra los ojos. Conéctate a la tierra y haz los ajustes de aura precisos.
2. Coloca al sol cósmico de oro sobre ti y haz fluir la luz dorada a lo largo de los canales de la columna y el brazo como se describe en el capítulo anterior. Cuando esta luz fluya plenamente, ponla en Automático.

3. Extrae energía de la tierra a través de los pies y las piernas y deja que se fusione con la luz dorada y que suba por la columna y salga por los brazos y la cabeza. Cuando fluya suave y completamente, ponla también en Automático.

4. Deja que las energías cósmicas y terrestres sigan fluyendo mientras dure la sesión de despejamiento. Piensa en algo que quieras tratar, por ejemplo, un vicio como morderse las uñas o comer chocolate. También puede ser una actitud o una tendencia emocional, como inseguridad, culpabilidad, victimismo, desconfianza, vergüenza o miedo a las arañas. Sea lo que sea, imagina un símbolo para el problema.

5. Crea en el exterior del aura la rosa del color que te venga a la mente y coloca el símbolo dentro de la rosa.

6. Respira profundamente para favorecer la liberación mientras miras a la rosa. Una vez llena de la energía liberada relativa a tu problema particular, disuélvela.

7. Continúa soplando rosas con el símbolo escogido en su interior, creándolas y disolviéndolas en el exterior del aura, hasta que la última rosa no se vea afectada durante al menos diez segundos. Luego disuelve esa rosa.

8. Continúa canalizando energía y meditando o abre los ojos —lo que prefieras.

Un último uso de las rosas es la autoprotección. Las rosas se pueden mantener en el exterior del aura con un tallo que las conecte a la superficie de la tierra en todo momento para alejar influencias no deseadas y definir tus límites. Tenderán a absorber energías perdidas y extrañas a tu alrededor impidiendo así que entren en el aura. Las rosas de los límites no se ocuparán de todo, pero ayudarán mucho.

Puedes tener una rosa gigante enraizada en la superficie de la tierra delante del aura. O preferir cinco rosas en el exterior del aura: una delante de ti, una detrás de la espalda, una a cada lado y una encima. (Ver ilustración en página siguiente).

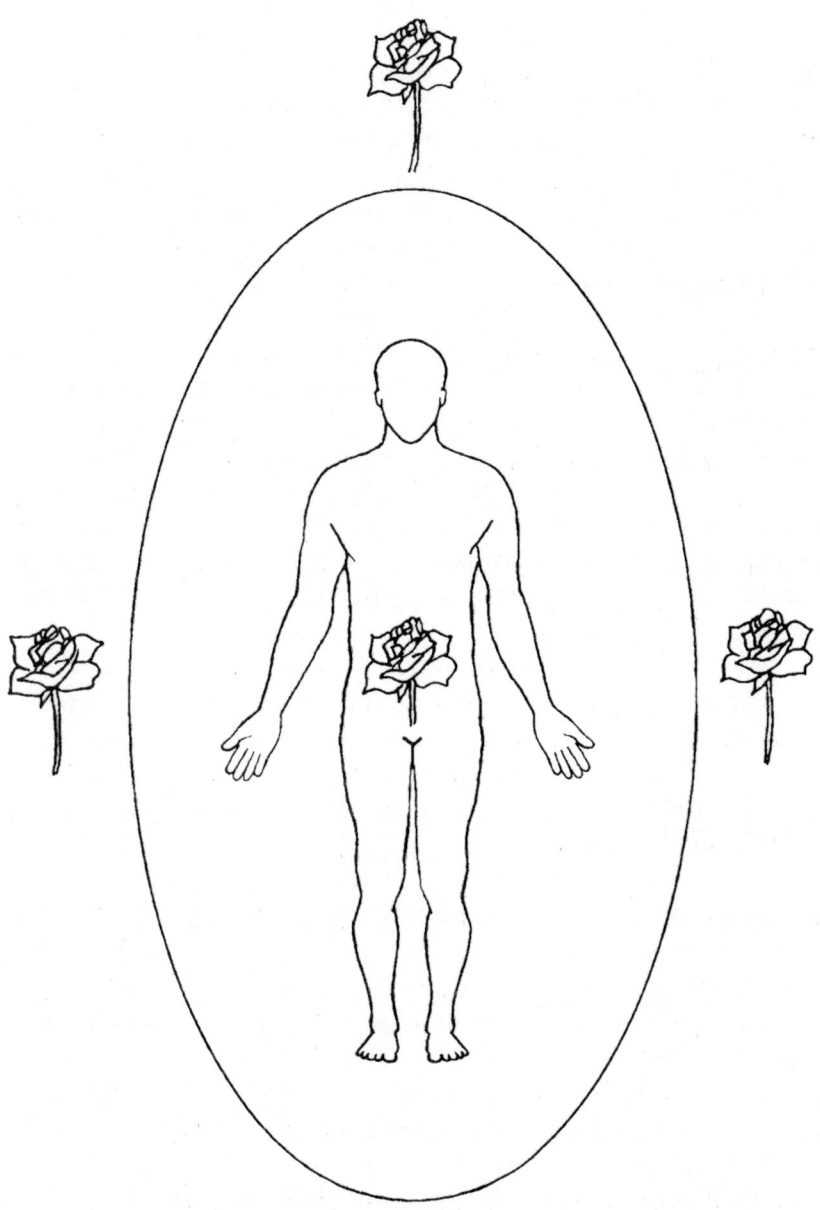

4. Las rosas se colocan alrededor del aura para tener unos límites psíquicos más sanos: por encima de la cabeza, a ambos lados, por delante y por detrás. (La rosa posterior no se ve, está colocada directamente en frente de la rosa que está delante del cuerpo.)

El cordón de conexión a la tierra se ocupa de proteger tu extremo inferior. Evita cualquier tendencia a usar estas rosas de un modo paranoico. No se trata de un recurso a utilizar porque «alguien» vaya a por ti. Esta técnica no es más que un recurso para ayudar a responsabilizarte personalmente de tus límites y tus opciones. Es especialmente útil si eres muy sensible o tienes antecedentes de ser una esponja psíquica.

Puede que durante el mero proceso de colocar las rosas en los cinco puntos del exterior inmediato del aura encuentres que no dominas su parte posterior. En otras palabras, la parte posterior del aura puede encontrarse muy disipada o puedes tener menos conciencia de ella que del resto del aura. Tener paciencia para visualizar una rosa allí y para sentir el espacio entre tu cuerpo y la rosa fortalece de modo natural esa parte de tu aura y te hace que la espalda sea menos susceptible a invasiones e incluso a daños psíquicos.

Los pasos siguientes te ayudarán a establecer rosas en los límites:

1. Tras cerrar los ojos, conéctate a la tierra y ajusta el aura cuanto necesites.
2. Visualiza una rosa de cualquier tamaño y color que te parezca bien y colócala en el exterior del aura delante de ti. Trata de verla en detalle.
3. Imagina la rosa unida a un tallo enraizado en la tierra. Haz que la rosa permanezca allí hasta que la disuelvas de modo consciente.
4. Visualiza otra rosa en el exterior izquierdo del aura.
5. Coloca también un tallo con raíz en esta rosa y de nuevo haz que permanezca allí hasta que la disuelvas.
6. Ahora coloca una rosa enraizada a la derecha en el exterior del aura. De igual modo haz que permanezca allí.
7. Coloca otra rosa sobre la cabeza y en el exterior del aura. De nuevo haz que tenga tallo y raíz y que se quede allí hasta que la retires.

8. Finalmente, visualiza una rosa con tallo en el exterior del aura detrás de la espalda. Si es necesario, utiliza la respiración y haz que el aura se extienda y se fortalezca por detrás unos 20 o 30 centímetros. Haz también que esta rosa se quede hasta que vuelvas a ella.

9. A fin de reforzar la efectividad del intento, disuelve cada rosa y cada tallo en el orden que las creaste. Luego repite los pasos desde el 2 hasta el 8 para darte rosas nuevas en los cinco puntos. Si necesitas repetir los pasos unas cuantas veces para que las rosas parezcan más reales, hazlo ahora.

10. Cuando acabes, deja las rosas en su sitio hasta que vayas a la cama. Al irte a la cama, mira si las rosas aún parecen frescas, si se han cerrado o si parecen marchitas. Su estado será un buen indicador de lo que han estado haciendo a tu favor. Una vez hechas estas observaciones, repite de nuevo los pasos, primero disuelves las rosas existentes y luego colocas unas nuevas.

Cuando empieces a utilizar rosas alrededor del aura se recomienda que las disuelvas y coloques otras nuevas al menos dos veces al día durante unos días hasta que permanezcan intactas en el momento de comprobarlas. Ahora yo sólo cambio mis rosas del aura alrededor de una a dos veces por semana, aunque al principio solían llenarse de energía extraña y hacía falta reemplazarlas al menos diariamente. Descubre tus propios requisitos personales experimentando.

Despejamiento de los chakras

Este proceso utiliza un modo avanzado de la técnica de despejamiento de la ruta espinal para hacer fluir energías cósmicas y terrestres mostrada en el capítulo anterior. Básicamente, puedes dirigir conscientemente el flujo de estas dos energías a lo largo del canal de la columna por delante y detrás de cada chakra empezando con la coronilla y descendiendo hasta el primer chakra o de la raíz. Esto irriga los chakras y les da energía de un modo mucho más efectivo que el simple flujo de energías a través de la columna.

Esta técnica puede hacer que se sientan y se liberen emociones. Puede que experimentes mucho calor o movimiento de energía durante el proceso. O puede que notes la experiencia profundamente reconfortante, relajante y refrescante. Respirar en profundidad hacia las áreas en las que sientas intensidad o contracción pronto aliviará cualquier incomodidad, o bien provocará la liberación de las emociones. Si notas que el proceso tiene cierta intensidad, llega sólo hasta donde te parezca bien. Por ejemplo, si te empiezas a sentir un poco consumido o sobrecargado después de despejar sólo dos o tres chakras, déjalo en ese momento. Puedes seguir donde lo dejaste más tarde, ese día o al siguiente.

En general, se recomienda que utilices esta técnica sólo una o dos veces por semana a no ser que se te guíe claramente en sentido contrario. Aunque te resulte agradable y te produzca un efecto calmante, el despejamiento y la sanación continuarán después de la meditación. Encuentra el ritmo y el paso adecuados y disfruta.

1. Conéctate a la tierra.
2. Extiende el aura y comprueba los colores de los límites.
3. Comprueba y reemplaza las rosas de los límites en las zonas anterior, posterior, superior, izquierda y derecha de ti.
4. Coloca el sol dorado sobre la cabeza y haz fluir la energía por la columna en sentido descendente y luego en ascendente. Recuerda, un 10% baja por el cordón de conexión a la tierra a través de la base de la columna y el resto sube de nuevo. En la garganta la energía restante se divide en tres partes iguales que fluyen por los brazos y por encima de la cabeza. Cuando fluya suave y plenamente, ponla en Automático.

5. Ahora invoca y haz fluir la energía terrestre a través de los pies hasta la altura del primer chakra. Se fusionará con la luz dorada en el primer chakra y la mezcla fluirá hacia arriba. Coloca el flujo de energía terrestre en Automático.

6. Ahora coloca un manto de rosas alrededor del aura para que absorba aquello que se libere. Esto evitará que las energías liberadas se queden en el campo áurico.

7. La coronilla, o séptimo chakra, gira en la parte superior de la cabeza y no tiene lado posterior. Haz fluir la fusión de energías dorada y terrestre a través de este chakra para que irrigue, despeje y fortalezca su flujo. Normalmente basta con hacerlo uno o dos minutos.

8. Cierra el flujo hacia la coronilla y haz fluir las energías a través de las partes anterior y posterior del tercer ojo o sexto chakra. De nuevo, de uno a dos minutos es suficiente.

9. Cierra el flujo hacia el tercer ojo y haz que la combinación de energía descienda por el chakra de la garganta, componiendo la misma pauta de flujo por delante y por detrás. Después de uno o dos minutos, apágalo.

10. Lleva la fusión de luz dorada y energía terrestre al cuarto chakra o del corazón en el centro del pecho. Dirige la energía hacia las partes anterior y posterior de este chakra igual que en los anteriores. Después de uno o dos minutos, cierra el flujo al chakra del corazón.

11. Repite el mismo proceso para las partes anterior y posterior del tercer chakra o plexo solar. Cierra el flujo después de uno o dos minutos y continúa.

12. Ahora haz fluir la mezcla de energías a través de las partes anterior y posterior del segundo chakra o centro sacro. Este chakra se encuentra aproximadamente a medio camino entre el ombligo y el pubis. Después de uno a dos minutos, apaga el flujo de energía.

13. Haz fluir las energías terrestres y cósmicas para que salgan por el primer chakra en la base de la rabadilla. Igual que el chakra de la coronilla, no tiene parte posterior porque gira hacia abajo entre las piernas con su abertura

apuntando hacia la tierra. Transcurridos uno o dos minutos, apaga el flujo en este chakra y reanuda el flujo normal de energía sólo a lo largo de la ruta espinal y los canales de los brazos.

14. Retira el manto de rosas que te rodea el aura y colócalas sobre tu casa. Luego hazlas estallar y disuélvelas.

15. Si deseas continuar meditando, usa tu propio juicio y decide si deseas seguir haciendo fluir energía de modo automático o cambiar a manual, lo que permite el apagado.

16. Cuando hayas terminado, comprueba el cable de conexión y reconéctate a la tierra si hace falta. Luego, abre los ojos e «inclínate y descarga».

Despejamiento de imágenes

Primero me gustaría definir lo que entiendo por «imágenes». Las imágenes son generalmente una de estas tres cosas: 1) Las imágenes que tienen otros sobre ti o sobre una cuestión de la vida; 2) tus propias conclusiones limitadas, extraídas de la experiencia vital; o 3) imágenes de experiencias vitales que permanecen en el aura o en el cuerpo a causa de la existencia de cargas emocionales no liberadas. A continuación siguen ejemplos hipotéticos de cada una:

1. *Imágenes de otros*. Quizá te aburrías en clase debido a la falta de estímulo de la creatividad individual. Como consecuencia, soñabas despierto y no sabías bien la lección, con lo que se te tomó erróneamente por poco inteligente o estúpido. Las imágenes que tenían de ti tu profesor, tus padres y tus compañeros penetraron en tu aura generando dudas y baja autoestima. Las imágenes quedaron prisioneras en ti. Todavía llevas esas imágenes.

Otro ejemplo: Quedaron estancadas en ti imágenes de los monólogos incesantes de tu padre sobre lo dura que es la vida. Utilizaba las comidas para exponer las dificultades que entraña ganarse la vida, que la vida es competición y que nadie te da nada en este mundo si no peleas por ello. Para probarlo dibujaba ejemplos extraídos de su propia experiencia proyectándolos hacia el resto de la familia, impregnándote con esas imágenes, que tú absorbías porque aún eras impresionable. Estas imágenes, estancadas en tu tercer chakra, te recuerdan constantemente que la vida es dura. Las vives en forma de rigidez y/o dolor, incluso úlceras, cuando te enfrentas a los retos de la vida diaria. Tiendes a magnetizar muchas dificultades y grandes conflictos por haber absorbido las imágenes de tu padre y tenerlas aún en el aura o los chakras.

2. Tus propias conclusiones limitadas a partir de las experiencias vitales. Eres una mujer que de joven tuvo varias experiencias con chicos tocones que proyectaban imágenes lujuriosas de lo que les gustaría hacer contigo. Tu inseguridad te hacía desear ser aceptada y tenías miedo de los hombres a causa de la actitud negativa de tu padre. Ahora tienes imágenes estancadas en los pechos o los órganos femeninos que representan a los hombres como conquistadores que miran a las mujeres con lujuria. Esto genera miedo, relaciones en las que se te utiliza como objeto sexual y una incapacidad de atraer a tu vida hombres que te respeten como amigos o amantes.

Otro ejemplo: De niña destacabas en canto y danza, siendo éste el único modo en el que te sentías apreciada. Tienes las imágenes de esas experiencias grabadas en el chakra del corazón como la forma de obtener amor. También permanecen en el tercer chakra como el modo de generar autoestima, así como en el tercer ojo como única fuente de imágenes positivas propias. Esto limita enormemente tu capacidad de desarrollo adulto, la cual se basa en un sentido de amor y apreciación de uno mismo. Todavía pretendes ganarte el amor y la aprobación del mismo modo. A causa de esto, puedes crearte problemas en las mismas áreas en que tanto confías. Si eres cantante, puedes provocarte un desequilibrio en la tiroides o rigidez en las cuerdas vocales. Si bailas, puedes dislocarte la rodilla justo antes de la prueba más importante.

Cuando colocas tu sentido de autoestima, tu propia imagen y tu propia valía en una sola persona o cosa —ya sea aceptación sexual, cantar, bailar o cualquier otra obsesión personal— desarrollas en tu interior el miedo de perder esa capacidad o aspecto porque le has dado una importancia mayor de la que tiene. Ese miedo acaba creando una crisis de un modo u otro, ya sea física, mental o emocional. La respuesta es despejar las imágenes, cambiar los comportamientos y desarrollar un sentido espiritual de la propia valía basada en actuar con integridad y viviendo como el ser maravilloso que se es. Así, el canto, la danza o la expresión sexual puede ser una fuente natural que surja de una visión sana y amorosa del propio yo.

3. *Experiencias vitales con carga emocional no liberada.* Si abusaron de ti física o sexualmente de niño, adolescente o adulto, puede que aún lleves imágenes de esas experiencias en tu campo energético. Estas imágenes ahora crean un trauma y un gran miedo que tu vida magnetiza. Cuando ocurrieron aquellas experiencias, probablemente no sabías o no podías liberar emociones y sentimientos, de modo que los atrapabas junto con las imágenes vitales en el cuerpo y el aura. Puede que necesites un entorno seguro con un terapeuta o sanador espiritual de confianza para acabar expresando y liberando estos traumas en la vida adulta. O puede que seas capaz de liberarlas sabiendo ayudarte a ti mismo.

Puede servir de mucho sentarse en un lugar seguro y hacer fluir energía mientras respiras profundamente y eliminas las imágenes pasadas en el interior de rosas hasta que desaparezcan. Si no puedes encontrarlas tú mismo, puede que necesites la ayuda de un buen sanador clarividente.

Un ejemplo menos intenso de esta categoría de imágenes lo representa la gente que compra sólo productos anunciados y de marca. Sin duda es algo de lo más corriente en la sociedad actual. Se produce el refuerzo constante de ciertas imágenes en anuncios de revistas y periódicos, así como en los anuncios de la televisión y la radio que dicen: «El nuestro es el mejor» o «Si quiere que su familia le quiera, sírvales...» o «Lave su ropa con...» Creo que la imagen es clara. Perdón por el juego de palabras.

Como persona sensible a ciertos productos químicos debido a alergia a detergentes, champús, jabones y perfumes comerciales, conozco las neurotoxinas incluidas en esos productos que matan literalmente tejido cerebral y terminaciones nerviosas. Naturalmente, he tenido que concienciar del problema a alumnos y amigos con quienes paso mucho tiempo para que dejen de usar estos productos si quieren que pasemos tiempo juntos. Algunas personas aceptan los cambios con elegancia e incluso agradecen que se les hable de la naturaleza tóxica de estas sustancias. Otros se lo toman como algo personal. Sin embargo, unos pocos han llegado a mirarme con miedo o temor y han dicho cosas como: «Pero tengo que usar tal marca. Es lo único que de verdad me limpia la ropa» o «Es el único champú que funciona con mi pelo. Todos saben que es el mejor». La primera vez que oí tales reacciones me sorprendió tanto que se creyeran tales cosas que me quedé muda. Luego empecé a hablarles de lo limpia que estaba mi ropa, lavada sólo con bicarbonato y a veces con quitamanchas sin productos químicos. Y el brillo y la fuerza de mi pelo lavado con champú y acondicionador ecológicos sin perfume. También dirigí a la gente hacia los detergentes no perfumados y biodegradables, jabones y productos de limpieza. Poco a poco empezaron a eliminar sus imágenes tras conocer, utilizar y ver los resultados de las alternativas no tóxicas. Muchos me agradecieron más tarde el tener un pelo y una piel así de sanos, menos ataques de sinusitis y menos mareos después de cambiar de detergente o dejar los perfumes en favor de aceites esenciales de alta calidad.

Por supuesto, no son más que unos pocos ejemplos de

las imágenes que os pueden bloquear, pero son suficientes para daros una idea de qué se puede buscar en uno mismo. Ahora tenéis que saber qué hacer con esas imágenes. Después de identificar las imágenes que os bloquean es bastante fácil despejarlas. Básicamente, se hace fluir energía mientras se eliminan repetidas veces las imágenes colocadas en el interior de rosas hasta su desaparición. Si las imágenes cuentan con mucha carga, puede hacer falta un proceso frecuente de despejamiento durante un tiempo hasta que se perciba un sentimiento nuevo y estable y/o una reacción de comportamiento estable en las correspondientes áreas vitales. Cuestiones más profundas con sentimientos y formas de pensamiento extremadamente traumáticos o fijados pueden precisar ayuda de otras personas, pero este proceso resulta increíblemente bueno para la mayoría de las imágenes estancadas.

Usa el formato siguiente para despejar imágenes:

1. Cierra los ojos y conéctate a la tierra.
2. Comprueba el tamaño, colores y rosas del aura y haz los ajustes precisos.
3. Haz fluir las energías cósmicas y terrestres a través de los canales del cuerpo y pon ambas en Automático.
4. Determina una imagen, de uno de los ejemplos anteriores o de alguno propio, que sientas estancada en ti.
5. Actúa sobre las imágenes con el ojo de la mente. Si no ves o recuerdas automáticamente las escenas mientras piensas en el asunto, pide que una imagen lo represente.
6. Coloca la imagen en el exterior del aura y ponla en el interior de una gran rosa del color que crees automáticamente.
7. Disuelve esta primera rosa y crea una nueva en su lugar alrededor del resto de la imagen.
8. Continúa creando y disolviendo rosas alrededor de la imagen lo más rápido que puedas, aunque sin prisas, hasta que la imagen termine por desaparecer. Si surgen emociones durante este proceso, respira profundamente

para ayudarte a su total liberación. Si empiezas a llorar o a temblar, convéncete de que estás a salvo y que sólo experimentas emociones antiguas que abandonan tu cuerpo. Luego procede a sentir las emociones lo más intensamente posible mientras creas y disuelves rosas. Si necesitas gritar, golpear almohadas, saltar arriba y abajo o simplemente observar los sentimientos, confía en tu conocimiento interno de lo que precises. La expresión correcta acabará con la contracción, hará que sientas emociones más sinceras y te traerá alivio incluso durante el proceso.

9. Ahora visualiza otra imagen asociada con el mismo asunto y elimínala con rosas una y otra vez hasta que también desaparezca. Repite este proceso hasta que no queden más imágenes relacionadas.

10. Sigue haciendo fluir energía y respirando profundamente para ayudar a la liberación de emociones y energías unidas a las imágenes. Cuando sientas cesar la liberación de energías y/o emociones y vuelva a haber luz en ti, has terminado.

11. Luego crea una afirmación que reemplace las viejas imágenes. Empieza a formularlas con un positivo «soy», tal como «soy libre y estoy a salvo para expresarme a mí mismo» o «soy un Ser de Luz hermoso y radiante y profundamente digno de respeto y amor cuando canto y cuando no» o bien «la vida y las personas están de mi parte sin esfuerzo y con alegría». La afirmación contribuirá al anclaje de una realidad alternativa más alineada con quien eres de verdad y lo que quieres crear en la vida.

12. Abre los ojos y date las gracias con el regalo que te acabas de hacer.

13. Inclínate y descarga.

Despejamiento de creencias, juicios, imágenes perfectas y formas de pensamiento

«No hay límites, sólo creencias» es una expresión favorita mía. Quiere decir mucho. Lo que quiere decir es que uno crea su propia realidad y que aquello que uno cree se manifestará en la vida, conscientemente o no. Es útil, por lo tanto, examinar algunas de las creencias que no queramos que nos controlen la vida. Si te enfrentas al problema de que no te toman en serio, es posible que exista una combinación de asuntos relacionados con la autoestima que precisen ser sanados, así como muchos sentimientos colaterales. Tus creencias pueden ser «no gusto a la gente porque no tengo nada que guste» o «no tengo una buena conversación, soy aburrido» o «soy el felpudo de todos. Todos me pisan y no sé cómo evitarlo». En cuanto se aceptan tales creencias como *verdades*, seguirán presentándose situaciones y personas que te darán la razón. Del mismo modo, si cambian estas creencias, permitirás que el mundo te brinde tipos nuevos y diferentes de situaciones y personas más en consonancia con una verdad superior.

He tenido muchas conversaciones con amigos y clientes sobre la validez o no de sus creencias. Un cliente tenía una creencia en su tercer chakra con este efecto: «No gusto a nadie ni me dan una oportunidad». Cuando le señalé que era una creencia que había que cambiar se puso a la defensiva diciendo: «Es cierto, no es culpa mía, yo no lo he querido así. Así es mi vida y lo puedo probar una y mil veces con las cosas que no dejan de ocurrir». Protegía tanto sus creencias y su propio complejo de víctima que me costaba mucho hablar con él.

Intenté explicar a este cliente que la vida no dejaba de darle la razón debido a la ley del magnetismo. Atraía hacia sí lo que encerraba dentro diciendo que la fuente profunda del problema era su propia ira y el resentimiento hacia personas que en el pasado lo habían tratado mal y que lo que necesitaba hacer era despejar la creencia, liberar las antiguas emociones y acabar finalmente en estado de perdón. Lo único que llegó a admitir durante esa sesión fue: «Bueno, quemaré la creencia, pero no va a servir para una mierda». Cuando quise actuar en él sobre las emociones que mantenían la creencia en su sitio, se resistía e insistía tanto en probar que su ex esposa le había tratado mal que veía justificado mantener la culpa, el resentimiento y la ira hasta que ella admitiera que había obrado mal. No pude hacer nada más que respetar su libre albedrío.

Hay que estar dispuesto a deshacerse del pasado si se quiere sanar y crear un futuro más positivo. Había una canción muy buena que se hizo famosa hace unos años que decía: «Y lo importante es perdonar, perdonar, aunque... ya no me quieras más». No todas las creencias requieren perdón para ser liberadas; pero algunas, como la que tenía mi cliente, claramente sí lo precisaba.

Los elementos principales para despejar una creencia son:

1. Ser consciente de la creencia.
2. Disposición a reconocer la creencia como tal y no como verdad.
3. Disposición a deshacerse de la creencia.
4. Disposición a sentir y liberar emociones relacionadas con ella.
5. Aceptación de la responsabilidad de crear la realidad propia y de no ser víctima de ella.
6. La capacidad de imaginar una alternativa sana e ilimitada a la creencia.
7. Un método para liberar la antigua creencia.

El método que uso para despejar creencias es bien simple. Tras identificar una creencia que se quiera despejar, tal como «No tengo el atractivo suficiente para que alguien me ame», se cierran los ojos y se visualiza una imagen o un símbolo que represente la creencia. Por ejemplo, uno se ve a sí mismo mirándose en un espejo de mano, y el cristal se rompe en reacción a la imagen. Luego se retiene la imagen de uno mirando al espejo roto en el ojo de la mente mientras se piensa en la creencia y el cuerpo respira profundamente para descubrir dónde se contrae y qué emociones se sienten. Puede resultar que el pecho esté un poco hundido y el chakra del corazón constreñido por la angustia y la vergüenza. Puede que la cabeza esté bloqueada, los ojos tensos y el recto y la parte inferior de la espalda contraídos. Después se respira hacia esas áreas de una en una hablando con ellas y diciéndoles que la imagen rota en el espejo y la idea de no tener actractivo suficiente para ser amado son falsas; no son más que reacciones a una creencia. Luego se le dice al cuerpo que se relaje y se libere de la contracción y las emociones. Cuando el cuerpo se empiece a relajar y las emociones se suavicen, visualiza la imagen o símbolo como una fotografía. Márcala varias veces con fuerza con un tampón de tinta roja que diga *«¡CANCELADO!»*. Luego rómpela y quémala en fuego violeta hasta que desaparezca. La llama de color violeta transmuta la energía hacia una frecuencia vibratoria superior o la ilumina. Si aún sientes una carga o contracción, busca otra imagen para la creencia y repite los pasos.

Ahora que tienes una idea de lo que es una creencia y de lo que hace falta para despejarla, intenta lo siguiente:

1. Hay una creencia o mentira que corre por el planeta que dice: «Si naces, debes morir». Esta creencia extendida niega toda posibilidad de ascensión y evolución espirituales desde la tercera a la cuarta dimensión. En este ejercicio la utilizarás como creencia a cancelar.

2. Cierra los ojos, conéctate a la tierra, extiende el aura y comprueba los colores y las rosas de los límites.

3. *Opcional:* Haz fluir las energías doradas cósmicas y terrestres para lograr una liberación más profunda si quieres emplear tiempo en ello, pero no es crucial.

4. Pide en tu interior una imagen o símbolo que represente la creencia, «Si naces, debes morir». Vale cualquier imagen que te venga a la cabeza. Puede ser un ataúd, una calavera y dos huesos cruzados, la escena de tu propio funeral o cualquier cosa que se te ocurra.

5. Mientras retienes la imagen, piensa en la creencia

unas cuantas veces mientras respiras profundamente y observas dónde reacciona el cuerpo y cómo reaccionan tus emociones a la creencia. Tus reacciones pueden variar de lo muy leve a lo muy intenso.

6. Tras identificar las áreas del cuerpo y/o las emociones, habla con tus cuerpos físico y emocional. Haz que acepten la respiración profunda y se liberen de la tenaza y la contracción. Diles que se debe a una mentira, una falsa creencia de la que estás dispuesto a liberarte.

7. Cuando el cuerpo y las emociones se relajen, imagina una fotografía del símbolo de la creencia.

8. Utiliza un tampón de tinta roja que diga, «¡*CANCELADO!*» y marca con fuerza la fotografía del símbolo de la creencia cuantas veces necesites para que sientas que ha quedado cancelado en tu mente consciente y en tu subconsciente.

9. Ahora rompe la fotografía cancelada en dos o cuatro pedazos y quémalos con fuego violeta hasta que desaparezcan del todo.

10. Si aún sientes una carga procedente de esta creencia, repite el proceso con imágenes o símbolos nuevos hasta que te sientas despejado. Si es una creencia nuclear (que tiene mucha carga) puede que necesites repetir este proceso varios días e incluso semanas hasta que notes que ha desaparecido. Esto se debe a la disposición en capas, o efecto cebolla, de tu naturaleza holográfica.

11. Piensa en una afirmación que reemplace a estas creencias tal como: «Estoy preparado para trascender a la muerte y ascender en esta vida» o «la ascensión es el paso evolutivo final de los seres humanos». Utiliza una propia si lo prefieres. Dila en silencio o en voz alta unas cuantas veces hasta que el cuerpo reaccione a la afirmación relajándose, sintiéndose más libre y ligero o más expandido y lleno de luz.

12. Abre los ojos.

13. Vuelve al paso 1. Esta vez piensa en una creencia que sepas que te limita la vida o las relaciones con los demás, con Dios/Diosa o contigo mismo. Formúlala en

una frase. Luego repite los pasos precedentes para despejar la creencia. 🔲

Los juicios se despejan del mismo modo que las creencias. La única diferencia es la naturaleza y la fuente de la energía que se despeja. Ahora me gustaría describir la diferencia entre juicio, opinión, preferencia y discernimiento. Parece haber mucha confusión y controversia sobre estas áreas entre los buscadores espirituales de hoy.

Un *juicio* es la proyección de un pensamiento hacia o sobre otra persona o uno mismo que niega el valor de la esencia de la persona. Identifica a la otra persona o a uno mismo con algo que no gusta y de lo que se cree que no tiene valor. Por ejemplo, si dices o piensas: «Es un imbécil y un cabezota», identificas a la persona con aquello que le has llamado. Ignoras el valor de la esencia de esa persona y etiquetas a la persona toda basándote en su actitud o comportamiento. Esto es un juicio.

De otro modo, si dices o piensas: «Me siento de verdad inseguro y frustrado y me enfado cuando es así de cabezota y no me gusta», expresas tus sentimientos y estableces una opinión sobre lo que percibes en el comportamiento de la persona. Si también dices o piensas: «No me siento seguro ni respetado por esta persona y he decidido no pasar más tiempo con ella», indicas una preferencia basada en una experiencia vital. Esto es usar el *discernimiento*.

Recuerda: Eres responsable espiritualmente de no juzgarte a ti mismo ni a otros en ningún caso. Cada espíritu o alma realiza su propio viaje evolutivo y no tienes derecho a condenarlos, juzgarlos y así negarles o negarte a ti mismo el propio valor inherente. Sin embargo, a la vez eres responsable de hacer elecciones basadas en el discernimiento, cuidar de ti mismo y no ser una víctima. Si sabes que alguien ha venido comportándose de una manera poco fiable, poco respetuosa o dañina, debes usar el discernimiento y elegir qué grado de relación es apropiado que mantengáis. Esto no es negar la capacidad de crecer de la otra persona, sino elegir mientras tanto cómo precisas o prefieres relacionarte con ella.

Una vez, mientras meditaba junto a una piscina termal en California hace unos nueve años, un hombre entró dando gritos y haciendo aspavientos. Con los ojos cerrados empecé a quejarme en silencio pensando por qué dejaban entrar en la piscina a personas tan molestas y poco espirituales. ¿Por qué no limitar el acceso a personas sensibles y espiritualmente apropiadas como yo? Cuanto más molesto y ruidoso era su comportamiento, yo reaccionaba con juicios cada vez más arrogantes. Después sentí clariauditivamente la voz de un hombre que decía: «¡Si lo juzgas, en eso te convertirás!» No hace falta decir que reaccioné con humildad a esta frase. Respondí en silencio: «Ayúdame a verle de otro modo. ¿Qué debo hacer?»

El Hermano Blanco que me hablaba me lo explicó así: «Imagina un círculo de 360 grados. Cada aspecto de tu carácter, identificación de personalidad y comportamiento sufre un proceso evolutivo que empieza en el grado cero y termina en los 360 grados. Por ejemplo, en el área de la sensibilidad hacia otros y hacia el entorno, ahora estás en el grado 280 y el hombre al que juzgas tan mal estará en el grado 40. Y sin embargo, lo único que crea la ilusión de diferencia entre vosotros dos es que vuestra consciencia está basada en una realidad de tiempo y espacio. En un nivel de ser y de espíritu fuera del tiempo y el espacio, ambos ocupáis los 360 grados simultáneamente, lo que os convierte en iguales. Lo más probable es que no lleguéis a tener una amistad aquí en la Tierra en el tiempo y el espacio porque en esta vida vuestros niveles evolutivos son incompatibles. Pero debes verlo como a un auténtico igual y reconocer su valor espiritual aunque decidas con tu discernimiento no pasar tiempo con él».

Agradecí de verdad al Hermano con lágrimas en los ojos una lección que tanta falta me hacía. Creo que nunca olvidaré esa lección, aunque a veces aún me veo con necesidad de aplicarla.

Básicamente, debes decidir con discernimiento con

quién te asocias íntimamente y con qué grado de intimidad. Desde un punto de vista vibratorio, resuenas con algunas personas y con otras no tienes nada que ver. Es natural tener preferencias basadas en la resonancia y la compatibilidad. Es importante darse cuenta de que el nivel evolutivo de compatibilidad puede ser muy distinto de la atracción que sientas por el alma de alguien. Ese alguien te puede atraer por el alma y mediante el magnetismo kármico para después descubrir que la vida diaria con esa persona es dolorosa, desagradable o incompatible en el mejor de los casos.

Un compañero sentimental mío me acusó una vez de culparlo, juzgarlo y no tratarlo como igual porque le decía que nunca cumplía las promesas que me hacía y le daba ejemplos específicos de ello. También le explicaba que este comportamiento particular suyo me dolía. Cada vez que me mostraba dolida o quería hablar de algo que no funcionaba en la relación, recibía de él el mismo mensaje y yo reaccionaba llorando, sintiéndome culpable y esforzándome de verdad por comprender y amar mejor. Pero también seguía pensando de mí misma que no actuaba de modo correcto.

Un día, después de haberse repetido esta situación, el Arcángel Miguel me dijo suavemente: «Amorah, al negarte amor y hacerte acusaciones que te hacen sentir culpable y te avergüenzan, te manipula y te controla. Si ves que algo no funciona, tienes derecho a señalarlo. Cuando una persona te trata mal, tienes la responsabilidad de defenderte y de no permitir que continúe. Contestar de esa manera no es culpar, es usar el discernimiento. Puede que sepas que él es un igual en el nivel del alma, pero en el trato personal diario es un chiquillo rebelde y torturador la mayor parte del tiempo, mientras que tú eres una mujer adulta. No estáis en el mismo nivel de crecimiento y madurez aquí en la Tierra. Es importante que reconozcas eso sin culpa y dejes de avergonzarte de señalarle sus actos y sus actitudes».

Lecciones como ésta son increíblemente valiosas para

el viaje espiritual. A la hora de elegir sensata y amorosamente a compañeros y amigos, no sólo debes tener en cuenta tu conexión con el alma de otras personas y su plan espiritual. También debes examinar sus acciones diarias y su comportamiento ante las situaciones de la vida. Si no ponen en práctica diariamente lo que representan sus ideales espirituales, no pueden o no quieren mantener sus promesas ni tratarte con respeto e integridad, debes utilizar el discernimiento y elegir la naturaleza de las relaciones que quieras o no mantener con ellos.

Ahora que he expuesto lo que es un juicio, un discernimiento, una preferencia y una opinión, estás preparado para despejar un juicio. Piensa en alguien de quien tengas un juicio. Piensa en ese juicio. Luego vuelve al proceso para despejar una creencia y sigue los mismos pasos para despejar el juicio. En el paso 12 afirma: «Reconozco que _____(nombre de la persona) es un espíritu de luz santo y divino cuya vida tiene valor». Aún puedes decidir no tener nada que ver con esa persona, estás en tu derecho.

Ahora repite los mismos pasos dados para despejar una creencia, pero esta vez despeja un juicio sobre ti mismo. Crea tu propia afirmación en el paso 12 similar a la que has utilizado para liberar el juicio sobre otra persona.

Cuando te sorprendas a ti mismo juzgando a alguien, incluso a ti mismo, párate inmediatamente y di: «Ordeno que este pensamiento quede cancelado». Luego coloca tu verdad superior en su sitio. Si el planeta entero hiciera esto, todos tendríamos paz.

Las «imágenes perfectas» también se pueden despejar con el mismo proceso utilizado para despejar creencias y juicios. Se crean imágenes perfectas cuando se toma un ideal o una meta relacionados con algo que se quiere o no se quiere ser y se convierte en un fin absoluto. Generalmente, cuando no estás a la altura del ideal o la meta, te desprecias a ti mismo. Por ejemplo, puedes tener el ideal espiritual de ser compasivo y comprensivo. Sin embargo, si te culpas y te avergüenzas de cualquier defecto a superar con el fin de llegar a ser compasivo y comprensivo, puede que nunca lo consigas. Cuando te enfadas o emites juicios en lugar de ser compasivo y comprensivo, puedes sentir tal sensación de fracaso que te deprimes, te avergüenzas, y te castigas. La actitud más apropiada sería tomar consciencia de la actitud o comportamiento imperfectos e intentar transformarlos sin recurrir a la formulación de juicios.

Una vez fui a una sesión de lectura y sanación con mi maestra porque me sentía deprimida y pensaba en el suicidio. Sabía que no me iba a suicidar, pero las emociones negativas me abrumaban. Cuando entró en trance, me dijo: «No me extraña que pienses en el suicidio. Tienes tantas imágenes perfectas de ti —procedentes de ti misma y de otras personas— encendidas en cada chakra, que has decidido que nunca estarás a su altura y te has rendido». Dedicamos la hora y media a identificar imágenes perfectas y a despejar las que venían de otras personas. También recibí una lista de imágenes perfectas creadas por mí para despejar en casa. Aquel día salí de casa de mi maestra riendo, sintiéndome feliz de nuevo.

Piensa en áreas de tu vida en las que te sientas fuera de lugar, avergonzado o fracasado. Luego identifica las imágenes perfectas que representen quién crees que debes ser. Mediante el proceso mencionado para despejar creencias y juicios despeja esas imágenes perfectas. En el paso 12 crea una afirmación tal como: «Soy una persona compasiva y comprensiva que está madurando. Me amo y me acepto exactamente como soy ahora». Si descubres imágenes perfectas con origen en otras personas, puedes eliminarlas con rosas.

Para despejar formas de pensamiento recurre a la misma técnica utilizada para creencias, juicios e imágenes perfectas. La única diferencia es que una forma de pensamiento es una estructura compuesta a partir de muchas imágenes pasadas y/o presentes, creencias, juicios y/

o imágenes perfectas alrededor de un tema central. Cuando percibo estas formas de pensamiento extrasensorialmente, me recuerdan a una madeja en la que se enrollan pensamientos, creencias y/o imágenes altamente cargadas procedentes de experiencias de la vida alrededor de un tema común. Se unen unas a otras y se enrollan como la cinta de vídeo en la bobina. Una forma de pensamiento tiene la capacidad de cargarse tanto que llega a convertirse en lo que llamo un «ente de pensamiento». Este tipo de ente va controlando aspectos de la propia vida e inhibe el crecimiento.

Trabajé con un cliente que tenía una forma de pensamiento de esta magnitud que le hacía creer que si no controlaba a las mujeres se moriría. Por supuesto, estaba a merced de su propia creación y vivía con temor al vacío y se resistía a intimar. Este pensamiento se componía de muchas creencias y juicios. Algunos aparecen en esta lista, que dará alguna idea de cómo se genera una forma de pensamiento. Eran:

1. Si no puedo extraer y utilizar el amor y la luz de una mujer, moriré porque yo no tengo ni lo uno ni lo otro.

2. Soy incapaz de salvarme a mí mismo.

3. Cualquier cosa que tenga que hacer para salvarme está justificada, aunque lastime o empobrezca a otros.

4. Sólo podré ser feliz teniendo el control sobre la sexualidad de una mujer haciendo que me desee y luego negándome a ella.

5. Debo hacer que la mujer se sienta fuera de lugar, no deseada, e incompleta para que me necesite.

6. El único poder que satisface es el poder absoluto.

7. Debo ocultar quién soy en realidad a cualquier precio y ser astuto y manipulador para cubrir mis necesidades.

8. Si utilizo la autocompasión para que la mujer me tenga lástima e intente salvarme, será mía.

9. Nadie hará que me rinda. Soy más poderoso que el amor y lo demostraré.

La imagen nuclear y primigenia que inició la forma de pensamiento procedía de una vida pasada en la que este hombre fue herido por una esposa, a la que amaba profundamente, que huyó con otro hombre. En ese momento juró no volver a permitirse amar o confiar en nadie. También juró castigar a cuantas mujeres pudiera por lo que aquélla le había hecho. Después se convenció de que el odio era más fuerte y más poderoso que el amor y que a partir de entonces se decantaría por el odio.

Estos juramentos, fruto de la ira, el dolor y la venganza, le acompañaron a través de muchas vidas, creando una forma de pensamiento que crecía cada vez más con cada vida. Para cuando lo conocí, esta forma de pensamiento controlaba por completo la parte inferior de su cuerpo, igual que sucede en casos de posesión por parte de un ser demoníaco. La forma de pensamiento tenía voz y voluntad propias y era más grande que el yo de luz de este hombre y «aún más feo», como quien dice.

Aunque cueste creerlo, la forma de pensamiento era aún más complicada, pero creo que con esto es suficiente. Por suerte, no hay muchas formas de pensamiento que crezcan hasta alcanzar tales proporciones, pero debes saber hasta qué punto pueden llegar si no se las trata a tiempo.

No puedo decirte en realidad cómo identificar estas formas de pensamientos en ti mismo a no ser que seas clarividente o clariauditivo y los veas, o recibas mensajes sobre ellos. Pero a medida que crezcas y progreses, sea a través de guías, sueños o percepciones repentinas, puede que en algún momento te des cuenta de que una forma de pensamiento controla algún aspecto de tu vida. Si eso ocurre, utiliza el procedimiento para despejar creencias dado previamente en esta sección y despeja las imágenes y creencias que componen la forma de pensamiento de una en una hasta que hayan desaparecido. Si sueles recordar tus sueños, pide antes de ir a la cama que el tema del último sueño de la noche sea una forma de pensamiento que necesites despejar. Cuando despiertes y recuerdes el sueño, entra en estado de meditación y pide ver o escuchar cuáles son sus componentes. A partir de aquí ya puedes aplicar el proceso para despejar creencias dado anteriormente.

Acuerdos (contratos) psíquicos

En la vida diaria siempre se establecen acuerdos o contratos psíquicos con los demás. Algunos se corresponden con acuerdos conscientes, tales como una cita para comer o quedar con el compañero de piso en que uno hará la colada si el otro prepara la cena. Cuando la actividad finaliza, el contrato se disuelve y no quedan lazos. Sin embargo, hay muchos tipos de contratos totalmente inconscientes o subconscientes que se establecen con los demás. Por ejemplo, puedes tener un amigo con una inclinación fuerte a culpar a los demás. Tú, por otro lado, puedes temer llevar la contraria a alguien por miedo a que se enfade contigo y pierdas su amistad. De modo que este amigo y tú habéis creado un acuerdo inconsciente: Siempre te pondrás de su lado contra los demás en cualquier caso, y tu amigo nunca se enfadará contigo.

Este tipo de contrato es muy codependiente. Ayudas a este amigo a persistir en su actitud acusadora y negativa y él hace que no pierdas el miedo a la ira y al rechazo. Ninguno de los dos tiene mucha libertad para crecer y evolucionar en estas áreas de la vida. Por lo tanto, cuando descubras e incluso sospeches tener contratos poco sanos con otros, es importante despejarlos.

Algunos contratos deben liberarse porque usurpan el libre albedrío de modo inapropiado. Por ejemplo, he tenido numerosos clientes que tras el final de una relación no pueden olvidarla del todo y aceptar nuevas relaciones en su vida. A menudo me encuentro con clientes que han establecido contratos como: «Si cambias, volveré contigo» o «te esperaré siempre» o bien «no me permitiré tener otra relación porque te abandoné y eso te provocó mucho dolor y enfado». También me he encontrado con contratos entre ex amantes, comprometiéndose a tener hijos juntos aunque no pretendan reanudar su relación. Estos tipos de acuerdos paralizan literalmente el área vital en particular que controlan; no dejan cambiar de idea, olvidar o hacer lo preciso para seguir adelante.

Si tiendes a absorber las emociones y los problemas de los demás, probablemente te ocurrió eso con tu padre, tu madre o con ambos cuando eras pequeño. Muchas familias tienen al menos un miembro que actúa de vertedero emocional para los padres y/o los otros hijos. Los contratos que regulan esto contienen variaciones específicas, pero tienen similitudes. Siguen unos ejemplos:

1. Absorbes el miedo de tu madre para que sea más capaz de atender tus necesidades físicas.

2. Absorbes la ira entre tus padres para que no se hagan daño o te lo hagan, pero a ti no se te permite expresar ira.

3. Al ser el hijo mayor, te ocupas de las necesidades físicas y emocionales de los más pequeños poniendo tus propias necesidades en último lugar.

4. Como tu madre ha dejado de atender y relacionarse sexualmente con tu padre, te conviertes en su esposa sustituta, absorbiendo su exceso de emociones y energías sexuales y permitiéndole tomar energía de tu segundo chakra cuantas veces lo precise.

5. Tu madre te puede absorber la fuerza vital siempre que quiera porque te dio la vida y, por lo tanto, se lo debes.

6. Te sientes culpable de ser una carga para tu madre o tu padre, así que te aprestas a absorber sus emociones y su dolor y a darles tu energía.

Esta lista no pretende presentar a nadie como mala persona; pretende hacerte caer en la cuenta de la naturaleza de los acuerdos psíquicos en una sociedad que tiende hacia la represión emocional, la codependencia y la negación. Siguen otros ejemplos corrientes de acuerdos:

1. Los miembros de la familia no reconocen el problema del padre o la madre con la bebida, su comportamiento violento, su mal genio, sus problemas económicos o cualquier otra cosa de la que se avergüence la familia.

2. Absorbes el miedo de otra persona para demostrar que no la vas a herir como otros hicieron en el pasado.

3. Cambias sexo por sostén económico.

4. Nunca discrepas con el jefe para que no te despida.

5. No te casarás hasta que muera tu madre ni vivirás lejos de ella. Así siempre estarás a mano si ella te necesita o está sola.

La lista podría continuar indefinidamente. Al menos ya tienes una idea de la naturaleza de los contratos personales. También hay contratos sociales y planetarios. Ejemplos de contratos sociales son :

1. Los que vivimos en la zona este de la ciudad no tenemos nada que ver con las otras razas, o seres inferiores en general, de la zona norte, y estamos de acuerdo en que los de la parte oeste son esnobs.

2. Los miembros de nuestro grupo social no llevan colores chillones.

3. Apoyamos el victimismo de cada uno jugando al «pobre de mí» y estando de acuerdo en que no tenemos una oportunidad en este mundo. «Desdicha en compañía» es otro modo de decirlo.

4. Sólo nos relacionaremos con miembros de nuestra Iglesia porque somos las únicas buenas personas de la ciudad.

Algunos de los contratos planetarios que he encontrado y despejado en mí misma y/o en clientes son:

1. Estamos de acuerdo en que todos en este planeta deben estar bajo el mando de, y responder a, un gobierno organizado. Si ese gobierno cuenta con entes oscuros que controlan y poseen a su jefe, debemos someternos también a ellos.

2. Somos los únicos seres vivos que existen, no hay vida más allá de la Tierra.

3. Las mujeres se mantendrán oprimidas mediante la mentira de Adán y Eva de que la mujer trajo la oscuridad sobre el planeta.

Hay más, muchos más. Puede que al menos un ejemplo de contrato tenga en ti resonancias personales y puede que te hayan dado ideas sobre algunos no mencionados. Puedes despejar estos acuerdos con el proceso siguiente. Empieza con uno de los contratos planetarios antes mencionados y luego formula uno propio.

1. Cierra los ojos, conéctate a la tierra, extiende el aura y comprueba las rosas y los colores de los límites.
2. *Opcional*: Haz fluir las energías cósmicas doradas y terrestres y ponlas en Automático.
3. Visualiza un documento legal en cuya parte superior figure la palabra «CONTRATO».
4. En la parte inferior del contrato, a un lado, verás tu propio nombre.
5. En el lado opuesto verás el nombre de la persona o grupo con quien has establecido el acuerdo. La primera vez que des estos pasos verás «los ciudadanos del planeta Tierra» en el lado opuesto al de tu nombre.
6. Ahora debes decirte de qué trata el contrato o visualizar las palabras del contrato si lo prefieres. La primera vez imagina que el contrato dice: «Los seres humanos de este planeta deben estar bajo el dominio de un gobierno oficial y de los entes que controlan el gobierno».
7. Escribe «ANULADO» sobre el contrato de tu puño y letra, en letras grandes y rojas.
8. Rompe el contrato en dos y quémalo en un fuego de color normal.
9. Repite el proceso a partir del paso 3, esta vez usando un contrato que tengas con una persona o grupo.
10. Cuando termines, abre los ojos.

Ahora me gustaría exponerte un proceso para despejar tu sistema de chakras de todo contrato inadecuado con personas importantes de tu vida. Tratarás de despejar sólo esos contratos que no sirvan a tu bien superior y sobre los cuales no precises saber para aprender y crecer. El ejemplo siguiente te ayudará a despejar contratos con tu madre:

1. Cierra los ojos, conéctate a la tierra y comprueba el tamaño del aura y los colores del límite.
2. Haz fluir energías doradas, cósmicas y terrestres y ponlas en Automático. Este paso no es opcional esta vez.
3. Centra la atención en hacer fluir las energías doradas cósmicas y terrestres a través del chakra de la coronilla. Extiende las manos hacia delante y convoca los contratos inapropiados con tu madre o figuras maternas que existan en este chakra y que deban ser consumidos.
4. Cuando notes los contratos en las manos o imagines que están allí, rómpelos en dos y quémalos en un fuego de aspecto normal.
5. Haz fluir la mezcla de energías a través del sexto chakra o tercer ojo. Convoca los contratos con tu madre que estén preparados para ser liberados de este chakra.
6. Rómpelos en dos y quémalos.
7. Haz fluir las energías doradas cósmicas y terrestres a través del quinto chakra o de la garganta. Convoca los contratos con tu madre de este chakra, rómpelos en dos y quémalos.
8. Haz fluir la fusión de energía a través del cuarto chakra o del corazón. Ahora rompe y quema los contratos con tu madre en este chakra.
9. Haz fluir la fusión de energías a través del tercer chakra o del plexo solar. Rompe y consume los contratos con tu madre de este chakra.
10. Haz fluir la fusión de energías a través del segundo chakra o chakra sacro. Rompe y quema los contratos con tu madre que estén contenidos en este chakra.
11. Finalmente, haz fluir la fusión de energías a través

del primer chakra en la base de la columna. Convoca los acuerdos con tu madre de este chakra, rómpelos y quémalos.

12. Haz fluir la energía a través de la ruta espinal y de los brazos durante al menos dos minutos más para facilitar el despejamiento en curso. Si sientes emociones durante este proceso, sigue haciendo fluir energía, respira profundamente y déjate expresar los sentimientos en el modo que precises hasta que queden liberados. Si un chakra está tenso o dolorido, irrígalo con la fusión de energía cósmica dorada/terrestre mientras inspiras y espiras a través de la zona hasta que se relaje y las emociones hayan cesado.

13. Vuelve a conectarte a la tierra si hace falta. Abre los ojos.

14. Inclínate y descarga.

Se recomienda que esperes de unos días a una semana antes de acometer el proceso de despejar los contratos con tu padre, hermanos, ex amantes, cónyuges o cualquier otro que consideres apropiado.

Retirada de cordones

Los cordones psíquicos son formas condensadas de energía en forma de tubo con las que enlazas o intercambias energía con otra persona. Existen usos sanos y poco sanos de los cordones. Daré tres ejemplos de cordones sanos. Primero, cuando nace un niño, cuenta en teoría con cordones en los chakras del corazón y de la raíz que lo unen con su madre. Los cordones del chakra del corazón permiten al niño unirse con el alma de su madre. Los cordones del chakra de la raíz hacen que el niño se sienta conectado y seguro. Para cuando el niño tiene entre cinco y siete años, es bueno que disuelva estos cordones generando así más autonomía y autoconfianza.

El segundo ejemplo de cordones sanos está en las

relaciones sexuales. Los amantes suelen tener cordones uniendo los chakras del corazón y sacros para el intercambio de amor y energía sexual y para el enlace de las almas.

Los del tercer ejemplo son generalmente más breves. Hay momentos con amigos o seres queridos durante los cuales decidimos compartir amor a través de cordones que unan los chakras del corazón. Sin embargo, en otros momentos, la mayoría de estos cordones no son necesarios para relacionarse con estas personas porque pueden crear codependencia y fusión excesiva.

Una buena alternativa a los cordones es permitir la fusión o superposición de tu aura con el aura de la persona con quien desees tener una conexión más íntima. Así, al separaros no es tan probable que se queden sus imágenes o emociones en tus chakras y tu aura ni que las tuyas se queden en los suyos. Aprender a retirar cordones te permite elegir el nivel de conexión que desees.

Los cordones poco sanos pueden: extraer tu energía; obligar a tu cuerpo a procesar el dolor, las imágenes o las emociones de otras personas; controlarte de varias maneras —por ejemplo, a través de la culpa o de mensajes subconscientes, intimidación o imágenes de temor a perder algo; crearte exceso de dependencia de otras personas, o a ellas de ti; usurpar tu libre albedrío; hacer que se estanquen en ti imágenes antiguas tales como la baja autoestima o tener que ganarse el amor a través del sacrificio—. Las variaciones son interminables como el número de personas y de problemas y descompensaciones individuales.

Puedes haber recibido o dado cordones sin ser consciente de ello. Así es en la mayoría de los casos. Por suerte, una vez que despejes los cordones, empezarás a sentir si llegan otros nuevos, con lo que será más fácil detectarlos y decidir qué hacer con ellos. Si sientes que la energía se te escapa en presencia de tu padre, de tu madre o de cualquier otra persona, o sientes sus emociones en tu interior, es una buena señal de que tienes un cordón poco sano con esa persona.

Los cordones se retiran muy suavemente para provocar la mínima reacción posible en la otra persona y para eliminar la posibilidad de dañar algún chakra (ver ilustración 5a en la página 178). Tirar bruscamente de un cordón puede, en algunos casos, crear cicatrices o arañazos en el cuerpo etérico. También puede hacer que la otra persona contraataque psíquicamente. Por lo tanto, para retirar un cordón tira siempre de él con suavidad hasta arrancarlo totalmente, un poco cada vez, allá donde esté unido a tu cuerpo. Luego coloca en una rosa el extremo del cordón que has retirado. Empuja suavemente la rosa con el cordón hasta el exterior del aura y hazla estallar como se muestra en la ilustración 5b en la página 179.

Llena el hueco de tu aura con luz dorada para sellarla y crear un entorno que favorezca la autosanación. Esto se muestra en la ilustración 5c de la página 180. Durante este proceso haz fluir energía dorada a través de los «canales sanadores» que se extienden desde el chakra de la coronilla hasta el chakra de la garganta, luego bajan por los hombros hasta los brazos y desembocan en los chakras de las palmas de las manos. Este flujo de energía hará que sientas el cordón más fácilmente. Tras unos segundos, minutos para cordones duraderos, dejarás de ver el color oro en la parte del aura que llenaste tras retirar el cordón. El hueco se llenará de tu propia energía y recuperará su apariencia normal.

El siguiente es un proceso paso a paso para encontrar y retirar cordones:

1. Cierra los ojos, conéctate a la tierra, extiende el aura, comprueba las rosas y los colores de los límites y haz cualquier ajuste preciso.

2. Imagina un sol dorado sobre la cabeza y dirige la luz dorada hacia los canales sanadores: debes verla fluir desde el chakra de la coronilla hasta la parte superior del chakra de la garganta, luego atravesará los canales pequeños que bajan por la parte superior de los hombros y los brazos y finalmente desembocan en los chakras de las palmas. Usa la luz dorada, la visualización y la respira-

ción para abrir los canales sanadores e irrigarlos durante unos treinta segundos antes de continuar. Sentirás la energía que sale a través de las palmas.

3. Mueve muy despacio cualquiera de las manos por el aura, siempre cerca de la parte delantera del cuerpo. Empieza en la cabeza y la cara, luego sigue por el pecho, plexo solar y sigue más abajo hasta que la mano quede delante de la entrepierna. Mueve la mano despacio para que sientas los cambios leves del campo de energía. Si es demasiado leve para ti, practica primero con alguien y luego pruébalo en ti.

Procura sentir al tacto los lugares donde la energía sea más intensa y concentrada. Puede que sientas una «vibración» o un «cosquilleo» al tocar los cordones. O bien puedes sentirlos gruesos y pesados, o más duros y sólidos que el resto del aura. Cuando encuentres algo, mueve la mano despacio hacia la parte delantera del aura. Si la sensación desaparece a poca distancia de aquel punto, significa que la energía no es un cordón. En ese caso utiliza rosas para recoger la energía densa y retirarla del aura. Percibirás un cordón si puedes seguirlo hasta el límite del aura. De modo que, si lo que sientes tiene límites bien definidos y se extiende más allá del alcance de la mano, lo más probable es que sea un cordón.

4. Cuando localices un cordón, intentarás identificar a la persona con quien te conecta. A veces, la identidad es evidente por el tacto del cordón. Si no lo es, puedes usar un pequeño truco. Pronuncia en voz alta el nombre de la persona con quien crees tener el cordón mientras lo sostienes en la mano. Si has acertado, el cordón responderá al nombre alterándose de algún modo: vibrando, haciéndose más fuerte o calentándose, por ejemplo. Si no cambia, di más nombres hasta encontrar el adecuado. Puede ser incluso alguien a quien no has visto o con quien no has hablado en algún un tiempo. He despejado cordones míos y de mis clientes procedentes de padres o ex cónyuges a los que no habían visto o con quienes no habían hablado durante años.

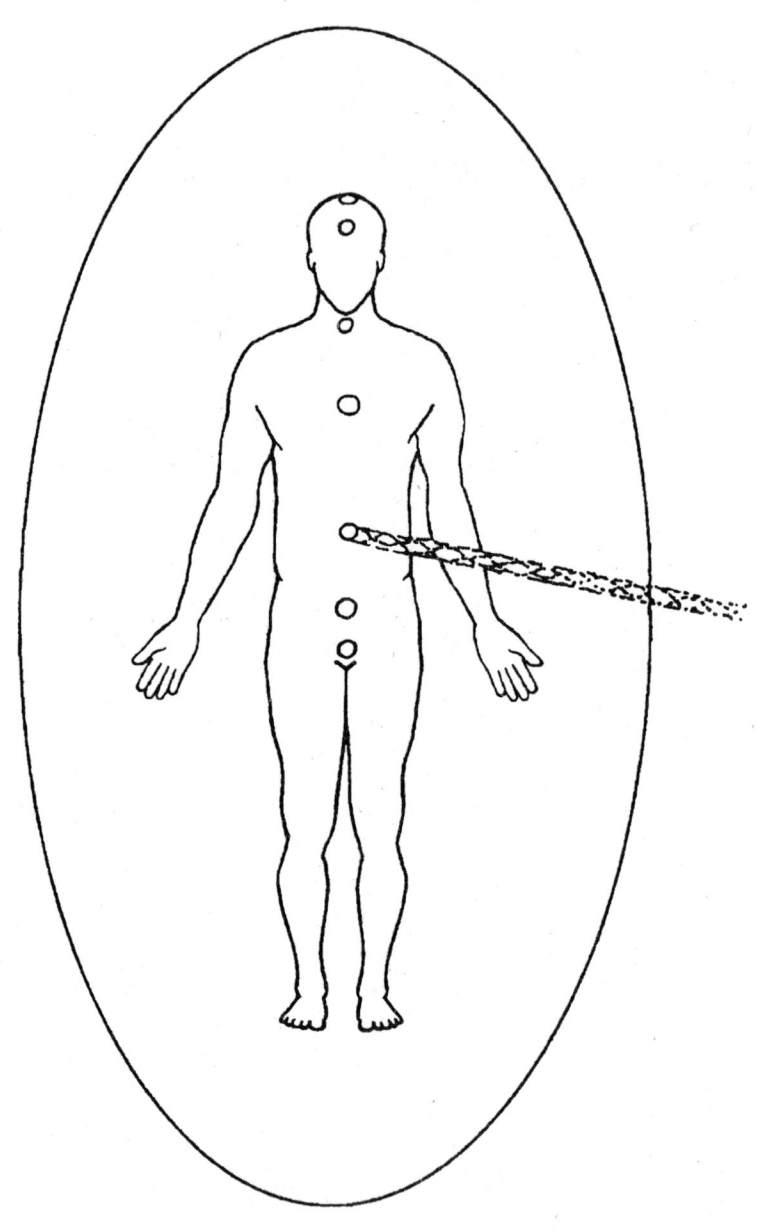

5a. Un cordón psíquico con la energía fluyendo en su interior a la altura del tercer chakra de la persona.

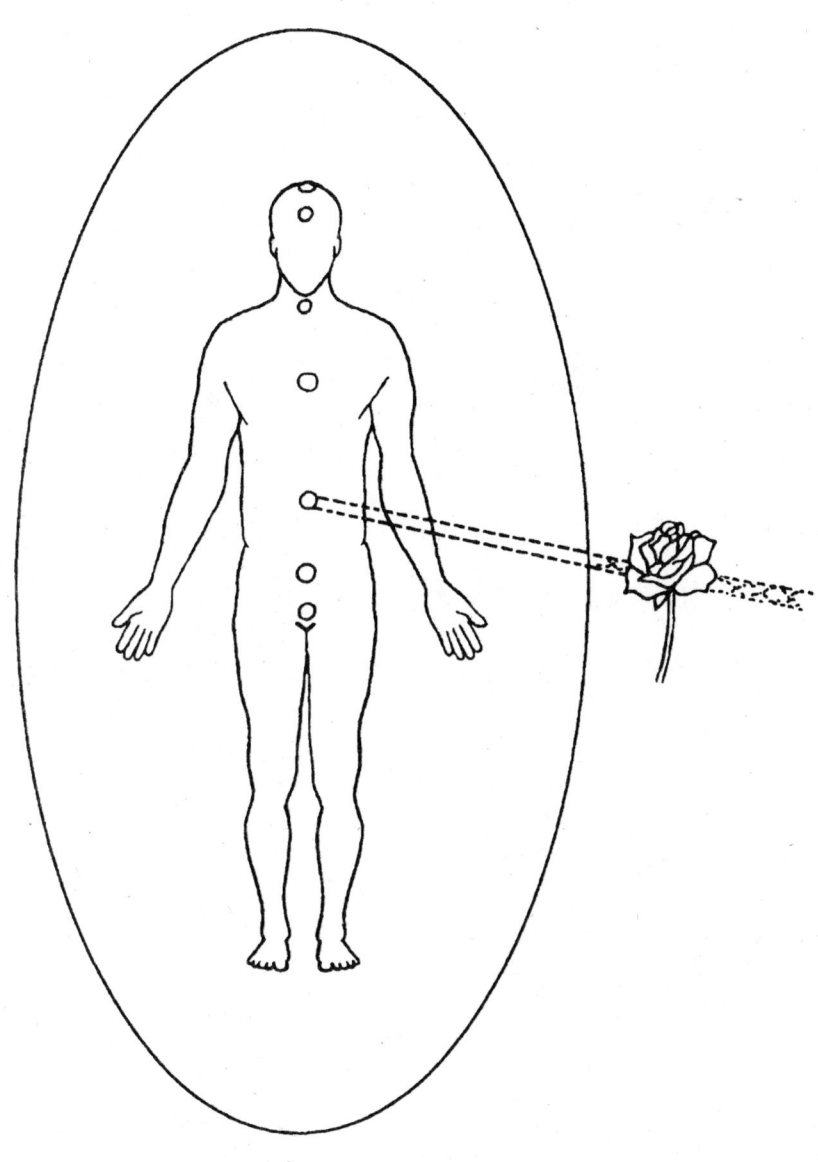

5b. El cordón ha quedado suelto de su unión con el cuerpo, se le ha colocado en una rosa y empujado hacia el exterior del aura de la persona. La rosa ahora está lista para estallar, lo cual disolverá el cordón pero dejará un hueco en el aura de la persona.

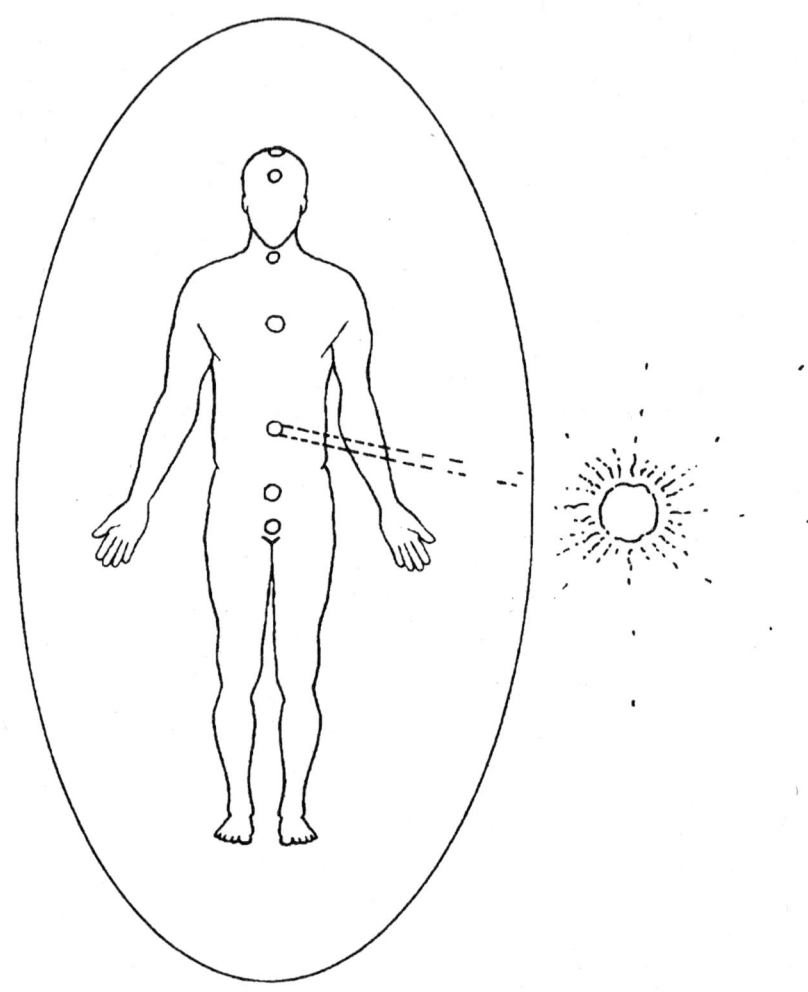

5c. Después de hacer estallar el cordón en el interior de la rosa, se utiliza un sol dorado para llenar el hueco del aura de la persona con luz dorada, lo cual estimula la autosanación y protege ese punto del aura de otra invasión.

5. Ahora que has identificado el cordón que deseas retirar, lleva las manos al lugar del cuerpo donde el cordón se conecta. Sin dejar de hacer fluir la luz dorada cósmica a través de las palmas, tira suavemente del cordón empezando por los bordes, un poco cada vez, hasta que se separe del cuerpo.

6. Coloca una rosa en el extremo del cordón que acabas de separar del cuerpo y empújala hacia el exterior del aura. Haz estallar la rosa con el cordón.

7. Llena el hueco dejado por el cordón desde tu cuerpo hasta el límite del aura con la luz dorada que fluye a través de las palmas o desde un pequeño sol en el exterior del aura.

8. Ahora intenta retirar un cordón de otro modo. Primero visualiza una pantalla de cine en el exterior del aura.

9. Toca la pantalla con las dos manos para despejarla con la energía dorada sanadora.

10. Debes ver en la pantalla tu propia imagen vuelta de espaldas.

11. Toma una bola de luz púrpura y lánzala a tu imagen vuelta de espaldas en la pantalla. Haz que la energía púrpura permanezca allí e ilumine cualquier cordón que deba retirarse de la espalda. (Yo retiro todos los cordones que tenga en la espalda, pues tienden a estar más escondidos, a hundirse más en el subconsciente y a ejercer más control que los cordones de la parte delantera.)

12. Tras localizar un cordón repite los pasos 4 a 7 para retirarlo. Siente el cordón y llena el hueco en la pantalla en lugar de en tu propia aura. Vuelve al paso 13 cuando completes el paso 7.

13. Cuando haya terminado la sesión de retirada de cordones, pon la pantalla en una rosa y hazla estallar.

14. Sella el aura con el color que utilices.

15. Vuelve a conectarte a la tierra si es preciso.

16. Abre los ojos.

Si encuentras que un cordón insiste en volver al mismo punto o si vuelve a surgir tan pronto como intentes expulsarlo del aura, quiere decir que mantienes una creencia sobre la persona con quien estás conectado o un contrato con ella. Es bien fácil identificar esta creencia o contrato si sientes la energía e identificas a la persona. Después, despeja la creencia o el contrato como se ha descrito antes en este capítulo y vuelve a retirar el cordón. No debe volver. Si la persona sigue siendo muy persistente a nivel psíquico, coloca una rosa en el exterior del aura con su rostro y una señal de «no pasar». Reemplaza diariamente esta rosa hasta que creas no necesitarla.

Estar en el tiempo presente

La consciencia de tiempo presente o de «estar-aquí-ahora» es el estado de ser más creativo y efectivo para alcanzar las propias metas y la sanación. Si no tienes la consciencia instalada en el tiempo presente, es decir, que haya porciones de tu energía en el futuro o se encuentren reviviendo el pasado, es casi imposible crear ese futuro o liberarse de ese pasado. Por otra parte, cuando estás en el cuerpo, alerta y en tiempo presente, estás al mando de tu vida y al máximo de tu capacidad en este momento.

Cuando te encuentras instalado en el pasado o en el futuro hay partes de tus chakras o del aura que están literalmente estáticas e inaccesibles. Es como si cualquier cosa que hicieras la hicieras en vano. Tu energía ni siquiera está en el cuerpo. Puede que te cueste estar presente con los seres queridos o en el trabajo y tendrás un sentimiento general de dispersión y desplazamiento, lo cual es literalmente cierto: tu energía está dispersa y en otro espacio.

La técnica a utilizar para volver a instalarse en el tiempo presente es ésta:

1. Cierra los ojos y conéctate a la tierra.
2. Extiende el aura, comprueba los colores y las rosas de los extremos y haz los ajustes precisos.

3. *Opcional*: Haz fluir energías doradas cósmicas y terrestres y ponlas en Automático.

4. Imagina una línea recta, llamada «línea temporal», que se extenderá hacia el infinito en direcciones izquierda y derecha. Sitúa la línea temporal delante del primer chakra en la base de la rabadilla. Coloca un pequeño sol dorado delante del chakra y sobre la línea.

6. Icono solar. El sol dorado se sitúa en la posición de «tiempo presente» en la línea temporal entre el pasado y el futuro.

5. Espira a través del primer chakra con la intención de liberar hacia el sol dorado cualquier energía pasada o futura contenida en él.

6. Ahora imagina que este sol se divide en dos trozos que ruedan simultáneamente en direcciones derecha e izquierda, representando el pasado y el futuro. Cuando el sol se divide y rueda en ambas direcciones, cada parte libera las energías pasadas y futuras del chakra y las coloca en el marco temporal apropiado.

7. Cuando las dos partes del sol hayan llegado tan lejos como sea preciso para cumplir su tarea, volverán automáticamente al punto central. Traerán con ellas cualquier energía que pertenezca a tu cuerpo en el tiempo presente que estuviera en el pasado y en el futuro.

8. Cuando ambas partes hayan vuelto y se reencuentren en el centro como un solo sol, mueve la línea temporal y el sol hasta que queden frente al segundo chakra, a medio camino entre el ombligo y la entrepierna. De nuevo espira a través del segundo chakra con la intención de liberar hacia el sol cualquier energía pasada y futura contenida en él.

9. Divide el sol otra vez en dos partes y envíalas

simultáneamente a recorrer la línea temporal en ambas direcciones tan lejos como sea preciso hasta que se detengan solas. Verás cómo vuelven de nuevo al centro para devolverte la energía del tiempo presente una vez convertidas en un solo sol.

10. Ahora, coloca la línea temporal y el sol dorado frente al tercer chakra situado en el diafragma o plexo solar. Espira a través de este chakra para liberar las energías ajenas al tiempo presente.

11. Imagina que el sol se divide y va y viene de ambas direcciones, liberando y recibiendo energía como antes.

12. Coloca la línea temporal y el sol dorado a la altura del chakra del corazón en el centro del pecho y repite los mismos pasos de los chakras anteriores.

13. En el chakra de la garganta repite los mismos pasos.

14. Ante el tercer ojo, localizado entre las cejas, repite el mismo procedimiento.

15. Finalmente, repite los mismos pasos para el chakra de la coronilla situado en la parte superior de la cabeza.

16. Ahora coloca la línea temporal y el sol dentro del aura al menos a 30 centímetros delante del cuerpo y haz que el sol recoja las energías ajenas al tiempo presente de tu aura y las coloque en el marco temporal adecuado, en el pasado y en el futuro. Al volver las dos mitades del sol al centro y convertirse de nuevo en uno por última vez, traerán consigo cualquier energía que pertenezca a tu aura en el tiempo presente.

17. Coloca la línea temporal y el sol en una rosa y disuelve la rosa en el exterior del aura.

18. Abre los ojos, inclínate y descarga.

Una vez que hayas realizado este proceso completo puedes utilizar una versión abreviada. El tercer chakra se encarga de las relaciones sociales y de tus metas en el mundo y con otras personas. La distribución de energía procedente de los demás chakras tiene lugar en el tercer chakra, ya que implica a los demás en intercambios sociales y en el cumplimiento de las metas. A causa de este enfoque único multichakras, el tercer chakra se puede utilizar para traer todos los chakras al presente de este modo:

1. Coloca el sol en la línea temporal como antes, esta vez sólo delante del plexo solar o tercer chakra.
2. Con la intención de liberar las energías pasadas y futuras hacia el sol dorado desde todos los chakras, inspira en el chakra de la coronilla y espira desde la coronilla en sentido descendente hacia el plexo solar y, a través de él, hacia el sol.
3. Ahora inspira en el chakra de la raíz en la base de la columna y espira en dirección ascendente hacia el plexo solar y, a través de su parte frontal, hacia el sol.
4. Haz que el sol dorado se divida en dos partes. Que rueden a la vez hacia la derecha y hacia la izquierda depositando en el pasado y en el futuro las energías de todos los chakras que sean ajenas al tiempo presente.
5. Cuando las mitades del sol vuelvan al centro, habrán recuperado las energías del pasado y el futuro que pertenezcan a tu cuerpo en el tiempo presente.
6. Cuando el sol vuelva a ser uno y esté en el centro, colócalo con la línea temporal en una rosa en el exterior del aura y hazlos estallar.
7. Abre los ojos.

Usa las técnicas de despejamiento y autosanación de este capítulo tan a menudo como creas oportuno. En otras secciones de este libro de ejercicios se ofrecen sugerencias que suponen la aplicación de estas técnicas, por lo que debes familiarizarte bien con ellas.

Capítulo 7
ACTIVACIÓN KA

Ka puede describirse como el circuito eléctrico, como el cuerpo de luz que existe de forma idéntica y simultánea en los espacios de la tercera a la sexta dimensión y cuya función es en última instancia la de anclar y mantener la forma de tu Presencia de Cristo. En otras palabras, es la conexión entre el espíritu, la dimensión y la forma, permitiéndonos, en tanto seres humanos, sin abandonar el cuerpo, convertirnos en seres de Cristo y avanzar así de la tercera a la cuarta dimensión e incluso más lejos, evolucionar y seguir haciéndolo al tiempo que se eleva nuestra frecuencia vibratoria. El cuerpo Ka podría describirse como el vehículo en el que el Yo Superior desciende a la materia y en el que asciende junto con el cuerpo hacia dimensiones superiores. A través de estos procesos se da la traslación a dimensiones superiores de la consciencia. En *The Keys of Enoch* Ka se define como el «doble divino».

En el libro de Joan Grant *Winged Pharaoh*, hay un pasaje maravilloso en el que el futuro faraón imparte lecciones a sus hijos. En la historia, Ptah es el recolector y distribuidor de vida que creó todas las cosas vivas a partir de la fuerza vital pura. Describe ante los niños la función de Ka como sigue:

> Existen en el cuerpo muchas partes que hacen uso de las cosas de la Tierra en la que vivimos. Los pulmones nos purifican con el aire que respiramos; los intestinos, el estómago y muchos otros órganos transforman la comida y la bebida en sangre fresca que el

corazón bombea a través de nosotros. Pero tenemos una necesidad superior que ninguno de éstos puede satisfacer y esa necesidad es la vida, esa vida que existe por doquier y que me habéis oído llamar «la vida de Ptah». Como es demasiado fina para contactar con el Khat, contamos con una réplica aún más fina de nosotros mismos en forma de red, como si de miles de venas invisibles se tratara, y a través de estos canales fluye la vida de Ptah, sin la cual moriríamos. Esta parte de nosotros se llama el Ka, que significa «el recolector de vida». No puede verse con ojos terrenales pero es tan importante que si estos canales se dañasen y no pudieran llevar vida, el cuerpo moriría...

El Ka se escribe como dos brazos levantados surgiendo de una línea recta. La línea significaba «el horizonte» y ha venido a significar «Tierra»; los brazos levantados con las manos abiertas representan a aquel que se estira hacia arriba y recoge la vida de Ptah...

Más adelante, en el mismo capítulo, Ptah-Kefer, un vidente y maestro de familias reales, relata a los niños:

Ahora, cuando miro el Ka de un hombre con los ojos del espíritu, me cubro los ojos con la mano para segar esa luz remisa que llamamos color mientras con la mirada de la experiencia puedo mirar la celeridad de Ka, que aun así parece tan quedo como un durmiente, pues mi vista de vidente viaja a la misma velocidad.

La energía Ka está rarificada, descendida de dimensiones superiores, vibra con tal rapidez que la visión normal no puede verla. Su fluir por el cuerpo es una experiencia sublime y a la vez sutil. Durante los cursos intensivos de Ejercicios Pleyadianos de Luz que imparto, los alumnos sienten un flujo grande de energía sexual tántrica al abrirse los canales y despertar el cuerpo Ka. La energía Ka fluye por los canales de todo el cuerpo y no sólo por aquellos directamente relacionados con los órganos reproductores. La razón por la cual el abrir los canales Ka tiende a favorecer la liberación tántrica es que todo el cuerpo, es decir, la totalidad de los órganos, debe estar sano y participar en el proceso para que fluya la verdadera energía tántrica. A la vez que la energía Ka inunda los canales con energía de dimensiones superiores, se liberan simultáneamente las energías bloqueadas. La experiencia del fluir de energía tántrica es un efecto secundario de este influjo simultáneo de energía de alta frecuencia y liberación etérica. El flujo de energía tántrica es una experiencia natural y continua en los seres superiores a partir de la sexta dimensión. Por lo tanto, a medida que el cuerpo deja salir las energías más densas hace de conector con el Ka, accediendo al Yo Superior de la sexta dimensión e inferiores, siendo el resultado las ondas tántricas. El tantra ha sido fuente de estudio y logro para el espíritu en muchos grupos espirituales desde que existe la vida física. Algunas tribus indígenas americanas, los budistas tibetanos, muchas sectas hindúes y los mayas, por nombrar sólo unos cuantos, han practicado su propia forma de tantra durante mucho tiempo. Representa una fascinación y deseo naturales teniendo en cuenta que es la frecuencia hacia la que evolucionamos.

La energía sexual tántrica que asciende fluyendo entre la células y con el kundalini por el canal vertebral y a través de los chakras, es energía pura de creación, ee la sustancia de la que está compuesto el éxtasis cósmico, y en la Tierra ha sido una de las energías más dañadas y distorsionadas. Abrir y hacer fluir energía Ka no va a cambiar de forma automática tus pautas o actitudes sexuales pero hará que las frecuencias superiores de tales energías estén más disponibles y fluidas en el cuerpo. En cualquier caso, el crecimiento espiritual exige refinar y despejar energía, comportamientos y actitudes sexuales. Los órganos sexuales tienen un vínculo directo con el alma; lo que haces con la energía sexual tiene consecuencia directa en tu relación con el alma. Hacer fluir ambas energías, tántrica y Ka, es simplemente una de las maneras más rápidas y naturales de sanar la relación cuerpo/alma y despejar pautas sexuales traumáticas y negativas (trato directamente el tema de la sanación del alma y lo que los Emisarios Pleyadianos de Luz llaman «tantra delfínico» en mi siguiente libro *The Pleiadian Workbook II*)

El objetivo principal de los Ejercicios Pleyadianos de Luz es activar y despertar los canales Ka y la estructura Ka a fin de desencadenar la disposición celular para la iluminación y la ascensión, tomar consciencia de tus responsabilidades para con el espíritu y darte a conocer la ayuda de que dispondrás durante el proceso de ir desde «aquí» hasta «allí». Estos objetivos pueden alcanzarse más fácilmente con la ayuda de los pleyadianos y el Maestro Ascendido Jesucristo en colaboración mutua para ayudar a los humanos a alcanzar estas metas.

Existen trece niveles de activación que empiezan con la primera sesión Ka y terminan con la Ascensión. Estos niveles de activación se corresponden directamente con las trece partes del ciclo maya de la creación. No es casualidad que los sistemas egipcio y maya coincidan en muchas áreas, ya que fueron los pleyadianos los que enseñaron a ambas culturas. El ciclo de la creación se utiliza en el calendario maya mediante la repetición sucesiva de secuencias de trece días, de modo muy similar a nuestra repetición sucesiva de ciclos, o semanas, de siete días. El calendario maya también se divide en años de trece ciclos lunares en oposición al calendario más conocido de doce meses al año. Trece es también el número de la manifestación divina o de la magia blanca.

Independientemente de cuál sea la medida de tiempo o el proceso mágico que utiliza el ciclo de trece, cada número tiene un significado específico. En el diagrama siguiente doy la función general del número y su función específica en relación a la activación Ka. Me he guiado por los siguientes libros: *The Mayan Oracle* de Ariel Spilsbury y Michael Bryner y *Dreamspell* de José Argüelles.

Núm.	Función general	Nivel de actuación Ka
1	Identificación del objeto. Inicio	Reconoces el deseo de unificación con el Ser Superior y el Dios/Diosa/Todo Lo Que Existe seguido por el inicio de la acción que conduzca a este fin. Se producen invocación, receptividad y compromiso con el objetivo. Inicias tu primera sesión Ka.
2	Polaridad, inteligencia y desaifo	Tiene lugar el reconocimiento de la necesidad de la acción que empieza a generar el equilibrio de la polaridad del masculino/femenino internos y externos. Despejas emociones y temas relativos a la falsa separación, conflicto y dualidad. Se produce una armonía incipiente aunque el Ka está todavía luchando con la resistencia del Ego.
3	Flujo rítimico	Se genera un nuevo nivel en que las trabas se reducen cuando el ego cede en favor de tu intención divina. La energía Ka fluye más fácil y continuadamente.
4	Medida. Define	Se asimilan lecciones de discernimiento y capacidad de mantenerse enfocado con disciplina y determinación. Se pone a prueba tu dedicación espiritual a tu meta de ascensión y llegar a ser Uno. Cristo ha dicho que la pregunta espiritual que dispara esta activación es, «¿Hay algo que valga la pena no amar en este momento?» Se reevalúan las prioridades y, a medida que eliges la forma adecuada, el Ka se abre camino cada vez más contundente y permanentemente.

Núm.	Función general	Nivel de actuación Ka
5	Estar centrado. Poder divino	A medida que aceptas tu verdadera identidad sin negar tu humanidad, te vas despojando del ego y de identidades pasadas. La energía Ka empieza a sanar más profundamente el sistema nervioso como resultado de este despojamiento y aceptación. Se vislumbran una nueva madurez y serena sabiduría.
6	Equilibrio	El compromiso de vivir la vida plenamente a todos los niveles genera un equilibrio y un abandono de la resistencia a los sentimientos intensos. Comienzas a sentir el Yo Superior siempre conectado al cuerpo. Ka y kundalini fluyen de forma sincronizada, armónica y continuadamente. Se acelera el ritmo de despejamiento de las células.
7	Canalización de energías de dimensiones superiores.	Se acentúan la renovación y sanación del alma. Empiezas a recordar el mito de tus auténticos orígenes. El enlace estelar Ka desencadena un mayor acceso a realidades multidimensionales. Ahora te comprendes y te perdonas más intensamente.
8	Resonancia armónica	El amor a ti mismo y un amor incondicional hacia los demás integran tu realidad. Ya no es posible atribuir culpas. La compasión sin lástima se intensifica y así materializas tu desapego. Se desvelan los temas esenciales. Te sientes impulsado armónicamente por ti mismo, sintiéndote Uno con el creador. Es el sonido de

Núm.	Función general	Nivel de actuación Ka
		una voz de amor. La resonancia de Ka trasciende tiempo y espacio generando más recuerdos instantáneos de tu propia verdad divina.
9	Realización	Se terminan de romper las pautas kármicas negativas. Actúas desde el ser. Dejas de «hacer esfuerzos» y de «intentar» para darte cuenta de que «eres aquello que buscas». Has aceptado la responsabilidad de ser dueño de tu propio ser. Se mantiene el nivel de los canales y del flujo Ka. Estás plenamente comprometido a alcanzar tu propio destino supremo, que es servir a Todo Lo Que Es.
10	Manifestación de la meta	Te fusionas plenamente con el Yo Superior dentro del cuerpo. Se despeja toda creencia en tus propias limitaciones. El Ka, y el kundalini del cuerpo, así como el del Yo Superior se sincronizan continuada y armónicamente. Los que estén dispuestos a verlo reconocen en ti tu auténtico yo y vives. plenamente tu objetivo superior.
11	Disolución y absolución	Se disuelve todo aquello que no sea esencial. Se produce una entrega total a tu propia iluminación con la liberación de las últimas reticencias. Se examinan todas las metas y los elementos relacionados con ellas, desechando las que se ajusten a la voluntad divina. El Ka se fusiona a nivel celular y se hace cada vez más ligero. Se activa el cuerpo de luz.

Núm.	Función general	Nivel de actuación Ka
12	Universal	Tu autonomía cede todo control a la voluntad divina de la consciencia colectiva superior. Tu dedicación es absoluta, automática y tu único deseo. El Ka ha completado su vínculo con las estrellas y las galaxias, cerrando el círculo al conectarse con Dios/ Diosa/ Todo Lo Que Es, así como con el yo futuro en Cristo de todo ser encuadrado en niveles inferiores al tuyo.
13	Trascendencia	Has alcanzado la consciencia de Cristo y puedes ascender cuando lo desees.

A fin de alcanzar de verdad la capacidad plena del despertar de Ka, debes embarcarte en un camino de olvidar y recordar, de abandonar y abandonarse a Dios/Diosa, y una total dedicación a la purificación y trascendencia del ego. A medida que avances de nivel de activación Ka irás reconociendo que cada uno supone una iniciación y una apertura al siguiente acto de liberación emocional, mental, físico y espiritual. Cuando no quede más que el yo, amando incondicionalmente, rendido e iluminado, es cuando empieza el verdadero trabajo. Este manual de Ejercicios Pleyadianos de Luz es más una invitación a formar parte de las sagradas escuelas místéricas de los Grandes Hermanos Blancos propiciadas por los Emisarios Pleyadianos de Luz, el Colectivo Sirio de Consciencia de Cristo y Dios/Diosa/Todo Lo Que Existe que un manual en sí, y, sin embargo, tiene su razón de ser en esta era moderna en la que es más difícil acceder físicamente a las escuelas místéricas y las órdenes sagradas. ¿Hasta dónde quieres llegar dentro de este sistema? Es algo que depende de ti.

En este capítulo empezarás con los Ejercicios Pleyadianos de Luz conociendo primero a los pleyadianos y al Cristo para alinear tu objetivo con el suyo, iniciando el despejamiento y la activación de la plantilla y los canales Ka.

Encuentro con los Emisarios Pleyadianos de Luz

Aunque sólo se obtienen los mejores resultados cuando los Ejercicios Pleyadianos de Luz se realizan mediante la imposición de manos de un profesional, también resulta muy beneficioso conectar etéricamente con los pleyadianos y recibir asistencia directamente de ellos sin la actuación de un especialista. Ésta es la razón por la que los pleyadianos me pidieron que escribiese este libro: para poner los Ejercicios Pleyadianos de Luz a disposición del público. Este libro [así como los siguientes] contiene todos los aspectos dentro de los Ejercicios Pleyadianos de Luz que pueden realizarse directamente a través de la actuación con los pleyadianos y el Cristo.

Cuando se actúa sobre el Ka mediante la imposición de manos, el profesional hace fluir energía cósmica kundalini de alta frecuencia de maneras muy concretas a través de cada punto de activación de los canales. A veces hace falta cirugía psíquica en canales rotos o dañados. Otras veces hay que reemplazar segmentos enteros de canales. Ésas son las razones principales por las que se me han enseñado los ejercicios Ka en forma de imposición de manos. Los pleyadianos me han explicado que necesitan trabajar a través de manos físicas cuando hay necesidad de reparar o reemplazar partes de un canal. Es un trabajo generalmente muy sutil y relajante aunque a veces provoca una liberación intensa de emociones, desposesión, emisiones físicas espontáneas o incluso sublimes alteraciones mentales.

Sin embargo, la mayoría de los Ejercicios Pleyadianos de Luz, incluyendo los ejercicios Ka, no requieren imposición de manos. Los ejercicios que pueden realizarse directamente con los pleyadianos y con el Cristo tienen en general de un 40 a un 80% de efectividad global, dependiendo del alcance y la extensión de los daños que sufra en los canales la persona receptora. Una vez hayas iniciado personalmente el contacto con los pleyadianos y hayas pedido que se abran los canales y la plantilla Ka, tu aprendizaje de los Ejercicios Pleyadianos de Luz continuará durante unos meses más. Aunque sólo se describe un par de sesiones en este capítulo, se te comunicarán otras repetida y automáticamente —generalmente durante el sueño— cuando estés preparado para ello, simplemente por haber pedido la apertura de los canales.

Cuando un profesional realiza a fondo el Ejercicio de Luz Pleyadiano, abriendo y activando los canales y la plantilla Ka, así como la sanación y despejamiento que ello implica, se requieren aproximadamente de 16 a 25 sesiones privadas. Existen 16 pares de canales que abrir, rutas neuronales en el cerebro que despejar, técnicas de meditación y formas de conectarse con el Yo Superior que deben enseñarse, pautas físicas de bloqueo que despejar mediante la remodelación cerebral delfínica, así como sesiones individuales de enlace estelar delfínico, lecturas videntes y despejamiento. Naturalmente, todo esto no puede hacerse en su totalidad si trabajas directamente con los pleyadianos pero sin un profesional, aunque la sanación y la energía disponible etéricamente suele bastar a la mayoría.

En la mayoría de las sesiones descritas en esta parte del libro se utiliza algo llamado «el Cono de Luz Interdimensional». El Cono de Luz Interdimensional (presentado en la ilustración de la página siguiente) está situado en la parte superior del aura, apuntando en dirección opuesta al cuerpo. Está compuesto de altas frecuencias de luz que giran rápidamente y ayudan en el «alineamiento vertical» despejando energías liberadas por el cuerpo y el aura.

«Alineamiento vertical» significa estar en enlace y contacto con el Yo Superior en una realidad basada en el

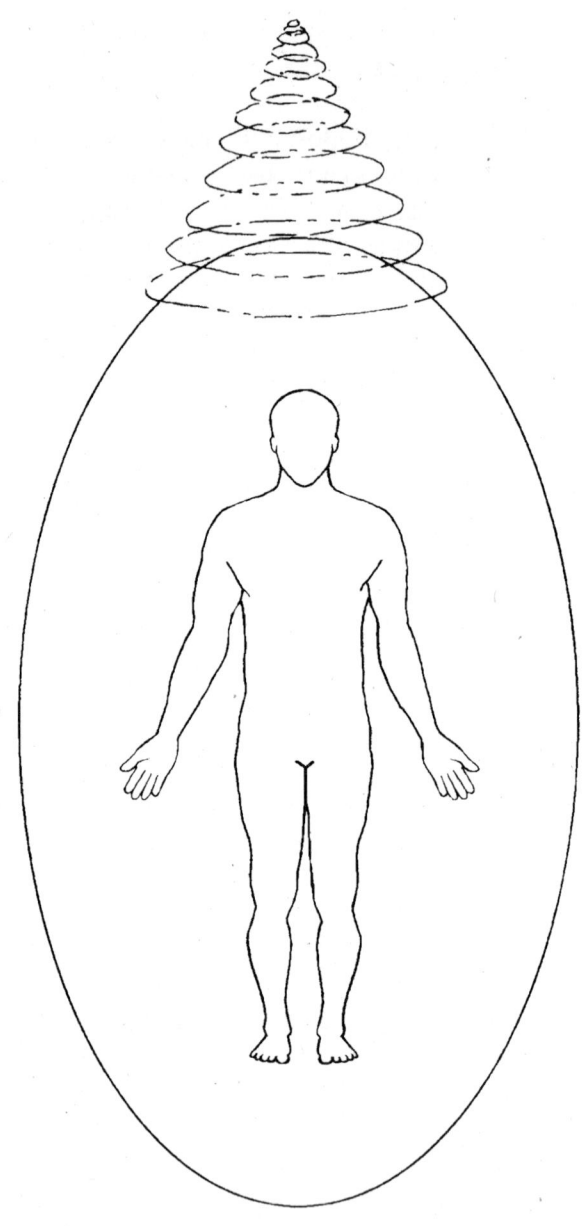

7. El Cono de Luz Interdimensional está situado en la parte superior del aura para ayudar al despejamiento y lograr el alineamiento divino.

espíritu y en tu Alineamiento con el Eje Divino. Desde aquí hasta la novena dimensión tu campo de energía tiene una abertura tubular, llena de tu luz, que se extiende por toda la columna hasta llegar a la parte inferior del aura bajo los pies. Es como si la misma columna descendiese etéricamente hasta la parte inferior del aura y ascendiese más allá de ella, creando una columna continua para todos tus aspectos en dimensiones superiores. (Véase ilustración en la página 332.) Cuando esta columna o eje se encuentra en su lugar, favorece la evolución espiritual continuada, el alineamiento con la Verdad Divina, y un enfoque espiritual en la vida. Este alineamiento vertical se opone al alineamiento horizontal, que se refiere a una realidad basada en la identificación de la personalidad con las ilusiones, adicciones y ataduras del mundo físico. En una realidad espiritualmente sana y basada en la Verdad, todas las interacciones horizontales se ven estimuladas por el alineamiento vertical y no están identificadas con la realidad física como realidad fundamental.

El Cono de Luz Interdimensional crea un arrastre ascendente en tu campo de energía incluyendo el cuerpo, lo que potencia el despejamiento y liberación de energías que te mantienen en alineamiento horizontal y en una realidad basada en la ilusión. Estas energías liberadas pueden ser ajenas, proceder de planos astrales inferiores, de entes o de tu propia contracción, negación y represión.

El cono literalmente succiona las energías liberadas llevándolas más allá a un campo de energía dimensional superior tan intenso que las energías son instantáneamente transmutadas, neutralizadas y devueltas al lugar de donde proceden. En otras palabras, el Cono eleva la vibración de energías hacia un nuevo estado evolutivo y las devuelve a la persona o lugar donde se originaron.

Descubrí que el cono aceleraba tanto mi crecimiento personal que no creí provechoso mantenerlo continuamente sobre el aura durante casi un año y medio de uso. Sentir un tirón tan fuerte y continuo de cada pensamiento o energía no equilibrada de tu cuerpo, puede ser, como mínimo, una experiencia intensa. Durante las enfermedades el Cono de Luz puede acentuar los síntomas haciendo evolucionar más rápidamente la enfermedad y creando a veces un malestar acompañado de dolor. Por ello se recomienda usarlo con moderación o no utilizarlo cuando se está enfermo a no ser que recibas instrucciones de hacerlo; o si estás realizando una sesión de cámara como las descritas en el capítulo 9. Puede, desde luego, provocar una liberación emocional, potenciar la percepción sensorial plena y aumentar en general la consciencia y la sensibilidad.

Quizá la primera vez que trabajes con el Cono de Luz durante períodos cortos y muy definidos, te encuentres que funciona milagrosamente y te sientas de maravilla. Tal vez creas que el Cono puede no favorecer la conexión a la tierra, aunque a mí no me lo parezca a no ser que lo deje demasiado tiempo activado. De hecho, me hace sentir más real, más presente y equilibrada, invoco el Cono de Luz para meditar, para la autosanación, para sesiones con los pleyadianos así como cuando tengo sesiones privadas o estoy impartiendo clases o talleres. Aparte de estos usos, su efecto resulta demasiado intenso para la mayoría de las personas, al menos al principio.

Este primer ejercicio es para conocer a los Emisarios Pleyadianos de Luz:

1. Túmbate con una almohada bajo las rodillas y los pies en línea con los hombros; cierra los ojos.
2. Conéctate a la tierra, comprueba los límites del aura.
3. Repite la siguiente invocación: «En nombre de la Sagrada Presencia Yo Soy, estoy preparado para despertar e iluminarme plenamente. Acepto la responsabilidad de vivir y estar alineado con la Verdad, el Amor y la Voluntad Divinos de acuerdo con el Plan Divino de Luz. Sólo estoy dispuesto a conectar con seres etéricos que sean de la Luz y estén alineados con el Plan Divino».

4. Luego declara: «Invoco al Maestro Ascendido Jesucristo de la Luz». Espera unos diez segundos o hasta que sientas su presencia en la habitación. Repite la llamada si lo crees necesario. Las presencias en la habitación pueden ser extremadamente sutiles, si acaso se notan. Si éste es tu caso, tendrás que confiar en que los seres que has invocado están contigo hasta adquirir mayor percepción.

5. A continuación invoca: «Ahora llamo a los Emisarios Pleyadianos de Luz», espera unos diez segundos o hasta que sientas algún cambio en la habitación o seas consciente de su presencia. De nuevo puedes repetir la invocación si lo crees necesario.

6. Di a los pleyadianos: «Pido que me sea colocado el Cono de Luz Interdimensional sobre el aura para el despejamiento y Alineamiento con el Eje Divino». Espera unos veinte segundos antes de continuar para que se coloque y se active.

7. Di a los pleyadianos y al Cristo que deseas comenzar los Ejercicios Pleyadianos de Luz y que quieres que inicien el equilibrado despejamiento o sanación necesarios antes de abrir la plantilla Ka y sus canales. Diles cualquier cosa que te gustaría que supiesen de ti, tus intenciones y necesidades espirituales. Puedes mencionar los bloqueos o áreas estancadas de las que seas consciente, o cuestiones delicadas que tengas entre manos.

8. Mantente receptivo, quieto y en silencio durante una hora mientras tiene lugar la sesión preliminar.

9. Pide que se te retire el Cono de Luz. Luego reanuda tu vida diaria. Puede que prefieras realizar esta primera sesión antes de acostarte y quedarte dormido después. Si así lo prefieres, antes de dormirte pide a los pleyadianos que retiren el Cono de Luz a la hora apropiada.

Despejamiento y activación de la Plantilla Ka

La Plantilla Ka está situada en la parte superior de la cabeza detrás del chakra de la coronilla, tiene forma rectangular y contiene un mensaje cifrado sagrado (véase ilustración 8). Los símbolos se parecen mucho a una combinación de jeroglíficos egipcios y de arameo antiguo. Sin embargo, son más universales que cada uno de estos idiomas por separado. La disposición y la selección de los símbolos es diferente para cada individuo. Los utilizados en el dibujo son hipotéticos y no son más que un ejemplo.

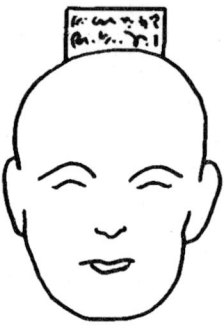

8. La Plantilla Ka

A medida que las energías Ka entran en el aura desde tu yo de la cuarta dimensión, éstas se reciben primero en la plantilla Ka, pasando a través del código que marca el proyecto de tu alma y tu cuerpo para la utilización del Ka en esta vida. Si tu meta es ascender, estará codificada en tu plantilla y se activará cuando ésta se abra y se despeje. De la misma manera, si tu ser ha elegido experimentar la muerte física a través de un cáncer u otra enfermedad, esa información está también codificada en la plantilla Ka. Los pleyadianos nunca interfieren en los objetivos que te hayas fijado pero trabajarán para ayudarte a prosperar.

Puedes haber planeado antes de tu nacimiento padecer enfermedades y limitaciones genéticas para transmutarlas y trascenderlas. Esto también aparece en la plantilla, y el proceso de trascender y transmutar se acelera cuando la plantilla Ka está despejada y activada.

Cuando se comienza a despejar y a activar la plantilla Ka, la energía fluirá desde ahí hasta la glándula pineal en el centro de la cabeza. (Véase ilustración 16a en la página 338) La glándula pineal distribuye luz por todo el cuerpo, diciéndole al cerebro cómo organizar los sistemas corporales, la mente, las emociones y el movimiento físico. También regula el flujo de luz y energía hacia el sistema de meridianos a través de los Canales Ka y es vital para el despertar y la iluminación espiritual. Los impulsos de regeneración o degeneración están en función directa de la relación entre la Plantilla Ka y la glándula pineal. Esta plantilla no es sólo importante para la apertura espiritual al Yo Superior, sino que es igualmente vital para la salud y el bienestar del cuerpo, preparándose para albergar tu espíritu y tu Yo de Cristo.

Sólo necesitas quince minutos para una primera sesión de apertura y despejamiento de la Plantilla Ka siguiendo las instrucciones indicadas a continuación:

1. Sentado o tumbado con una almohada bajo las rodillas coloca los pies en línea con los hombros y cierra los ojos.

2. Conéctate a la tierra, acerca el aura y comprueba los límites.

3. Invoca al Yo Superior para que acuda y esté contigo en la habitación.

4. Invoca al Maestro Ascendido Jesucristo de la Luz.

5. Invoca a los Emisarios Pleyadianos de Luz para que se unan a ti.

6. Pide a los pleyadianos que coloquen el Cono de Luz Interdimensional para el despejamiento y el alineamiento con el Eje Divino.

7. Di a los pleyadianos, al Cristo y al Yo Superior que ahora deseas despejar y activar la Plantilla Ka tanto como sea posible.

8. Quédate quieto absorbiendo durante unos quince minutos o duérmete si quieres.

9. Si no vas a dormir, puedes necesitar volver a conectarte a la tierra antes de seguir con tu vida diaria.

Más adelante se describe un procedimiento para despejar y activar la Plantilla Ka en mayor profundidad. Sin embargo, el ejercicio anterior es todo lo que se necesita para poder empezar. Puedes pasar directamente a la próxima sección si así lo deseas.

Apertura de Canales Ka

Los Canales Ka se parecen a un conjunto de rutas como meridianos, a través de los cuales fluye la energía Ka. Cada canal es de hecho un par de líneas de energía que se corresponden con las rutas físicas del lado derecho e izquierdo del cuerpo. Este sistema de canales no se parece a ningún otro sistema de meridianos, aunque algunos puntos de activación a lo largo de los canales coincidan con la acupuntura, el shiatsu, la acupresión y los puntos del meridiano Jen Shen Do. Estos puntos coincidentes sirven de conexión a través del cual se transmite la energía Ka al sistema de meridianos del cuerpo físico.

La energía Ka es fundamental para revitalizar y mantener todos los sistemas de meridianos en el nivel etérico. Esta energía surge del Yo Superior de la sexta dimensión y cae en cascada. La energía es muy fina y pura ya que contiene la integridad de la naturaleza eléctrica de luz del Yo Superior durante el proceso de reducción o «caída» de su frecuencia para adquirir la adecuada compatibilidad dimensional. Cuando esta energía Ka entra en los Canales Ka en el cuerpo físico, no sólo llena y activa estos canales, sino que inunda los sistemas físicos de meridanos por los puntos de activación coincidentes.

Los pleyadianos me han dicho que cuando la energía Ka fluye plenamente por el cuerpo, los sistemas de acupuntura y otros sistemas de meridianos permanecerán equilibrados y revitalizados.

Ello no implica que ésta sea la única fuente de salud de los sistemas de meridianos; por supuesto debes procurar comer sano, pensar clara y positivamente, mantener la conexión espiritual y vivir espontánea y honestamente las emociones. Todo ello afecta a la calidad de la existencia y es necesario para la salud integral y holística. Cuando estas áreas se encuentran en equilibrio y bien alineadas en tu vida, el Ka puede operar a un nivel de máxima eficiencia manteniendo la máxima vitalidad y equilibrio.

Como resultado de este equilibrio holístico llegas a alcanzar un estado de ser en que la consciencia superior puede existir de forma simultánea en todas las dimensiones sin verse afectada la esencia de su naturaleza. Esto se alcanzará cuando encuentres equilibrio en tu vida diaria y la consciencia humana y los Canales Ka estén totalmente despiertos y operativos en el cuerpo físico.

Como ya he mencionado en este capítulo, existen dieciséis pares de Canales Ka o treinta y dos líneas con puntos de activación. Cada uno de estos pares tiene una función específica relativa a tu salud física, emocional, mental o espiritual además de la función fundamental de crear el vehículo en el que tu Presencia Crística se encarnará en la Tierra. Los pleyadianos me han pedido que no muestre los diagramas de los canales a aquellos que no vayan a recibir la imposición de manos de un profesional porque cuando se les presta atención tienden a «encenderse». Ello podría causar un dolor y un trauma innecesarios al activar o encender los canales con lágrimas, fugas o graves daños que no pueden sanar los pleyadianos sin la ayuda humana. Por lo tanto, una vez hayas pedido que se abran los Canales Ka no sabrás sobre qué canales y puntos de activación se está actuando en un momento dado a no ser que los pleyadianos deseen comunicártelo.

Puede que experimentes el resurgir de emociones, creencias o energías y pensamientos de otras personas cuando se abran los Canales Ka. En ese caso, utiliza las herramientas que has aprendido en los capítulos «Ejercicios Pleyadianos Previos» como mejor te convenga.

Los pleyadianos y el Cristo trabajarán contigo de manera que se reduzcan tus dudas al mínimo y no sufras traumas que aún estén pendientes de sanación. Siempre hacen su trabajo meticulosamente y alineados con lo que sea mejor para ti.

Utiliza el siguiente procedimiento para abrir los Canales Ka:

1. Túmbate con una almohada bajo las rodillas, y los pies en línea con los hombros.
2. Conéctate a la tierra. Retrae tu aura y comprueba límites, colores y rosas.
3. Llama a tu Yo Superior para que se reúna contigo.
4. Invoca a los Emisarios Pleyadianos de Luz.
5. Invoca al Maestro Ascendido Jesucristo.
6. Pide a los pleyadianos que coloquen el Cono de Luz Interdimensional sobre el aura para el despejamiento y el alineamiento con el Eje Divino.
7. Di a tu Yo Superior, los pleyadianos y el Cristo, que estás preparado para que te abran los Canales Ka a fin de dejar sitio para que more tu Presencia Maestra en la Tierra mediante tu cuerpo. Pídeles que te ayuden a continuar evolucionando y sanando espiritualmente en el proceso de apertura de los Canales Ka de manera que sirva a tu bien supremo. Dales permiso para que, ya estés dormido o despierto, actúen a partir de ahora sobre tus Canales Ka a no ser que conscientemente les pidas lo contrario. Mi experiencia ha sido que la mayor parte de la actuación sobre el Ka ocurre durante el sueño.
8. Permanece quieto y receptivo durante una hora. Si te duermes, no importa. Puedes hacerlo perfectamente a la hora de acostarte.
9. Si no lo haces al acostarte, puedes necesitar volver a conectarte a la tierra antes de levantarte y seguir con tu vida diaria.

Una vez finalizada esta sesión ya no necesitas establecer un tiempo especial para los Canales Ka. Los pleyadianos y el Cristo vigilarán tus necesidades y actuarán en consecuencia.

Capítulo 8

REMODELACIÓN CEREBRAL DELFÍNICA

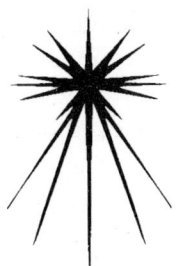

La Remodelación Cerebral Delfínica se llamó en principio Remodelación Neuro-córtico-muscular. Es un aspecto de los Ejercicios Pleyadianos de Luz basado en los principios y técnicas de Moshe Feldenkrais, notablemente ampliadas por los pleyadianos. *Neuro* se refiere a cualquier cosa relacionada con el sistema neurológico o nervioso. *Muscular*, por supuesto, se refiere a los músculos del cuerpo. *Córtico* se relaciona con el córtex, motor del cerebro, que gobierna la función motora o movimiento físico. Estos tres sistemas corporales se encuentran en comunicación constante entre sí y la salud; de su relación se determina la salud y plenitud estructurales del cuerpo. El objetivo de la Remodelación Cerebral Delfínica es liberar el sistema óseo de pautas de bloqueo que inhiban la espontaneidad y la libertad y que detengan el flujo de fluido cerebroespinal.

Éste se produce en el cerebro. Los huesos del cráneo se expanden y se contraen suave y levemente de modo constante, así como los huesos sacros. Este proceso de expansión y contracción bombea el fluido cerebroespinal a través del sistema nervioso central y lo mantiene lubricado, fresco y capaz de conducir corrientes eléctricas. Los estímulos eléctricos del cerebro generan las percepciones de sensaciones físicas y los impulsos que nos permiten movernos. Cada movimiento, ya sea para dar una patada a una pelota o para elevar levemente una ceja, comienza con un impulso eléctrico en el cerebro que se envía a través del fluido cerebroespinal del sistema nervioso central a los nervios adecuados, los cuales a su vez activan el cuerpo produciendo el movimiento.

Los delfines utilizan ambos lados del cerebro a la vez. Por su parte, la mayoría de los humanos actuales alternan un lado y otro, pero rara vez los utilizan juntos. Se ha dicho que los delfines ven a los humanos como si éstos estuvieran dormidos. Esto se debe a que los delfines duermen desconectando primero un lado del cerebro y luego el otro, manteniendo uno siempre activo. También se acepta generalmente que el ser humano medio sólo utiliza alrededor del 5 al 10% de su capacidad cerebral. Se trata de un factor evolutivo y no de un estado humano normal. Tu objetivo final es convertirte en un ser de «cerebro total» como los delfines, los cuales son «hermanos y hermanas mayores» de la raza humana.

Los delfines fueron enviados a la Tierra antes de la colonización humana para preparar las frecuencias y pautas evolutivas. Son Seres de Luz altamente evolucionados que se dedican amorosamente a los humanos para que cumplan sus propias metas evolutivas espirituales. Entonces, ¿por qué hace falta convertirse en ser de «cerebro total»? Si no se alcanza el estado de cerebro total, no se tendrá acceso a la propia totalidad espiritual, la conexión a través del ser Uno con Dios/Diosa/Todo Lo Que Es. Para llegar al estado de cerebro total es preciso evolucionar espiritualmente y sanar físicamente el sistema eléctrico del cerebro y el cuerpo. Este sistema eléctrico es literalmente el enlace de comunicación a través del cual el espíritu habla y crea en el mundo físico. Cualquier bloqueo del sistema eléctrico inhibe la encarnación plena del espíritu y de la Presencia del Maestro.

La red eléctrica es también la conexión más directa entre los Canales Ka, el cuerpo físico y el Yo Superior. Como la energía Ka es de naturaleza fundamentalmente eléctrica, el sistema de conducción eléctrica debe estar en buenas condiciones a fin de que la energía Ka circule y fluya plena y libremente. Por lo tanto, la salud de los sistemas nervioso y óseo son vitales para un flujo Ka pleno y libre de obstáculos. Pensemos en los delfines moviéndose en el agua. Ni tienen calambres en la columna ni su tiempo de respuesta neurológica es torpe. Viven en armonía espontánea con ellos mismos y su entorno, su cuerpo responde de modo fluido a cualquier necesidad y situación. Cuando mueven las aletas, los movimientos fluyen como olas suaves en su cuerpo a través de su sistema nervioso, sin calambres ni contracciones. Esto es lo que los pleyadianos llaman el Efecto Ondular Delfínico. Lo hace posible el hecho de que los delfines son seres desinhibidos, de cerebro total y evolucionados espiritualmente, alineados a través de su cuerpo y espíritu con la Tierra, el Sol, las estrellas y la consciencia colectiva que es Dios/Diosa/Todo Lo Que Es. Son el ejemplo gráfico de lo que la raza humana está destinada a ser; contienen las pautas y frecuencias vibratorias de la evolución humana sobre la Tierra. Su misma presencia sobre la Tierra es un elemento vital dentro del desarrollo espiritual humano.

Cuando nace un delfín es su madre quien primero lo acaricia con el morro y lo toca, y después uno a uno los otros delfines del grupo que no están lejos. A través de las aguas se envía una llamada a quienes deseen dar la bienvenida al joven y «aceptarlo». Los delfines que responden «aceptan al pequeño» formando un círculo alrededor de él y de su madre. Nadan alrededor del círculo, primero en una dirección y luego en la otra, utilizando el sonar para enviar saludos y bendiciones al recién nacido. Estos sonidos también sirven para crear los tonos armónicos necesarios para llevar la consciencia plena del espíritu delfínico a su cuerpo y para activar su Cuerpo Ka, el cual forma un enlace energético del recién nacido con las estrellas a través de las líneas axiatonales o Canales Ka. Las ondas de sonar crean un Efecto Ondular Delfínico acompañado de un sonido similar al que el movimiento del cuerpo de un delfín crea al tacto. Así se activa el sistema eléctrico y la respuesta corporal del pequeño, permitiendo al espíritu del delfín operar a través de su cerebro y su sistema eléctrico. Los delfines adultos después acarician al pequeño con el morro y con el cuerpo. El proceso continúa hasta que el alma del pequeño delfín queda plenamente anclada y es capaz de mirar a través de los ojos del recién nacido.

Según una teoría de Moshe Feldenkrais, cuando nace un ser humano el primer toque de otro ser humano en cada parte del cuerpo del recién nacido ancla la información neurológica de esta persona en el cuerpo del pequeño. En otras palabras, si fue tu madre quien primero te tocó el sacro, y ésta tenía una contracción en esa parte del cuerpo debida al miedo o a la vergüenza de su propia sexualidad, esa misma pauta de bloqueo se transfirió eléctricamente a través del toque de la madre, llegando al córtex motor del cerebro por medio de las terminaciones neviosas del sacro. Desde el córtex motor del cerebro se envió un impulso eléctrico a través del sistema nervioso hacia los músculos y huesos de la zona sacra, ordenando su contracción e impidiendo que esa parte del cuerpo se mueva libremente. Así se inició la propensión a la concentración de emociones como el miedo y la vergüenza en esta área del cuerpo, correspondiéndose con la contracción física. Los resultados han sido la anulación de sentimientos, la supresión de energía sexual y el comienzo de la fusión de los huesos sacros, incluyendo la parte inferior de la columna y las caderas. Con el tiempo se pueden desarrollar daños en la parte baja de la espalda, rigidez, malestar y dolor en la zona sacra y las caderas.

Durante muchos años los problemas exteriores pasaron inadvertidos. En un momento posterior de la vida, quizá tan pronto como la pubertad o tan tarde como la mediana edad, aparecieron los síntomas. Tal vez experimentaste calambres y dolor extremos antes y durante los períodos menstruales. Después, con el tiempo, aparecieron molestias en la parte baja de la espalda y un dolor de cabeza durante esos períodos dolorosos. Posteriormente, tal vez resbalaste y te caíste mientras bajabas la escalera de tu casa y te hiciste daño en la espalda. La pelvis aparecía desencajada en las radiografías y llevaba mucho tiempo así, como demostraban los depósitos calcáreos y la fusión y el deterioro de las vértebras inferiores.

Según el nivel de consciencia holística del doctor o quiropracticante que tuvieras en el momento del accidente, puede que relacionara o no los problemas menstruales, los dolores de la parte baja de la espalda y los dolores de cabeza con el problema de la pelvis desviada. Quizás encontraste un médico que quería curarte operándote, o acabaste dependiendo de caros ajustes periódicos en la consulta de un quiropracticante que no resolvían el problema, ya que sólo se trataban los síntomas. Lo que hacía falta de verdad era un modo de que el cuerpo volviera a aprender a liberarse de la contracción, el miedo y la vergüenza para curarse a sí mismo.

Ésa es la intención detrás de la obra de Feldenkrais, la cual se ha visto potenciada con la Remodelación Cerebral Delfínica de los Ejercicios Pleyadianos de Luz. Durante el mes que recibí un curso intensivo de un diplomado Feldenkrais en California del Sur, los pleyadianos no dejaron de trabajar conmigo. Me dijeron que estos ejercicios serían vitales para la sanación de los sistemas nervioso y óseo de quienes quisieran sobrevivir a los cambios terrestres venideros y al incremento de las frecuencias en nuestro planeta. Los pleyadianos estudiaron los ejercicios a través de mi cuerpo y el de aquellos alumnos del curso que quisieron, introduciendo mejoras en las materias impartidas. Los pleyadianos dijeron entonces que operarían sobre miles de personas en la Tierra durante los años siguientes para liberarlos de pautas de bloqueo y sanar su sistema nervioso.

De mi propia experiencia como alumna y conejillo de indias sé que estos ejercicios pueden ser muy efectivos cuando se reciben directamente de los pleyadianos o a través de un especialista en Ejercicios Pleyadianos de Luz. La efectividad de la Remodelación Cerebral Delfínica de los pleyadianos varía del 65 al 85%, un porcentaje mayor que el de los ejercicios Ka. Esto se debe a que los pleyadianos son capaces de operar con leves impulsos eléctricos dirigiéndolos hacia el interior del cuerpo mediante las mismas pautas de movimiento de la imposición de manos de un especialista. Puede que los problemas crónicos necesiten más que la ayuda etérica de los pleyadianos. Sin embargo, estos ejercicios pueden aliviar las pautas de bloqueo e impedir daños y dolores óseos.

Yo misma he experimentado personalmente muy buenos resultados despejando problemas óseos a través de actuar con los pleyadianos. Parte del mérito es de los ejercicios paso a paso de movimientos de Remodelación Cerebral Delfínica que soy capaz de canalizar por mí misma cuando es necesario, y otra parte se debe a las sesiones etéricas con los pleyadianos. Desde el principio del mes que duraría el curso, así como durante mis estudios con los pleyadianos, alcancé una comprensión natural y profunda de los ejercicios de Remodelación Cerebral Delfínica. Prácticamente desde el principio sabía de un modo innato ir más allá de lo que se me enseñaba y personalizarlo en mí misma o en un cliente. Este don me ha liberado de tener que ir a un quiropracticante, lo cual había sido una necesidad frecuente para mí antes de esa época.

Movimientos delfínicos

Los Movimientos Delfínicos de la Remodelación Cerebral Delfínica consisten en ejercicios paso a paso de movimiento en suelo. Los Movimientos Delfínicos pretenden enseñar al cuerpo a desaprender viejas pautas restrictivas moviéndose de un modo específico mientras nosotros nos observamos con cuidado a fin de ser conscientes de los detalles de los movimientos. Cuando se es consciente de lo que se hace y a la vez se sienten los resultados en el cuerpo, uno queda libre para aprender nuevos modos de ser y de moverse que estén más acordes con lo que se es ahora y lo que se va a ser. En otras palabras, damos al cuerpo nuevas opciones. Resulta interesante señalar que cuando el cerebro aprende un modo de hacer algo que requiere menos energía que el modo previo, abandona el modo antiguo y acepta la nueva opción más económica. Es preciso mucha más energía para mantener contraída una parte del cuerpo que para dejarla libre, alegre y espontánea como en el caso del Efecto Ondular Delfínico. Por lo tanto, una vez que el cerebro experimenta una opción que permite la libertad, la alegría, la espontaneidad y la liberación de las contracciones, adopta ese *modus operandi* y le dice al cuerpo que actúe del nuevo modo. Por ello, la Remodelación Cerebral Delfínica es un proceso de aprendizaje: ya sea a través de la imposición de manos o de los Movimientos Delfínicos, el cuerpo aprende a actuar de un modo más eficiente a través de la consciencia táctil y la presentación de alternativas más saludables y económicas. Al centrar la atención plena sobre el propio cuerpo durante los movimientos Delfínicos descritos a continuación, se aísla la experiencia de aprendizaje de otro tipo posible de información neurológica, refinando y particularizando lo que reciben el cerebro primero y el cuerpo después. Por ejemplo, durante los procedimientos se te dirá que mantengas los ojos cerrados. Esto se debe a que, cuando los ojos están abiertos, el cerebro recibe el bombardeo de información neurológica sobre formas, distancias, colores, fuentes de luz y cualquier otra cosa que caiga en el campo visual. Al cerrar los ojos se permite al cerebro acceder a nuevas opciones sobre el cuerpo y la salud que se implantarán de un modo más preciso y duradero debido al aislamiento y precisión de la información que llega al cerebro.

Lo ideal al realizar los Movimientos Delfínicos es tumbarse en un suelo enmoquetado sin abrir los ojos en ningún momento. Haz que la respiración sea libre y abierta y escucha las instrucciones paso a paso. Como se ha dicho antes, si abres los ojos para leer las instrucciones, el proceso de aprendizaje recibirá cierto tipo de interferencias. Cuando se abren los ojos o se lee, estas acciones no dejan de proporcionar información neurológica adicional al cerebro, haciéndole más difícil aislar la experiencia de los Movimientos Delfínicos. Se recomienda, por lo tanto, grabar las instrucciones en una cinta —si no tienes ya las cintas— o hacer que un amigo las lea a un ritmo lento que te permita explorar cada movimiento antes de pasar al siguiente.

Realiza los Movimientos Delfínicos cuando tengas libres unas dos horas. Ese tiempo te dejará una hora para los movimientos en sí y una hora posterior para relajarte sin hacer nada concreto, leer, hacer gimnasia o ver la televisión. También es importante no hacer estiramientos durante la hora posterior a los movimientos de suelo. Realizarlos antes de ir a la cama es una gran idea, ya que esto permite la asimilación en el sistema nervioso antes de proceder con otras actividades.

A continuación se describen los pasos de este proceso, los cuales puedes ir leyendo sobre la marcha, escucharlos de un amigo o de una grabación:

1. Lleva sólo ropa holgada y elástica. No lleves cinturón, sujetador, tirantes o joyas durante éste o cualquier otro ejercicio de Remodelación Cerebral Delfínica. Quítate las lentillas o las gafas.

2. Busca un lugar cómodo en una moqueta con espacio para poder estirarte sin que ninguna parte del cuerpo toque paredes, muebles o cualquier otra cosa. Túmbate cómodamente sobre la espalda con los brazos a los lados y los pies en línea con los hombros. Cierra los ojos y no los abras hasta que termine la sesión, a no ser que estés leyendo las instrucciones.

3. Fíjate en tu respiración sin cambiarla. ¿Qué partes del cuerpo se expanden con la respiración y cuáles no?

4. Manteniendo los ojos cerrados, fíjate en cuál es el pie que mira más hacia el exterior que el otro.

5. Siente las pantorrillas tocar el suelo, luego la parte posterior de las rodillas y luego los muslos. ¿Se sienten relajados? ¿Crees que una pierna tiene más contacto con el suelo que otra? ¿Parece una pierna más sólida que la otra?

6. Explora los glúteos, la parte inferior de la espalda y la parte central buscando puntos de contacto con el suelo. Compara el lado derecho con el izquierdo.

7. Fíjate en la espalda de cintura hacia arriba. ¿Cuáles son los puntos de contacto de la espalda con el suelo? Compara el lado derecho con el izquierdo.

8. Siente dónde los brazos, muñecas y manos tocan y no tocan el suelo. ¿Son los mismos puntos en ambos lados?

9. ¿Cómo se sienten el cuello y la cabeza en esta posición? ¿Tienes la cara paralela al suelo? ¿Tienes la barbilla apuntando al techo o apuntando al tronco?

10. Vuelve a sentir la respiración. ¿Ha cambiado? ¿Contienes la respiración mientras exploras el cuerpo? Si es así, mantén la respiración abierta y continuada.

11. En general, ¿cómo es el lado izquierdo del cuerpo comparado con el derecho?

12. Afirma lo siguiente en silencio: «Establezco el equilibrio recíproco entre mi glándula pineal y la glándula pineal de mi yo futuro iluminado, en cuanto al equilibrio y constitución general de cuerpo, mente, espíritu y emociones». Esta afirmación te coloca en sintonía con tu evolución natural con el propósito de liberar pautas de bloqueo y llegar a ser libre.

13. Sin dejar de prestar atención plena al movimiento del cuerpo, gira la cabeza lentamente hacia la derecha hasta donde llegue con comodidad y haz luego que vuelva al centro. Repítelo dos o tres veces. Siente hasta dónde llega la cabeza. ¿Es un movimiento suave o brusco? Moverse muy despacio es importante.

14. Ahora gira la cabeza a la izquierda hasta donde llegue con comodidad y que luego vuelva al centro dos o tres veces. Observa hasta dónde gira. ¿Es un movimiento brusco o suave?

15. Después mueve la cabeza de derecha a izquierda hasta donde la puedas girar sin esfuerzo. Esta vez no te detengas en el centro. Muévela muy despacio para permitirte observar el movimiento con detalle.

Sin dejar de mover la cabeza de un lado a otro, siente el efecto de este movimiento sobre otras partes del cuerpo. Observa la paletilla y el hombro derechos cuando la cabeza se mueva de derecha a izquierda y de izquierda a centro. Luego observa la paletilla y el hombro izquierdos cuando la cabeza se mueva de derecha a izquierda y hacia el centro otra vez. Sigue con el movimiento mientras exploras otras partes del cuerpo, ambos lados del pecho, la parte superior de la columna, los brazos, las costillas, la parte central de la espalda, la parte inferior de la columna y la zona sacra, las caderas. Piensa en el Efecto Ondular Delfínico mientras exploras. El más pequeño giro de la cabeza se traduce en una onda desinhibida que fluye a través del resto del cuerpo —a veces claramente y a veces muy levemente—. Pregúntate: ¿En qué parte del cuerpo se bloquea el Efecto Ondular Delfínico?

16. Descansa con los ojos cerrados de treinta segundos a un minuto.

17. Extiende el brazo derecho hasta el hombro de modo que quede en ángulo recto con el cuerpo mientras dejas quieto el brazo izquierdo.

18. Gira la cabeza de lado a lado dos o tres veces como antes, notando si el movimiento es más fácil en algunos puntos y más difícil en otros que cuando ambos brazos estaban a los lados.

19. Haz que el brazo derecho vuelva a descansar a tu lado y extiende el brazo izquierdo hasta el hombro en ángulo recto con el cuerpo.

20. Vuelve a mover la cabeza lentamente de lado a lado dos o tres veces, notando si el movimiento es más fácil en algunos puntos y más difícil en otros que cuando los brazos estaban pegados al cuerpo. ¿Hasta qué punto es distinta la facilidad de movimientos cuando el brazo extendido no es el derecho?

21. Con ambos brazos descansando a los lados, gira lentamente la cabeza de lado a lado dos o tres veces, comparando el movimiento a cuando el brazo derecho y luego el izquierdo estaban extendidos.

22. Ahora extiende ambos brazos hasta el hombro en ángulo recto con los costados del cuerpo.

23. Gira lentamente la cabeza de derecha a izquierda y viceversa tres o cuatro veces, comparando el movimiento con los anteriores, cuando los brazos descansaban a los lados, cuando el brazo derecho estaba extendido y cuando el brazo izquierdo estaba extendido. Mantén en segundo plano de tu consciencia el Efecto Ondular delfínico y siente si los movimientos se acompasan o son bruscos en comparación.

24. Continúa el movimiento con ambos brazos extendidos y observa varias partes del cuerpo: el hombro derecho, la paletilla derecha, el hombro izquierdo, la paletilla izquierda, el cuello, los brazos, la totalidad de la columna, la zona sacra, la parte derecha del tórax, la parte izquierda del tórax, costillas derechas, costillas izquierdas, cadera derecha y cadera izquierda.

25. Descansa alrededor de un minuto.

26. Dobla la rodilla derecha de modo que se eleve y apoyes la planta del pie derecho en el suelo.

27. Con los brazos a los lados, gira lentamente la cabeza de lado a lado otra vez. ¿Hasta qué punto el movimiento es distinto con la rodilla elevada y el pie sobre el suelo? Continúa el movimiento mientras exploras las partes del cuerpo como antes: hombros, paletillas, columna, sacro, caderas. ¿Hasta qué punto son diferentes los movimientos y su efecto en otras partes del cuerpo?

28. Baja la pierna derecha hasta el suelo y levanta la rodilla izquierda colocando la planta del pie izquierdo sobre el suelo. Vuelve a mover lentamente la cabeza de un lado a otro y explora las partes del cuerpo comparando las sensaciones con las de los anteriores movimientos de cabeza.

29. Sin dejar de mover la cabeza, dobla la rodilla derecha y coloca la planta de los dos pies sobre el suelo. Vuelve a explorar las partes del cuerpo, comparando el efecto que tiene sobre ellos el movimiento con los anteriores, cuando sólo elevabas una pierna y cuando las dos

piernas estaban en el suelo. Observa hombros, paletillas, columna, costillas, sacro y caderas. Recuerda el Efecto Ondular Delfínico.

30. Sin parar de mover la cabeza, extiende el brazo derecho hasta el hombro en ángulo recto con el costado derecho y sigue explorando el cuerpo.

31. De nuevo, sin dejar de mover la cabeza, baja el brazo derecho y extiende el brazo izquierdo en ángulo recto con el costado izquierdo mientras sigues explorando el cuerpo.

32. No dejes de mover la cabeza mientras cambias al azar la posición de brazos y piernas. Observa el efecto de los movimientos de cabeza en las distintas partes del cuerpo. Sigue respirando y moviéndote despacio.

33. Cuando creas que has explorado y comparado bastante, descansa durante aproximadamente un minuto.

34. Con las dos piernas en el suelo y los brazos a los lados, gira la cabeza a la derecha y vuelta al centro dos o tres veces, comparando el movimiento con el de la primera vez. ¿Ha variado el alcance del movimiento? ¿Es diferente la calidad del movimiento?

35. Ahora mueve la cabeza hacia la izquierda y de vuelta al centro dos o tres veces, comparando el movimiento con el del principio de la sesión. ¿Cómo ha cambiado?

36. Gira la cabeza hacia la izquierda y a la derecha hasta donde llegues sin esfuerzo o incomodidad, repitiendo el movimiento varias veces. ¿Ha cambiado algo?

37. Haz en silencio la siguiente afirmación: «Afirmo que mi cuerpo, emociones, mente y espíritu asimilarán esta lección de movimientos con gracia y facilidad sin la reproducción de traumas de sanación. Recibo el Efecto Ondular Delfínico a través de todo mi cuerpo y sistema nervioso. Así sea».

38. Desde los pies hasta la cabeza, explora el cuerpo por completo, buscando puntos de contacto con el suelo, comparándolo con la exploración previa a la lección de Movimiento Delfínico. Observa la respiración.

39. Apóyate en un costado e incorpórate lenta y suavemente. Importante: no te estires ni hagas gimnasia durante una hora.

40. Siente tu equilibrio en los pies. Luego camina lentamente por la habitación sintiendo los pies en el suelo. Comprueba si sientes alguna diferencia en ti mismo con tu estado anterior al Movimiento Delfínico.

41. Túmbate, sumérgete en una bañera o baño caliente o siéntate en una silla cómoda durante unos minutos antes de reanudar la jornada. Procura estar sin las gafas o las lentillas cuanto te sea posible. No levantes objetos pesados o hagas ejercicios fuertes durante 24 horas, mientras el cuerpo asimila y continúa cambiando como resultado del Movimiento Delfínico.

Lo ideal sería esperar un mínimo de una hora antes de realizar el siguiente Movimiento Delfínico. Como en el anterior, lleva ropa holgada y elástica. Quítate joyas, sujetador, tirantes, cinturón, lentillas y gafas. Sobre todo, es bueno estar sin gafas y lentillas durante un mínimo de una hora o más tiempo si es posible después de esta lección de Movimiento Delfínico, ya que se concentra en los ojos. Si llevas gafas o lentillas, es preferible realizar esta sesión de movimientos justo antes de ir a la cama.

1. Busca un lugar cómodo y espacioso en el suelo. Túmbate de espaldas con los pies separados en línea con los hombros y los brazos a los lados. Cierra los ojos. Busca los puntos de contacto del cuerpo con el suelo desde la punta de los pies hasta la cabeza. Compara el lado derecho y el izquierdo.

2. Afirma en silencio: «Establezco el equilibrio recíproco entre mi glándula pineal y la glándula pineal de mi yo futuro iluminado, con respecto al equilibrio y apariencia totales de cuerpo, mente, espíritu y emociones».

3. Dirige la atención a la pupila del ojo derecho. Mientras te concentras en la pupila, mueve despacio el ojo derecho hacia la derecha todo lo que te sea posible sin

forzarte y luego devuélvelo al centro. Repítelo dos o tres veces. Comprueba si el movimiento es suave o brusco. El ojo izquierdo se moverá de modo natural, pero mantén la atención centrada sólo en la pupila derecha.

4. Ahora mueve el ojo derecho hacia la izquierda hasta donde llegue sin esfuerzo y luego devuélvelo al centro. Hazlo dos o tres veces. Sigue manteniendo la atención en la pupila derecha y comprueba dónde el movimiento es suave y dónde es brusco.

5. Manteniendo la atención en la pupila derecha, mueve el ojo derecho de izquierda a derecha sin parar en el centro dos o tres veces. Comprueba lo que te ocurre en el cuello y la columna al mover los ojos. ¿Hasta qué punto de la columna sientes que el movimiento del ojo afecta al cuerpo? ¿Hasta qué punto se relaciona el Efecto Ondular Delfínico con este movimiento y su efecto en el cuerpo?

6. Descansa aproximadamente de 30 segundos a un minuto. Comprueba las sensaciones del lado derecho y el izquierdo de la cara, de los ojos y de todo el cuerpo. ¿Sientes un lado más tridimensional que el otro? ¿Está un lado más vivo que el otro?

7. Sin dejar de seguir la pupila derecha con la consciencia, mueve tres o cuatro veces el ojo derecho arriba y abajo hasta donde llegue sin esfuerzo. Comprueba dónde el movimiento es suave o brusco. Observa la parte posterior de la cabeza, el cuello y la columna, comprobando hasta qué punto de ésta sientes el efecto del movimiento del ojo.

8. Ahora gira el ojo derecho en un círculo completo en el sentido de las agujas del reloj dos o tres veces, despacio. Observa dónde el movimiento es suave o brusco.

9. Ahora mueve el ojo derecho despacio en círculos en sentido contrario a las agujas del reloj, dos o tres veces. No dejes de percibir la naturaleza del movimiento y dónde no es suave.

10. Sigue moviendo despacio el ojo derecho en círculos, alternando un sentido y otro mientras exploras las siguientes partes del cuerpo para ver hasta dónde éste

siente el efecto del movimiento del ojo: la parte posterior de la cabeza, cuello, hombro derecho, hombro izquierdo, parte superior de la columna, parte media de la columna, parte inferior de la columna, zona sacra, cadera derecha, cadera izquierda, pierna derecha hasta la punta del pie y pierna izquierda hasta la punta del pie. ¿En qué partes del cuerpo eres capaz de sentir los efectos del movimiento del ojo y en qué áreas no sientes los efectos? ¿Qué sentirías si tu cuerpo experimentara el Efecto Ondular Delfínico?

11. Descansa durante aproximadamente un minuto. Mientras descansas, comprueba si hay diferencias en el ojo derecho y el izquierdo y en los lados derecho e izquierdo del cuerpo.

12. Vuelve a dirigir la atención a la pupila del ojo derecho. Mueve esta pupila muy despacio haciendo un ocho de derecha a izquierda, dos o tres veces en una dirección y luego dos o tres veces en la otra dirección. Concéntrate sólo en observar la naturaleza del movimiento del ojo.

13. Descansa de 30 segundos a un minuto.

14. Sin dejar de concentrarte en la pupila derecha, mueve el ojo derecho muy despacio haciendo un ocho vertical o de arriba a abajo, dos o tres veces en cada dirección. Concéntrate tan sólo en observar la naturaleza del movimiento y en la forma del ocho.

15. Descansa de 30 segundos a un minuto.

16. Concentrándote en la pupila derecha, mueve el ojo derecho despacio en forma de ocho diagonal desde la parte superior derecha a la inferior izquierda, dos o tres veces en cada dirección.

17. Descansa durante unos 30 segundos.

18. Sin dejar de concentrarte en la pupila derecha, mueve despacio el ojo derecho formando ochos diagonales, desde la parte superior izquierda a la inferior derecha dos o tres veces en cada dirección.

19. Descansa un minuto mientras comparas los ojos derecho e izquierdo, los lados derecho e izquierdo de la cara y los lados derecho e izquierdo del cuerpo.

20. Ahora vas a transferir la experiencia de aprendizaje desde el lado derecho del cuerpo al lado izquierdo como sigue: Coloca la punta de los dedos en las sienes derecha e izquierda. Di esta afirmación en silencio mientras alternas golpes suaves en cada una: «Que las partes de mi cuerpo que han aprendido enseñen a sus partes homólogas. Comunica lo aprendido. Comunica lo aprendido».

21. Coloca los brazos de nuevo uno a cada lado y quédate quieto durante otro minuto.

22. Compara los ojos derecho e izquierdo, ambos lados de la cara y del cuerpo en su conjunto para ver si están más equilibrados. Si no es así, trata de transferir de nuevo lo aprendido repitiendo el paso 20.

23. Cuando la transferencia termine y te sientas más equilibrado, abre los ojos y mira a tu alrededor antes de incorporarte. Comprueba cualquier alteración de tu percepción visual. ¿Son los colores más brillantes, las formas más vivas? ¿Cómo percibes la profundidad? ¿La visión periférica?

24. Di en silencio: «Afirmo que mi cuerpo, emociones, mente y espíritu asimilarán esta lección de movimientos con gracia y facilidad sin la reproducción de traumas de sanación. Recibo el Efecto Ondular Delfínico a través de todo mi cuerpo y sistema nervioso. Así sea».

25. Gira hasta apoyarte en un costado e incorpórate despacio. No te estires durante una hora.

26. Camina alrededor de la habitación sintiendo los pies en el suelo y observando el equilibrio del cuerpo.

27. Ahora ve a la cama, date un baño o siéntate o túmbate en silencio durante unos 15 minutos. No leas, veas la televisión o hagas nada que implique la atención de los ojos durante al menos una hora, o más tiempo si es posible. No te pongas las lentillas y las gafas durante al menos una hora, o más tiempo si es posible.

Otros Movimientos Delfínicos se han publicado grabados en cintas, como se explica al final del libro, o bien deben realizarse en persona con un especialista en Ejercicios Pleyadianos de Luz. Estos ejercicios son los únicos Movimientos Delfínicos adecuados para presentarse por escrito. Los otros son más complejos y requieren atención plena en los movimientos. Aunque los ejercicios de Remodelación Cerebral Delfínica difieren en algunos puntos de la obra de Feldenkrais, estaría bien que leyeras *Consciencia a través del Movimiento* de Moshe Feldenkrais e hicieras más ejercicios de movimientos. Los Movimientos Delfínicos que acabas de terminar pueden repetirse en el futuro si lo deseas, pero no es necesario. Una vez la información ha sido recibida por el córtex motor del cerebro, el aprendizaje es permanente. Los Movimientos Delfínicos no son como los ejercicios de yoga o de fortalecimiento ocular. Sin embargo, podrías repetirlos después de unas pocas semanas a fin de llevar el aprendizaje a un nivel más profundo.

Remodelación Cerebral Delfínica mediante la imposición de manos etéricas

En este caso, las «manos» a las que me refiero son las manos etéricas de los cirujanos psíquicos pleyadianos. Como he dicho antes, los pleyadianos han realizado sobre mí un extenso trabajo de sanación durante años mediante la Remodelación Cerebral Delfínica y los Ejercicios Ka. He descubierto personalmente que la imposición etérica de manos que forma parte de la Remodelación Cerebral Delfínica me ha corregido y aliviado dolores óseos y musculares con grados diversos de efectividad. En algunos momentos el alivio del dolor y la corrección ósea eran inmediatos y completos. En otras ocasiones necesitaba la ayuda de un especialista en Remodelación Cerebral Delfínica o de ejercicios de movimiento que canalizaba para mí misma.

Ni prometo ni digo nada en cuanto al efecto que te causarán estos ejercicios. Inténtalos y observa lo que ocurre. No te harán daño. Si no resultan efectivos, espera a cuando tengas necesidad inmediata de una sanación e inténtalo de nuevo. Si sigues sin percibir algo tangible, utiliza cualquier método que elegirías normalmente contra el dolor o dislocación de huesos y músculos.

Sólo necesitas una hora y quince minutos para la sesión, y otra hora de silencio posterior. Lleva sólo ropa holgada y elástica sin sujetador, cinturón, tirantes, gafas, lentillas o joyas. La imposición de manos etérica del Remodelamiento Cerebral Delfínico es perfecta antes de irse a la cama, ya que, tras la invocación ya te puedes dormir. Al despertar, la sesión habrá terminado y quedará asimilada en el cuerpo y el sistema nervioso.

Éste es el proceso para las sesiones de Remodelación Cerebral Delfínica con imposición etérica de manos:

1. Túmbate con una almohada bajo las rodillas, separa los pies en línea con los hombros y apoya la cabeza sobre la cama, tabla o suelo sin almohada.

2. Invoca a los Emisarios Pleyadianos de Luz y pídeles una sesión de Remodelación Cerebral Delfínica con imposición etérica de manos. Diles si tienes zonas en particular de dolor, dislocadas o rígidas.

3. Afirma en silencio: «Establezco el equilibrio recíproco entre mi glándula pineal y la glándula pineal de mi yo futuro iluminado, en cuanto al equilibrio y apariencia general del cuerpo, mente, espíritu y emociones».

4. Relájate o quédate medio dormido. Que tu mente esté lo más quieta y vacía como sea posible. No es momento de meditar o procesar información. Es sólo un momento para ser receptivo y relajarse o dormir.

5. Al cabo de una hora y cuarto, o cuando despiertes a la mañana siguiente, di en silencio: «Afirmo que mi cuerpo, emociones, mente y espíritu asimilarán esta lección de movimientos con gracia y facilidad sin la reproducción de traumas de sanación. Recibo el Efecto Ondular Delfínico a través de todo mi cuerpo y sistema nervioso. Así sea».

6. Incorpórate despacio sin estirarte. Camina alrededor de la habitación despacio, dando dos o tres vueltas, sintiendo los pies en el suelo y comprobando el equilibrio.

7. Si no realizaste la sesión antes de dormir, sumérgete en una bañera, siéntate o túmbate en silencio durante otros quince minutos. No leas, veas la televisión, te estires o utilices las gafas o lentillas durante al menos una hora.

Puedes pedir recibir durante el sueño tantas sesiones de Remodelación Cerebral Delfínica con imposición etérica de manos como desees. Los pleyadianos no vendrán a actuar sobre ti si por alguna razón no es apropiado. También existen grupos dedicados a movimientos y sanación que se encuentran regularmente con los pleyadianos en los planos astrales superiores durante el sueño. Si deseas unirte a ellos, afirma en silencio tu intención antes de dormir. Pide recordar tus sueños si es apropiado. Puede que los recuerdes o puede que no. En cualquier caso, la experiencia resultará muy provechosa para ti.

No olvides ser siempre muy específico al pedir ejercicios durante el sueño. Pide que sólo los seres que sirvan al Plan Divino de Luz interactúen con tus cuerpos físico y astral mientras duermes. Asimismo, llama a los Emisarios Pleyadianos de Luz por su nombre completo cuando establezcas ejercicios durante el sueño o en cualquier otro momento con ellos. Si experimentas dolor en alguna área en particular o problemas estructurales, comunícaselo a los pleyadianos al principio de cada sesión.

Capítulo 9

CÁMARAS DE LUZ

Uno de los aspectos más interesantes y más sencillos de los Ejercicios Pleyadianos de Luz son las cámaras de sanación. Estas cámaras rodean el cuerpo y el aura a nivel etérico de colores, frecuencias y luces variadas; cada cámara posee su propia pauta de flujo y su objetivo propio en la continua búsqueda de la sanación y el dominio espiritual. En el antiguo Egipto y en la Atlántida algunos templos y pirámides de sanación tenían una especie de pequeñas cámaras en las que el individuo o a veces las parejas recibían equilibramiento de energía, alineamiento espiritual y sanación, o bien sesiones de asimilación posteriores a experiencias iniciáticas. A veces también se usaban estas cámaras con propósitos de iniciación. Cada cámara individual albergaba un entramado de energía propio y singular, así como un objetivo específico, como las sesiones de Cámaras de Luz, o Cámaras Lumínicas, que vas a conocer en este capítulo. Algunos tipos de sesiones de cámara aquí reveladas se corresponden con cámaras específicas utilizadas en la Atlántida y Egipto. Para recibir una sesión de cámara, una persona sólo tenía que entrar en la habitación, tumbarse en la mesa preparada a tal efecto y relajarse.

Hoy en día preparar sesiones de cámara es tan simple como hacer una invocación y tumbarse por espacio de unos minutos a una hora. Se recomienda que sigas las instrucciones para cada cámara respecto al margen de tiempo, frecuencia de uso y fijación de una intención transparente. Los Pleyadianos me han asegurado que ellos no pondrían una cámara a disposición de nadie si no fuese adecuado en ese momento. Así que, si a veces no ocurre nada afina tus sentidos a ver si realmente necesitas una sesión de cámara. Puede que necesites una cámara diferente a la que hayas pedido.

El siguiente texto contiene descripciones y ejemplos de algunas de mis experiencias o de las de mis clientes durante las sesiones de cámara. Esta información pretende mejorar tu comprensión respecto del objetivo y las posibilidades de los diferentes tipos de sesiones de cámara, y no pretende sugerir lo que debes esperar de las sesiones. La forma que toma la Cámara de Luz está únicamente determinada por tus necesidades en el momento de invocarla. No pretendas copiar los ejemplos de cada sección o limitarás enormemente tu propia experiencia. Sigue los pasos establecidos, relájate y mantente receptivo y abierto a nuevas y maravillosas aventuras sanadoras.

El comienzo de cada sesión de Cámara de Luz es el mismo; antes de empezar la sesión individual descrita en este capítulo sigue las instrucciones que figuran a continuación:

1. Relájate en posición reclinada, con las rodillas apoyadas sobre algo cómodo (cuando las piernas están completamente rectas, las rodillas tienden a bloquear e inhibir el flujo completo de energía).
2. Cuando te encuentres en posición, inspira despacio unas cuantas veces mientras centras la atención en lograr que tu consciencia esté más presente en el cuerpo.
3. Conéctate a la tierra.
4. Retrae el aura a una distancia de aproximadamente un metro del cuerpo en todas las direcciones. Haz los cambios necesarios en el color de los límites del aura o en las rosas.
5. Ahora llama a los Emisarios Pleyadianos de Luz y al Maestro Ascendido Jesucristo para vigilar y llevar a efecto la sesión de sanación.
6. Pídeles que coloquen sobre ti el Cono de Luz Inter-

dimensional para procurar el despejamiento y el alineamiento divino.

7. Si deseas que otros guías, seres angélicos o Maestros Ascendidos estén presentes en la sesión, ahora es el momento de llamarlos, especificando siempre que sólo los seres de Luz Divina estén presentes.

8. Como en cualquier otra sesión de sanación, pide que te acompañe tu Yo Superior.

9. Ahora estás preparado para invocar la sesión de Cámara de Luz específica que desees recibir. Las instrucciones se encuentran en las secciones individuales de cada cámara.

Cámara de sincronización FEME

FEME es la abreviatura de «física, emocional, mental, y espiritual». Tu yo humano está compuesto de estos cuatro cuerpos de energía. Deben funcionar en armonía y equilibrio mutuos a pesar de tener cada uno su propia función individual independiente. Si, por ejemplo, tu trabajo te exige una gran actividad mental o física, necesitarás aportar a tu vida más actividades de corte emocional y espiritual y centrarte cuando no estés trabajando. Muchas naciones indígenas del mundo, incluyendo amerindias, aborígenes australianas y celtas, han utilizado círculos y cruces ceremoniales con una atención especial a las «cuatro direcciones» para conseguir este equilibrio. En estos círculos y formas en cruz, el este suele simbolizar el elemento fuego que se corresponde con el yo espiritual. El sur contiene la energía de la Tierra que alberga el cuerpo físico. El oeste es el elemento acuoso y soporte de tu vida emocional. El norte es el hogar del aire, tu aspecto mental. Desde tiempos inmemoriales han tenido lugar los rituales y las sanaciones en el interior de estos círculos y cruces porque las personas lúcidas siempre han reconocido la importancia del equilibrio. «Para todo existe una época. Un momento para cada propósito bajo el cielo». Quizá sea hoy de vital importancia saber volver al equilibrio ahora que se ha perdido. Nuestra forma de vida está tan contaminada a todos los niveles que ya no conduce hacia el equilibrio y la armonía naturales. Además de las obvias causas medio ambientales del problema está la contaminación por radar, las pruebas nucleares, los vertidos y fugas químicos, los televisores, microondas, ordenadores, y frecuencias eléctricas de luz (Fel). La programación subliminal a través de radio y televisión ha intensificado la codicia, el miedo, la desconfianza, la adicción y la vergüenza en proporciones desconocidas en la Tierra desde la última caída de la Atlántida. Los ingredientes químicos en la comida, la ropa, los champús, productos de limpieza, detergentes, perfumes y lacas en aerosol nos han destruido el sistema nervioso y han mutado las funciones cerebrales debido a las neurotoxinas que contienen. La lista podría seguir indefinidamente. El problema es que lo que la gente de la calle llama hoy equilibrio y armonía es disfunción y neurosis. Lo que da miedo es que la mayoría ni lo sabe y considera normal esta disfunción.

La Cámara de Sincronización Feme abre la comunicación entre los cuerpos de energía y la redistribuye, dejando una sensación de mayor equilibrio, de estar más presente y en armonía con uno mismo y con los demás. Lo que mi clarividencia me ha mostrado cuando he utilizado la cámara son ondas de energía descendiendo por el aura y el cuerpo. Parece ser que estas líneas onduladas rompen puntos de energía condensada y la mueven hacia las zonas del cuerpo o del aura donde sea necesaria. Partes de esta energía pueden liberarse al mismo tiempo. A veces, cuando esto ocurre, noto que me pesan los párpados o siento la necesidad de estirarme y bostezar o de respirar profundamente. Después de una sesión de cámara de este tipo, tengo siempre la sensación de estar ante lo sagrado, igual que cuando estoy largo rato en la naturaleza o celebro algún tipo de ceremonia u oración dentro de las cuatro direcciones.

Este proceso no pretende sustituir los círculos, ceremonias o el tiempo que pasamos en la naturaleza. Es un regalo para ayudarte cuando estás muy ocupado y no puedes crear el espacio para una ceremonia o un proceso de equilibrio que necesite más tiempo.

A veces me sirvo de esta sesión de cámara antes de realizar una ceremonia a antes de enseñar. Cuando lo hago, extraigo más de la experiencia porque empiezo desde un lugar más despejado.

Para experimentar una sesión de Cámara de Luz de Sincronización FEME, primero sigue los pasos para iniciar una sesión de cámara dados al principio del capítulo, luego invoca la sesión de Cámara de Luz de Sincronización FEME para que entre en el cuerpo y el campo del aura. Relájate y disfruta. La sanación dura de diez a cuarenta y cinco minutos. En esta cámara puedes pedir que se reduzca la duración a diez minutos si tienes problemas de tiempo. En caso contrario, deja que actúe el tiempo máximo en caso de que fuera necesario.

Cuando se retire la cámara y se termine la sesión, sentirás o un cambio o una estabilización de la consciencia y de la energía corporal. Si eres clariaudiente, puede que escuches un mensaje diciéndote que has terminado. Cuando algo de esto ocurra o simplemente sepas que se ha terminado, reincorpórate despacio, siente el equilibrio en los pies antes de caminar y reanuda la labor diaria.

Cámara lumínica interdimensional

A esta cámara también se la podría llamar «Cámara de Infusión del Alma», aunque los pleyadianos la llaman Cámara Lumínica Interdimensional. Su función es la de aumentar y fortalecer la sensación y la consciencia de la esencia del alma en todo el cuerpo.

Aproximadamente a unos cinco o seis centímetros de profundidad en el chakra del corazón situado en el centro del pecho se encuentra la llamada «matriz del alma». Esta matriz consiste, por un lado, en dos puntos de anclaje con forma de prisma y aspecto de diamante y, por otro, en el «sol del alma» como yo lo llamo. Este «sol del alma» se asemeja a una estrella o un sol que irradia una hermosa luz azulada o dorada. Como el sol es una estrella, no son términos contradictorios. Esta luz del alma debe brillar intensamente cuando conoces y sientes la valía y el valor de tu naturaleza esencial. Cuanto mayor es tu capacidad para ver la belleza esencial en ti mismo y más te amas, amas a Dios/Diosa/Todo Lo Que Es, a los demás, a la naturaleza y a la Creación en general, más brilla esa luz, y cuanto más brilla, mayor es tu capacidad para experimentar esa belleza interior, valía y amor.

Las dudas y juicios sobre uno mismo, el sentirse poco digno de algo, la culpa, los juicios, o el poco amor hacia los demás pueden debilitar la luz del alma. En otras palabras, cuanto más valores lo que hay de sagrado en ti, en los demás y en la existencia, experimentarás mejor quién eres realmente. Otras cosas que pueden bloquear o debilitar la luz del alma son la falta de honradez de cualquier tipo; el sexo sin amor; abuso físico o emocional; represión emocional, justificación de tu odio, ira y culpa; no estar conectado a la tierra (ausencia del espíritu en el cuerpo); estar poseído por entes. La lista es interminable.

La cura básica para todo este tipo de emociones es el amor, actuando desde la integridad y la buena voluntad, la honradez emocional total contigo mismo y con los seres queridos y aceptar la responsabilidad de participar activamente en la creación en todos los aspectos de tu vida. Cuando vives de esta manera empiezas a sanar las heridas que tú mismo u otros te han causado en el pasado y así tu verdadera esencia brillará de nuevo en cuerpo y alma.

Los Pleyadianos y el Cristo ofrecen la Cámara Lumínica Interdimensional para ayudarte en la labor de sanar y crecer. Cuando yo utilizo la cámara soy consciente de los delgados filamentos de luz que brillan como pequeños láseres en la matriz de mi alma, iluminándola desde dentro hacia fuera. La luz que entra está relacionada con la luz del sol, pero brillando hacia dentro en lugar de hacia fuera, toda ella dirigida hacia un núcleo central, en oposición a la luz solar natural que brilla desde el núcleo del Sol hacia fuera. La concentración de luz solar es tan intensa en el núcleo de tu alma que acentúa la tendencia natural de ésta a irradiar su brillo. Como resultado acelera la combustión lenta de energías bloqueadas que impiden al alma brillar, permitiéndote así sentir tu verdadero yo. Ya procedan estos bloqueos de energía del odio hacia ti mismo, de juicios, de daños causados o de cualquier otra fuente, esta Cámara de Luz te fortalece y concede a la luz del alma el poder de quemarlas.

A veces, cuando uso esta cámara, siento el despejamiento en mi cuerpo como una suave presión o un dolor sordo. Cuando concentro la respiración en el área afectada mientras atraigo conscientemente el resplandor de mi alma hacia ella, llega un punto en que se libera y se abre. A ello le acompaña generalmente una sensación de ondas de energía aflorando desde el alma a través de mi cuerpo como las ondas del estanque al arrojar una piedra.

Algunos de mis clientes y amigos han tenido experiencias extracorporales en el interior de esta cámara. Ello se debe generalmente a una o tres razones. En primer lugar, puede existir un grave daño en la matriz del alma de la persona, el cual los pleyadianos proceden a sanar cuando ésta se encuentra fuera del cuerpo. La persona puede necesitar abandonar el cuerpo, simplemente para dejar vía libre a la sanación. La segunda razón por la que una persona pueda necesitar estar fuera del cuerpo es para ir a otras dimensiones y recuperar el alma. La tercera razón es que la persona necesite recibir o una sanación o un punto de referencia espiritual del origen de su alma y su conexión con Dios/Diosa/Todo Lo Que Es. Cuando alguien abandona el cuerpo por esta última razón, dicen haber experimentado un sentimiento de no querer volver provocado por la inmensa paz y belleza del lugar al que fueron llevados.

Ya permanezcas en el cuerpo o te saquen de él durante

un tiempo, al volver sentirás más paz y amor después de las sanaciones, como me ha ocurrido siempre a mí y a otros. Sentirás los ojos más relajados y menos irritados. A mí me pasa siempre. Los ojos, ventanas del alma, se despejan, se abren y cumplen mejor esta función después de una sesión de cámara.

A veces, después de realizar una sesión de Cámara Lumínica Interdimensional, he experimentado una reacción posterior, concretamente la liberación de emociones del pasado. Por ejemplo, después de una de estas sesiones me sentí maravillosamente durante una hora y después, durante un par de horas, me sentí sola y deprimida. Como reconocí estas sensaciones como efectos secundarios del despejamiento, me dije que se trataba de sentimientos pasados que abandonaban el cuerpo, dejando sitio a más amor y más unión vital con el alma. Me aseguré de mantener la respiración abierta, mostré mucha mayor autocomprensión en lugar de sentir lástima hacia mí misma y permití que los sentimientos pasasen suavemente y de modo natural.

Es importante no identificarse con las emociones que afloran después de cualquier tipo de sesión de cámara; antes bien, hay que verlas como lo que son: emociones petrificadas que se han liberado para facilitar su propia desaparición por medio del proceso de transformación que ocurre al ir pasando éstas por los chakras. Estas sesiones te pueden decir mucho de ti mismo, a partir tanto de las profundas experiencias de tu propia esencia como de la naturaleza de las emociones y pensamientos que liberas durante la sesión o posteriormente. Descubrir el mito de tu propia alma es una parte vital en la sanación y el redescubrimiento.

Si has sufrido graves daños de corazón o de alma, puede que al principio no sea conveniente hacer más de una sesión de Cámara Lumínica Interdimensional cada dos semanas. Para determinar la frecuencia de uso, fíjate en el nivel de despejamiento que sigue a cada sesión. Sin embargo, habrá veces en las que, aunque se consuma gran cantidad de energía bloqueada, te sientas sereno, abierto y cariñoso todo el día sin ningún efecto secundario. Tu alma debe sanar despacio a fin de que el proceso resulte menos traumático. Por lo tanto, deja siempre un período de asimilación.

Estas sesiones de Cámara Lumínica Interdimensional suelen durar de veinte minutos a una hora. Es mejor dejar el tiempo máximo, aunque rara vez durarán tanto. En una ocasión excepcional oí una voz interior que formulaba con inquietud las creencias restrictivas que yo mantenía acerca de la separación de los hombres y Dios Padre. Insistí en el uso de la técnica para despejar creencias descrita en el capítulo 6, hasta que la voz se acalló y las oleadas de luz y amor pudieron fluir desde mi alma por todo mi cuerpo, recuperando así la paz.

Empieza la sesión dando los pasos de apertura descritos al principio de este capítulo. En su momento, pide que te coloquen la Cámara Lumínica Interdimensional alrededor del campo áurico. Luego declara tu deseo de despertar tu alma para que su luz brille a través de cada célula de tu cuerpo.

Cámara de Transfiguración Cuántica

El objetivo primordial de la Cámara Lumínica de Transfiguración Cuántica es romper las pautas celulares y emocionales/mentales. Las actitudes derrotistas, graves traumas emocionales, la resistencia provocada por el ego o el miedo, las pautas autoprotectoras erróneas de bloqueo, la implosión, el dolor e incluso los daños de origen químico pueden causar perjuicio celular, así como desplazamiento y contracción erráticos de las células. Estando sano y equilibrado, las células giran suavemente en la dirección de las agujas del reloj. Al girar constantemente, atraen luz de la glándula pineal, de los chakras y del torrente sanguíneo. El movimiento giratorio natural y continuado de las células forma remolinos de esta luz en su interior, la cual posteriormente se libera, llevándose consigo cualquier desecho. El rebosar continuo de la luz y la fuerza vital mantiene a las células energéticamente despejadas y libres de enfermedades.

Cuando tu respiración es poco profunda, ya sea debido a la falta de ejercicio o a la contracción provocada por la represión de emociones, el flujo de oxígeno, la luz y la fuerza vital se vuelven más lentos y torpes. Entonces ocurre la contracción o implosión y tus cuerpos físico, emocional y mental se vuelven rígidos. Ello da lugar a la rigidez muscular, dolor corporal, falta de vitalidad, desequilibrio emocional y mental, u otra de las muchas plagas de la especie humana. Desde el punto de vista espiritual esa rigidez contribuye en gran medida a la sensación de estar *estancado*.

La Cámara de Transfiguración Cuántica sirve para tratar estos problemas, ya se manifiesten de forma sutil e indefinida o provoquen abiertamente bloqueos, degeneración y dolor. En esta cámara se produce en las células la infusión etérica de millones de luces láser microscópicas de colores procedentes de varias direcciones. Ello confunde en cierto sentido a las células y liberan lo que no se encuentra en afinidad con aquéllas, para reanudar posteriormente su rotación en la dirección de las agujas del reloj. Se puede liberar la energía o la programación procedentes de otras personas, tus propias creencias, recuerdos estancados, emociones del pasado, dolor o cualquier cosa que no pertenezca a tus células o a tus cuerpos de energía.

El proceso utilizado para llevar a cabo el juego de luces láser en las células necesita una participación más activa por tu parte que las cámaras anteriores. Como el proceso suele parecer complicado la primera vez que se intenta, es mejor repetir primero los pasos mentalmente, visualizándolos poco a poco. Por lo tanto, practica los siguientes pasos antes de tumbarte en el suelo y realizar la sesión de cámara.

1. Imagínate un cubo de cristal transparente flotando ante ti.

2. Ahora imagínate colocando las manos por encima y por debajo del cubo y enviando millones de minúsculas luces láser a través del cubo desde ambas manos al mismo tiempo.

3. A continuación coloca las manos a los lados derecho e izquierdo del cubo y llénalo de láseres desde esas direcciones.

4. Después coloca las manos detrás y delante del cubo y de nuevo báñalo de láseres.

5. Ahora que has experimentado las partes que componen la matriz lumínica generada en el interior de la cámara visualiza el envío de láseres desde las tres direcciones al mismo tiempo. En otras palabras, imagina que tienes tres pares de manos y tienes una mano en cada una de las seis caras del cubo. Entonces imagina el envío de millones de láseres a través del cubo desde las seis direcciones al mismo tiempo. (Véase ilustración n.º 9.) Verás que la intersección de líneas láser genera numerosos cubos minúsculos de luz entrelazados en el interior del cubo inicial a modo de entramado tridimensional de hilos de luz finamente tejidos.

6. Ahora trabaja con el mismo entrelazado de luces láser, pero esta vez visualízalo alrededor del cuerpo y del aura. Empieza imaginando millones de láseres de luz fluyendo desde los lados izquierdo y derecho del aura hacia tu cuerpo, para posteriormente penetrar en él. Estos láseres son muy pequeños y llegan a todas las células.

7. Luego imagina láseres moviéndose a través del aura y el cuerpo desde arriba y desde abajo.

8. Después visualiza la corriente de láseres que atraviesa el cuerpo desde las partes anterior y posterior del aura.

9. Reúne la totalidad de láseres. Visualiza y/o procura que los láseres se muevan a través del aura y el cuerpo desde las seis direcciones al mismo tiempo: arriba, abajo, izquierda, derecha, delante y detrás.

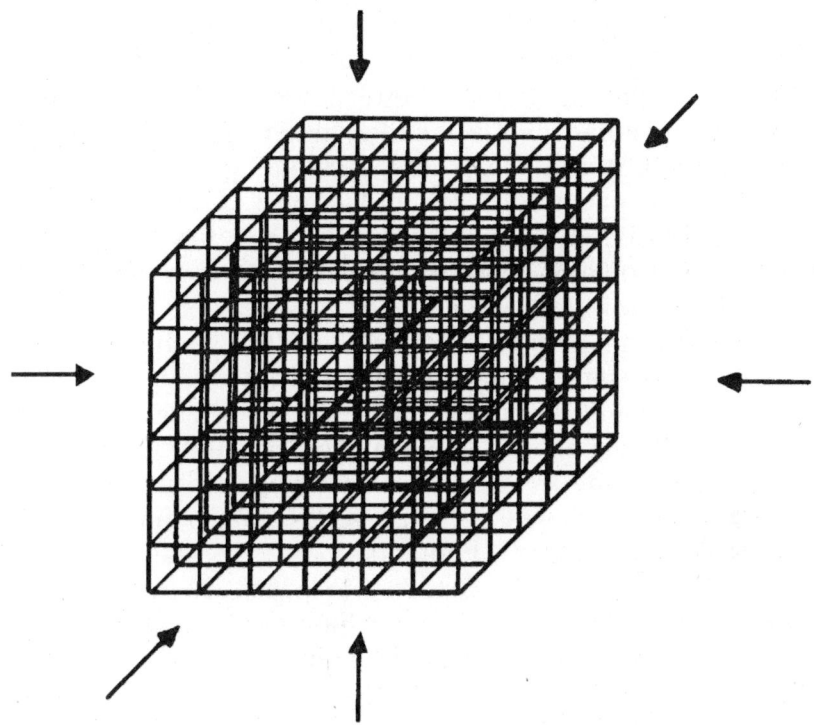

9. La estructura en forma de rejilla utilizada en la Cámara Lumínica de Transfiguración Cuántica, con los láseres fluyendo de arriba abajo, de lado a lado y de atrás hacia delante.

Si estos pasos te parecen confusos, en especial a partir del paso 5, practica el procedimiento hasta que te sientas cómodo y te resulte natural. Entonces estarás preparado para realizar la sesión de cámara propiamente dicha.

Al invocar la Cámara Lumínica de Transfiguración Cuántica, es necesario que mantengas la intención y la visión de esta rejilla de luces láser entrelazadas atravesando el aura y el cuerpo físico, a fin de permitir que los Pleyadianos anclen las frecuencias y pautas de luz. Normalmente, necesitarás mantenerlas durante los dos primeros minutos de la sesión de cámara hasta que los Pleyadianos sean capaces de fijar la configuración de luz en su sitio. Después, relájate hasta que termine la sesión.

Los láseres pueden ser de cualquier color o combinación de colores que necesites en un momento determinado. Si no estás seguro de qué color de luz visualizar, imagina luz solar dorada. Los Pleyadianos traerán el color y la energía apropiada; sólo necesitan que les ayudes a establecer la pauta de la rejilla. Una vez la rejilla esté dispuesta, pueden ir alterando los colores o mantenerlos estables dependiendo de las necesidades del momento.

En los capítulos siguientes de esta sección del manual se te darán otros usos y aplicaciones de la pauta en rejilla utilizada en esta cámara. Sin embargo, por ahora concéntrate en utilizar la rejilla de luz en todo tu cuerpo y aura para deshacer pautas celulares, emocionales y mentales que se aparten de lo ideal. La remodelación produce como resultado condiciones de vida más sanas y más acordes con lo que eres ahora y con aquello que llegarás a ser.

Una vez hayas terminado los pasos de apertura de sesión de cámara citados al principio de este capítulo, invoca la Cámara Lumínica de Transfiguración Cuántica. Luego visualiza o imagina la intersección de láseres de luz que brillan sobre la cabeza y bajo los pies, desde los lados derecho e izquierdo del cuerpo así como los lados anterior y posterior. (Véase ilustración 10.)

Recuerda, todas las líneas surgen desde el borde externo del aura, que debería rodear tu cuerpo a unos 60 o 90 cm. Si esta imagen te resulta todavía difícil o confusa, procura hacer fluir simultáneamente los láseres y visualízalos uno a uno en orden y repetidamente.

Cuando la rejilla está plenamente anclada y los pleyadianos la han activado, siento una variación de energía, como si todo encajara en su sitio. Cuando sientas esta variación o después de dos minutos, lo que antes ocurra, relájate, respira profundamente y mantente receptivo.

La sesión de cámara dura de diez minutos a una hora. Recomiendo realizar la Cámara de Transfiguración Cuántica en algún momento en el que puedas tomar después un baño de agua caliente y relajarte. Hacerla un par de horas antes de ir a la cama es lo ideal, ya que el cuerpo liberará

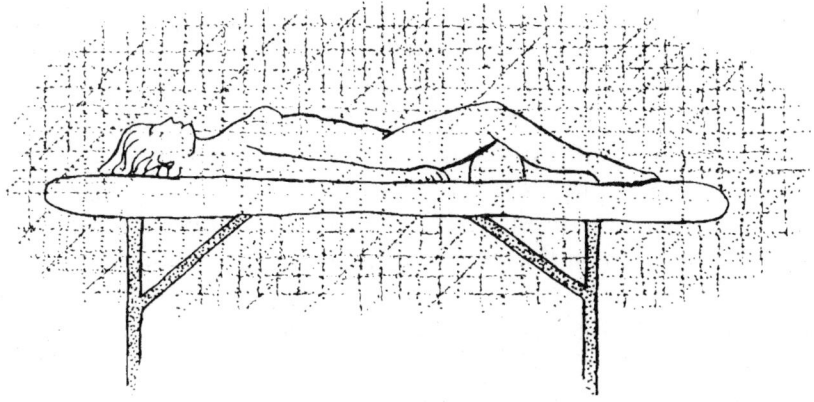

10. Persona dentro de una Cámara Lumínica de Transfiguración Cuántica.

mucha energía y se reorientará después de concluir la sesión. El agua caliente facilita la liberación celular y emocional, sobre todo si tienes acceso a agua mineral, usas sales o arcilla en el baño. También sirve una ducha de agua caliente si no se tiene bañera disponible aunque la efectividad no es la misma.

Cámara de Asimilación Acelerada

En tiempos tan acelerados como los nuestros, puede ocurrir que te sientas a veces, o a menudo, abrumado o «sobrecargado». Los elementos de tipo espiritual, mental, emocional e incluso físico que te exigen cambiar la estructura básica de quién eres o quién crees ser se suceden tan rápidamente que cada vez es mayor la necesidad de crear un «ojo dentro del huracán». A veces puedes sentir que no tienes nada sólido a lo que aferrarte; como si la vida fuera un viaje en montaña rusa, un continuo vuelco de paradigmas, un proceso de purificación sin fin. Puede que te encuentres experimentando la sanación de varias de tus vidas en un solo día, convirtiéndote en una persona distinta una y otra vez. A medida que la Tierra y este sistema solar se internan más profundamente en la Banda de Fotones la aceleración se hace más intensa para todos.

A veces, los cambios espirituales y etéricos se suceden con tanta rapidez que el cuerpo, la mente y las emociones se muestran incapaces de seguirlos. Otras veces, los cambios son tan fundamentales para tu propia identidad que puedes sentir desorientación e incertidumbre general. Puedes sentir cansancio o hastío, o sentirte demasiado hiperactivo y «sobreamplificado». Puede que tengas ganas de escaparte pero sin saber adónde, o quizá te derrumbes y no puedas moverte. La sobrecarga puede conducirte a adicciones desordenadas a no ser que seas consciente de lo que ocurre y puedas encontrar otros mecanismos de defensa. El uso de chocolate, azúcar o cafeína, para enmascarar la presión emocional o ver la televisión para bloquear el vómito mental son ejemplos de mecanismos adictivos de defensa. Son adictivos porque son obsesivos y urgentes y porque usas unos como sustitutos de otros a los que temes o que tratas de resistir o evitar.

Quizá desees evitar a toda costa la sensación de soledad, enfado o miedo. O quizá la sobrecarga se produce cuando despejas un número considerable de creencias o vidas pasadas en un período corto de tiempo. Tal vez te sientas abrumado cuando te enfrentas insistentemente con tus problemas relacionados con el control y la venganza. O quizá sientas la sobrecarga cuando un sanador opere en ti un despejamiento de energía justo después de haber leído un libro lleno de mucha información espiritual nueva. Ambos estados pueden agotar tu capacidad de cambio, receptividad y aceptación de novedades. Si alguna vez has realizado cursos intensivos prácticos de naturaleza espiritual o terapéutica, puede que conozcas este síndrome. Sea cual sea el origen de la sobrecarga, supone una paralización de la asimilación y el aprendizaje de las experiencias vitales, impidiendo el crecimiento libre de riesgos.

Aquí es donde aparece la Cámara para la Asimilación Acelerada. Su único objetivo es el de reducir la sobrecarga a todos los niveles y ayudarte a asimilar curación, cambio, aprendizaje y crecimiento, tanto en tu vida como en tu forma de ser. Conocí por primera vez este tipo de cámara en 1987, durante el mes de curso intensivo durante el cual conocí a los Pleyadianos a nivel consciente. Te resultará fácil comprender por qué lo necesitaba, ya que los pleyadianos operaban en mí durante todo el día, estuviera despierta o dormida, mientras tomaba parte en el continuo trabajo diario del curso. Las exigencias mentales y emocionales de la doble realidad eran maravillosas pero agotadoras en el mejor de los casos. La cámara aceleró mi propia asimilación, lo que me capacitó para seguir aprendiendo y sanándome; agradecí inmensamente el regalo, usándolo con frecuencia; por ello recomiendo vivamente el uso de esta cámara si estás en medio de algún taller o curso intensivo; te ayudará a mantenerte presente y disponible, al igual que despejado al máximo. ¡Ojala la hubiese conocido hace años cuando estudiaba en la universidad!

La cámara no puede sustituir ni al descanso y la relajación ni al ejercicio. Debes seguir responsabilizándote de cuidar tus necesidades en períodos de esfuerzo o de estrés. Ni sustituye al día o la semana libre si lo necesitas ni intenta ocupar el lugar de la autodisciplina y el cuidado de uno mismo. Sin embargo, en los momentos en que de verdad lo necesitas es un auténtico regalo del cielo.

La cámara en sí quizá sea la más simple. Es un suave campo de luz color plata aguamarina que empapa el cuerpo y el aura. Los pleyadianos me han dicho que se trata de uno de los varios nuevos colores que los ojos humanos podrán ver en la cuarta dimensión; algunos clarividentes ya están empezando a ver estos colores. Lo más cerca que puedes estar de verlo en este momento y lugar es imaginar que mezclas por igual una luz de un brillo plateado metálico y otra de color aguamarina pálido —o azul topacio—. Este nuevo color irradia una frecuencia relajante llena de luz y alegría que ayuda a tranquilizar y ralentizar el proceso de combustión espiritual que se produce en épocas de transformación. Con él se logra además un equilibrio cuerpo/alma más natural y pacífico. También favorece la desconexión de la mente sobrecargada para que así durante un momento te limites tan sólo a *ser*.

Incluso aunque no sientas sobrecarga, resulta conveniente experimentar la cámara a fin de establecer un punto familiar de referencia para cuando de verdad la necesites. Además, sienta bien.

Sigue las instrucciones dadas al comienzo del capítulo para abrir cualquier sesión de cámara, luego limítate a invocar la Cámara Lumínica para la Absorción Acelerada. Si visualizas el color plata aguamarina al principio de la sesión y lo imaginas empapando el aura y las células, la experiencia será más intensa. Luego sólo relájate y «déjate llevar». Este tipo de sesión de cámara sólo dura de dos a diez minutos y se puede hacer tantas veces como sientas la necesidad.

Cámara de Ascensión

Usar la Cámara Lumínica de Ascensión es un modo maravilloso de experimentar el ser Uno. Los puntos de luz condensada que llenan la cámara son de una paz, pureza y alta frecuencia tales que aligeran la sensación de consciencia del cuerpo. Una experiencia de plena ascensión en cuerpo requiere que se encuentren abiertos los Canales Ka y que cada célula del cuerpo se encuentre kármicamente despejada y capaz de retener una luz de alta frecuencia. Esto permite a tu Yo Crístico descender plenamente a la materia. A esto sigue un estado de éxtasis e iluminación, en medio del cual tu ser puede elegir entre permanecer en tu cuerpo físico para dar y servir o bien ascender, en cuyo caso el cuerpo se vuelve ligero y vibra a una frecuencia tan alta que penetra en dimensiones superiores, dejando de ser visible a ojos terrestres.

Mi experiencia de ascensión en una vida anterior comenzó con una sensación de ligereza y optimismo. Cuando se produjo la ascensión propiamente dicha, se elevaron las frecuencias de la luz de mis células, y las células físicas se pusieron a girar cada vez más rápido. Me sentí alegre y ligera, con la intensa sensación de dejarme llevar.

Esto continuó hasta que mi cuerpo acabó convertido en luz y empezó a levitar, desapareciendo del mundo físico y llegando a los planos superiores de su destino prefijado. Los sentimientos más abrumadores al revivir la experiencia fueron una libertad en éxtasis, el desapego de mi individualidad y la sensación de ser Una con la Luz que existe en Dios/Diosa/Todo lo Que Es.

La Cámara de Ascensión crea un puente entre tu lugar actual y tu propia iluminación y ascensión. La experiencia espiritual de sentirse Uno con la Luz omnipresente, la cual también recibe el nombre de Sol Infinito, es el objetivo primordial de la Cámara de Ascensión. Aún así, mis experiencias en el interior de esta cámara han sido variadas. Generalmente, me sumerjo en un pozo profundo de paz divina, a veces acompañada de una alegría y un amor intenso, mientras que otras veces la experiencia carece de cualquier otro pensamiento o sentimiento.

En la primera parte de la sesión suelo experimentar una liberación de energía que despeja cualquier obstáculo que impida alcanzar la paz o el ser Uno. Esta liberación puede asumir la forma de emociones que se escapan, pensamientos negativos o creencias despejadas, o bien la producción espontánea de ruidos para liberar tensión, por citar algunas posibilidades. Después se produce una especie de cambio en las frecuencias que provoca una sensación gradual de aligeramiento y de paz divina. Este último cambio es el que se produce al principio de la sesión de cámara cuando no hay que realizar un despejamiento previo. A partir de ese momento suelo caer en un estado de abandono tan profundo que siento mi cuerpo como si todo él estuviera formado por puntos brillantes de luz como si fuera un sol o una estrella. Luego siento una unión con una gran cantidad de puntos brillando con una luz resplandeciente, como si la cama o el suelo, el aire, el edificio y hasta la Tierra entera estuviera compuesta de la misma luz que yo —y esta luz es ilimitada, como el Sol Infinito.

Es entonces cuando a veces siento como si me moviera en libertad por el interior del Sol Infinito. Muy a menudo me acompañan unos seres llenos de belleza y amor. A veces se comunican conmigo y a veces me quedo en silenciosa comunión con ellos. Otras veces me reúno con mi Consejo de Ancianos. Este Consejo de Ancianos es un grupo de cuatro ancianos Seres de Luz que me aconsejan y me guían en mi paso de una vida a otra. Cada humano cuenta con su propio Consejo de Ancianos; saben exactamente lo que cada uno necesita en cada momento y aconsejan en consecuencia. Sin embargo, cada persona es libre de elegir lo que haga y el Consejo de Ancianos hace siempre honor al libre albedrío. Cuando estoy con ellos les suelo hacer preguntas, pero ellos deciden si es o no apropiado responder.

La mayor parte de las veces las sesiones de la Cámara de Ascensión se orientan más hacia estados de *ser* en lugar de *hacer*. Nos brindan oportunidades de acceder a una sabiduría espiritual profunda y de experimentar una sensación de entrega y paz, así como la elevación de las frecuencias de luz en el cuerpo. Mediante esta cámara una vez me hicieron ascender por un largo tramo de escalones cristalinos que conducía a un precioso templo abierto llamado Templo del Sol, o Templo de Dios Padre. Tenía un trono dorado, y un ser resplandeciente se sentaba en él. Brillaba tanto que no se podían distinguir sus rasgos. Mis propios sentimientos de ser amada y valorada y de formar parte de aquello eran abrumadores. Me llevaron al interior del templo y me mezclaron con el campo de energía de este ser hasta que nos convertimos en un único sol dorado, que empapaba la existencia toda. Después de esa sesión de cámara no pude dejar de sonreír durante horas.

Tu forma de experimentar la Cámara de Ascensión será única dentro de tu siguiente paso hacia la iluminación y la ascensión, y tenderá a proporcionarte un «punto de referencia espiritual» en un estado superior del ser. Abandona toda expectativa y deja que la experiencia sea para ti lo máximo que pueda ser.

Después de prepararte en un lugar cómodo y abrir la

sesión de cámara como siempre, simplemente invoca la Cámara Lumínica de Ascensión alrededor del cuerpo y el aura y relájate. Espera de veinte minutos a hora y media para completar la sesión de cámara, ya que puede ser muy intensa. Cuando sientas que la sesión ha terminado, vuelve a conectarte a la tierra antes de levantarte, ya que puede ser que te sientas muy difuso y alejado de la realidad.

Cámara de Sueño

La Cámara de Sueño se utiliza por la noche o a la hora de la siesta cuando vas a dormir y no sólo a descansar. En la Cámara de Sueño los pleyadianos, el Cristo y otros guías personales que deseen actuar contigo pueden aislar aquellos aspectos de tu subconsciente o de tu consciencia superior que necesiten ser educados, sanados o iluminados. La otra función de esta cámara es la de ayudarte a crear tu futuro. Estas funciones se pueden dar en cualquier momento de tu sueño con la ayuda de los guías. Sin embargo, cuando estás en la Cámara de Sueño, tus cuerpos físico y astral se sincronizan de tal manera que aprovecharás de un modo más eficiente los beneficios de tus experiencias en sueños.

Mientras duermes, tu cuerpo físico se queda en el interior de la cámara hasta que te despiertas a la mañana siguiente o después de la siesta. Esto genera un entorno psíquico muy seguro en el que procesar y sanar más intensamente durante el sueño y para recibir ayuda espiritual. Cualquier tipo de sanación que necesiten el aura y el cuerpo para que asimiles en la vida tus experiencias durante el sueño corren a cargo del equipo sanador pleyadiano, mientras los Arcángeles pleyadianos actúan sobre el cuerpo astral en las esferas superiores. Cuando realizo sesiones de Cámara de Sueño siempre duermo más profundamente y siento los sueños de un modo más lúcido, los recuerdo más fácilmante y contienen una mayor carga simbólica y significativa. Los alumnos también me han comentado experiencias y resultados similares. Yo generalmente pido soñar lo que sea mejor para mí en ese momento. Puedes pedir lo mismo si quieres.

Puede que prefieras pedir sueños que toquen áreas específicas sobre las que estés actuando. Por ejemplo, si sientes que te falta seguridad en ti mismo y por ello te cuesta reafirmarte, pide a los pleyadianos y al Cristo que te proporcionen sueños que revelen el origen del problema y te ayuden a sanarlo. Si al despertar recuerdas que en el sueño no dejabas de encontrarte con puertas y paredes y que a tu alrededor la gente se reía y se burlaba, actúa sobre esa información. Después de conectarte a la tierra y retraer el aura, haz que fluya energía mientras repites mentalmente el sueño y soplas rosas. Si alguna imagen es especialmente fuerte, coloca la escena en una gran rosa y hazla estallar varias veces. Luego repite la película, pero esta vez como a ti te gustaría que fuese. A esto se le llama «reenmarcar». Reenmarcar sueños es un modo poderoso de recrear tu propia realidad y despejar bloqueos subconscientes.

También puedes pedir que se te enseñe y se te instruya mientras duermes. Si ése es el caso, sé muy específico, a no ser que te limites a pedir lo que en ese momento sea mejor para ti. Si, por ejemplo, deseas conocer tu propósito superior, o la forma de tener más fe, limítate a indicarlo cuando te hayas introducido en la cámara. Lo primero que tendrás que hacer por la mañana será anotar los sueños o entrar inmediatamente en estado de meditación para descifrar y asimilar la información.

Las sesiones con estas cámaras varían mucho de una a otra porque las necesidades mientras se duerme y se sueña cambian rápidamente. Por eso es difícil describir en detalle la Cámara de Sueño. Cuando estés preparado para recibir la sesión, ve a dormir. Sigue las instrucciones para comenzar la sesión dadas al principio del capítulo. Luego pide que la Cámara Lumínica de Sueño rodee el cuerpo y el aura y que se mantenga así hasta la mañana siguiente o hasta que termine la siesta. Pide ayuda para estar lúcido durante los sueños que precises recordar, así como para recordarlos cuando despiertes. Si deseas centrarte en enseñanzas o cuestiones específicas, concrétalas y luego relájate y duérmete. En cualquier otro caso, pide lo que sea mejor para ti en ese momento. Después, «a dormir, tal vez soñar».

Si descubres que la Cámara de Sueño te provoca inquietud durante la noche o si participas tanto en el proceso que te levantas cansado, pide a los pleyadianos una Cámara de Sueño Profundo la próxima vez. Algunos alumnos lo han necesitado, e incluso yo misma.

Cámara de Reducción del Estrés

El propósito de la Cámara Lumínica de Reducción del Estrés queda obviamente reflejado en su nombre. Debido a estos tiempos donde impera el *más rápido, más y mejor*, así como a la influencia de la electricidad, el radar y las microondas, que continuamente llevan al descontrol de nuestro sistema nervioso, reducción del estrés se ha convertido en un término de uso corriente. Ni siquiera nosotros los profesionales alternativos escapamos a las presiones que se acumulan diariamente a nivel planetario y local.

En los momentos en que el estrés «va a por ti», la cámara puede ser un regalo del cielo. Ya sea debido al exceso de trabajo, relaciones conflictivas, datos excesivos que procesar, sobrecarga emocional, preocupaciones o tener demasiadas cosas en la cabeza para poder dormir, la Cámara de Reducción de Estrés puede ayudar muchísimo. Desde luego, no puede sustituir, ni lo pretende, a una vida saludable y equilibrada, pero puede ayudarte cuando tengas la mente y los nervios agotados por la presión y el estrés.

Cuando uso esta cámara experimento una relajación lenta y gradual. A menudo suaves oleadas de energía se extienden por el cuerpo de izquierda a derecha liberando tensión y tirantez. Después de unos cuantos barridos de estas pautas onduladas de energía, pueden ocurrir varias cosas. A veces siento como si los pleyadianos me sujetaran la cabeza, mandándome una dulce sensación de relajación y una luz tranquilizadora que me llena el cerebro y el sistema nervioso. Otras veces siento una suave sensación de caída que me permite asentarme mejor en el cuerpo. Otras veces me limito a quedarme dormida sin saber cuando me despierto qué ha ocurrido, salvo el hecho de que lo que fuese ha dado resultado. Cuando tengo insomnio la uso para relajarme lo bastante para dormir.

Después de seguir las instrucciones dadas al principio del capítulo para abrir la sesión, invoca la Cámara Lumínica de Reducción de Estrés, relájate y disfrútala durante los siguientes veinte minutos o hasta una hora. Intenta siempre que dure una hora aunque no haya necesidad de ello.

Cámara de Enlace Estelar Delfínico

Anteriormente llamada Cámara del Cuerpo de Luz Eléctrico, la Cámara de Enlace Estelar Delfínico se usa como cámara de activación y de sanación. El cuerpo eléctrico de luz es la red de tu cuerpo que actúa de enlace entre los Canales Ka y los sistemas neurológico y eléctrico. Puedes imaginarlo como una red de canales con miles de pequeños canales secundarios o circuitos eléctricos minúsculos. Los Canales Ka alimentan el sistema con luz eléctrica etérica de alta frecuencia que activa el cuerpo de luz manteniéndolo saludable y en vibración. Esta vasta red eléctrica cuenta con multitud de puntos de confluencia que conectan los circuitos, entrelazándolos. Cuando el cuerpo Ka se encuentra abierto y enlazado con el sistema eléctrico, la combinación resultante es literalmente un microcosmos de los sistemas estelares de esta galaxia. Es la unión de las energías Ka y eléctrica lo que hace que los delfines estén en armonía y sincronización con las órbitas planetarias y galácticas para recibir la luz y los mensajes de los sistemas estelares. La conexión y la interfaz eléctricas y Ka existen para que, llegando a un punto, te abras del mismo modo que están abiertos ya los delfines.

Puede que algunos de tus canales secundarios o circuitos eléctricos más pequeños estén dañados, rotos o saturados con energías extrañas, tus propios bloqueos o dolor. En estos casos, las partes afectadas dejan de recibir alimentación eléctrica perdiendo vitalidad, fuerza vital, resistencia y nivel de conexión cósmica. Si no se corrige el problema, éste desembocará en dolor y enfermedad.

Durante las sesiones de Cámara de Enlace Estelar Delfínico los pleyadianos te presentan el mapa de tu cuerpo de luz eléctrica y activan sus circuitos. Cuando los circuitos sanos reciben electricidad, lo que experimentas en forma de calor y sensación de tranquilidad, los circuitos que no funcionan bien aparecen oscurecidos por contraste y son fáciles de ver. Es como mirar al cielo en una noche estrellada y notar que faltan la Osa Mayor y la Estrella Polar. Entonces los pleyadianos actúan sobre los circuitos dañados o desconectados, reparándolos o desatascándolos y, si es necesario, activándolos. A veces los circuitos necesitan cirugía psíquica, sustitución o eliminación de dolor, y eso es algo que los pleyadianos no pueden hacer sin la ayuda de las manos humanas. Sin embargo, hay mucho que pueden hacer y que harán en cuanto a la sanación y la activación permanente del cuerpo de luz.

Esta sesión de cámara dura de treinta minutos a una hora y se debe dejar el tiempo máximo. Se puede realizar cuando vayas a la cama a dormir. Después de seguir las instrucciones dadas al principio del capítulo, pide que te rodeen el aura y el cuerpo con la Cámara Lumínica de Enlace Estelar Delfínico. Luego relájate o duérmete.

Cámara de Realineamiento del Eje Divino

La Cámara Lumínica de Realineamiento con el Eje Divino sirve para despejar energías inferiores y prepararte para anclar tu Yo Superior con más firmeza en el cuerpo, como se describe más adelante en el libro. Como se explicó en el capítulo 7, existe una abertura tubular llamada «tubo de luz» o «eje divino» que es como una prolongación de tu propia columna. Se extiende desde debajo de los pies hasta la base del aura y se prolonga desde la cabeza hasta la parte superior del aura, desde donde se conecta con las esferas dimensionales superiores de tu propio holograma (véase ilustración 11). Este «alineamiento vertical», supone la mejor posición posible desde la cual acceder a la verdad superior y las cualidades divinas en general.

La función de esta cámara es la de complementar la del Cono de Luz Interdimensional, que también sirve para colocarte en alineamiento vertical. Las sesiones de Cámara de Realineamiento del Eje Divino permiten a los pleyadianos operar activamente en tu campo de energía para así liberar bloqueos y frecuencias inferiores, mientras que el Cono de Luz mantiene el entorno favorable para el alineamiento del eje de forma pasiva. Puedes sentir algo parecido a un tirón al liberar el cuerpo y el aura de las energías «horizontales». A veces sentirás la sensación de tirón en sentido ascendente desde los pies, como si se te estirara la columna. Otras veces sentirás un tirón de energías desde la parte anterior o posterior del cuerpo o de cualquier otra parte de éste hacia el aura. Yo, además, he experimentado ondas de energía moviéndose de izquierda a derecha. Básicamente recibes lo que necesitas en ese momento para dar los pasos siguientes hacia el alineamiento del eje divino. Como siempre, los pleyadianos no harán por ti aquello que debas hacer tú mismo para aprender y crecer.

Después de seguir las instrucciones para abrir sesiones dadas al principio del capítulo, pide que te introduzcan en

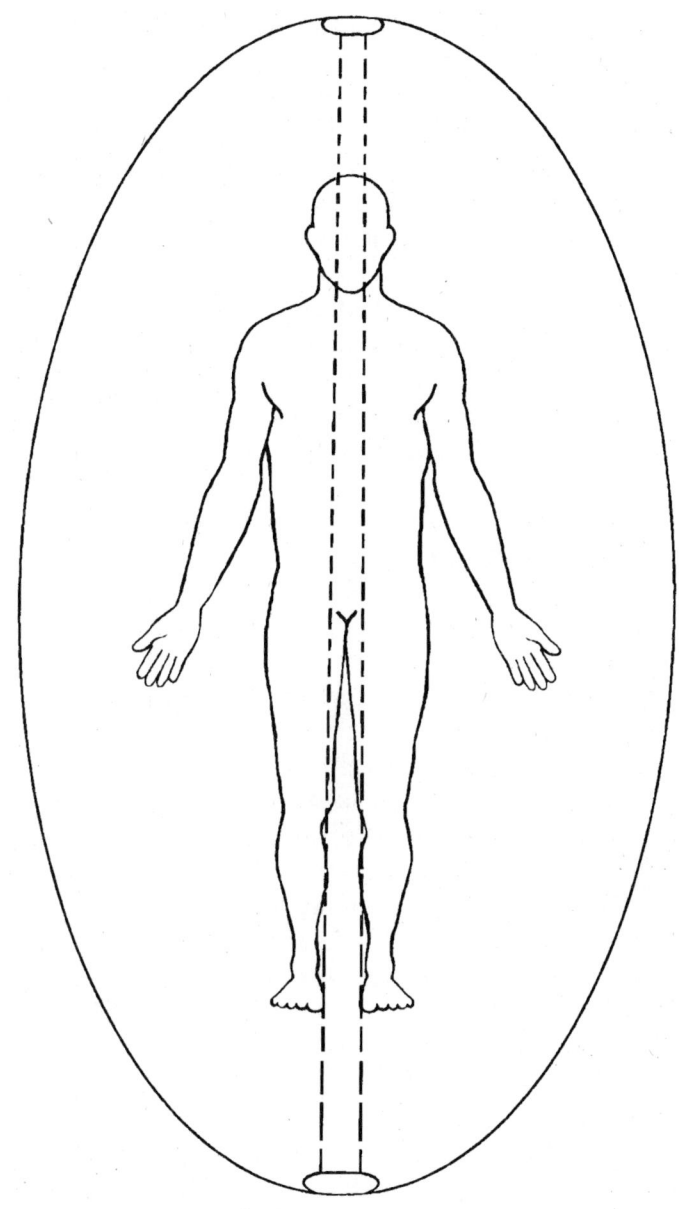

11. El Tubo de Luz parte del polo superior del aura, atraviesa el cuerpo, rodea la columna y desemboca en el polo inferior del aura.

la Cámara Lumínica de Realineamiento del Eje Divino. Fíjate en cualquier pensamiento, creencia o juicio que te vengan a la mente y quieras despejar cuando te encuentres en la sesión de cámara. Si sientes un fuerte tirón localizado en una parte del cuerpo durante más de unos dos minutos, examina si hay cordones que quitar. Los pleyadianos despejarán cordones de poca importancia, pero no aquéllos en los que debas fijarte por alguna razón. Esta sesión de cámara dura de diez a cuarenta minutos y debes siempre dejar el máximo tiempo posible por si lo necesitas. Es recomendable que repitas la sesión de Cámara de Realineamiento del Eje Divino dos o tres veces antes de realizar el capítulo 13, «Conexión con el Yo Superior».

Cámara sin Tiempo y Espacio

La Cámara Lumínica sin Tiempo y Espacio tiene tres usos diferentes. Éstos difieren poco entre sí, dependiendo de las circunstancias. Cada uno de los tres usos te permite escapar a los efectos de la realidad tridimensional y entrar en un entorno cuyos límites no son los habituales.

La primera situación en la que puedes usar esta cámara tiene que ver con el medio ambiente. Lo explicaré mejor si cuento la historia de cómo descubrí la Cámara sin Tiempo y Espacio. Iba de vacaciones con un amigo cuando llegamos a Salt Lake City. Estábamos en la autopista a unos veinticuatro kilómetros al norte de la ciudad cuando nos vimos dentro de una espesa nube de niebla y humo acompañada de energía psíquica fuerte y densa. La combinación del olor a contaminación y la densidad de la carga etérica era extremadamente opresiva, como si hubiéramos entrado en un área poblada de formas de pensamiento negativas condensadas. Inmediatamente entré en estado de meditación para despejar el coche y ver qué se podía hacer.

Pa-La, mi guía pleyadiano, vino inmediatamente a darme instrucciones. «Ordena que el coche y un espacio de quince centímetros a su alrededor se conviertan en una Cámara sin Tiempo y Espacio donde el aire y el campo de energía etérica queden despejados de contaminantes físicos y psíquicos. Indica también que, hasta que anules la orden, el coche y vosotros dos quedéis libres de toda influencia ajena a la cámara. Mantén la imagen de la cámara con aire despejado en el interior y los alrededores del coche hasta que sientas que ésta se afianza por su cuenta.»

Pasaron unos dos minutos hasta que la cámara se hizo sólida. En ese momento mi amigo, que iba al volante, se volvió hacia mí y dijo sorprendido: «¿Qué le acabas de hacer al coche?» Le pregunté qué quería decir y respondió: «Estaba a punto de pedirte que condujeras tú porque la energía no me dejaba concentrarme. Era tan densa que me oprimía. De repente, la energía se ha despejado, como si estuviéramos cerca del mar».

Al cabo de unos diez minutos los dos nos dimos cuenta de que la claridad y la pureza se desvanecían; la energía espesa y los olores se iban filtrando poco a poco en el interior. Cerré los ojos y restablecí la cámara con órdenes aún más intensas. Esta vez la cámara duró hasta que llegamos por la tarde a nuestro destino. Esa noche levanté también una Cámara sin Tiempo y Espacio en la habitación del motel. Nos quedamos en las afueras al suroeste de Salt Lake City y la energía del motel, aunque no era tan densa como la que había en la autopista del este, nos seguía resultando bastante incómoda. En el motel había además mucho ruido debido a la fiesta de reencuentro de unos estudiantes en la que se bebía mucho. Cuando la cámara se asentó notamos la caída inmediata del nivel de ruido, la reducción de la intensidad de los olores y una claridad y frescura etéricas.

Normalmente me basta con utilizar las técnicas para despejar la casa (dadas en el capítulo 5) para despejar moteles, coches u otros espacios. Sin embargo, bajo condiciones medioambientales extremas, cuando no bastan esas técnicas es cuando funciona la Cámara sin Tiempo y Espacio. Como vivimos en un mundo de espacio y tiempo, no es aconsejable utilizar siempre esta cámara para realizar despejamientos.

La segunda utilización de esta cámara es la comunicación multidimensional. Aquellos de vosotros que os sintáis preparados para entrar en relación y recibir la orientación de Seres de Luz de naturaleza supradimensional, especialmente tu Yo Superior, esta cámara puede servir para extraer tu consciencia de la realidad tridimensional y abrirte la mente a frecuencias normalmente inaccesibles. Si no has meditado hace mucho o tienes una mente hiperactiva, la cámara puede no darte resultados inmediatos. Sin embargo, te traerá una sensación refrescante de calma, claridad y concentración.

Cuando uses la cámara, es importante que limites todo pensamiento y esfuerzo en la medida de lo posible. La naturaleza de la propia cámara amplifica enormemente este proceso. Al principio de la sesión de cámara pide que se te ofrezca la orientación que mejor te sirva en ese momento. Como ya habrás señalado que sólo los Seres de Luz estén presentes, estarás en un lugar seguro donde podrás abrirte. A veces, la orientación vendrá en forma de pensamientos repentinos en medio de un estado «sin mente». Si tu naturaleza es más clariaudiente y telepática, oirás claramente mensajes de viva voz cuando sea el momento.

Sin embargo, en otras ocasiones no es orientación lo que realmente necesitas. Entonces la cámara operará en su tercera función, que es la de producir un efecto parecido a haber pasado una tarde en la playa o en una sesión de burbuja sensorial. También puedes especificar que eso es lo que quieres en vez de orientación. Cuando uses la cámara para este propósito te sentirás en expansión, más libre de la fuerza de la gravedad y más ligero. Cada vez que experimento la Cámara sin Espacio y Tiempo en cualquiera de las tres formas, me siento relajada y recargada, como si respirara aire lleno de iones negativos como el que hay cerca del mar. Esa misma sensación de frescura y espacios abiertos es la que parece inundar el aire de la cámara. La experiencia de la Cámara sin Tiempo y Espacio puede servirte para acceder al estado alfa de meditación, que sana y rejuvenece el sistema nervioso; te llena de una sensación intensa de calma y bienestar.

No es recomendable el uso sistemático de la cámara para meditar. Es mejor que la utilices cuando necesites descansar de la realidad tridimensional. La meditación destinada a atraer el espíritu hacia el cuerpo y sentir las energías divinas es muy importante si se persigue el dominio o la ascensión. El uso excesivo de la Cámara sin Tiempo y Espacio puede obstaculizar este propósito. La frecuencia de uso varía de persona a persona y no siempre será la misma para ti dependiendo de las circunstancias de tu vida. En general, se recomiendan los usos segundo y tercero de la Cámara sin Tiempo y Espacio más o menos una vez a la semana si te parece bien, y más a menudo sólo si recibes orientación personal en ese sentido.

Prepara el espacio como se te indica al principio de este capítulo para tu primera experiencia con esta cámara y luego pide que la Cámara Lumínica sin Tiempo y Espacio rodee tu cuerpo y tu aura. Pide que te traiga un intenso rejuvenecimiento y la apertura a la orientación divina que sea apropiada. Después limítate a relajarte, olvida los asuntos del día y disfruta. Cuando pidas orientación en esta cámara, es mejor esperar y escuchar pasivamente en lugar de concentrarse activamente en escuchar. Necesitas de cuarenta minutos a hora y media para completar la sesión, pudiendo marcar tú mismo la duración si te resulta más provechoso que dejarla abierta.

Cámara de Sanación Emocional

La Cámara de Sanación Emocional resulta una bendición en momentos emocionales duros cuando la tristeza o la liberación de emociones te dejan sin fuerzas. También se puede usar cuando te sientas emocionalmente saturado o agotado. Cuando estás emocionalmente saturado o agotado tiendes a tener un aura de color amarillento-azufre-verde o bien palpita en tonos naranja. Cuando te encuentras en esas condiciones necesitas sanarte calmada y tranquilamente y no más liberación de emociones ni confrontación de problemas.

Esta cámara tiene el efecto de un baño relajante en agua caliente natural. Calma, relaja y lima las asperezas, y te ayuda a olvidarte un rato de los problemas. Es estupenda antes de ir a la cama y puedes dormir luego, pero también funciona en cualquier momento que la necesites.

Si tienes un historial de traumas emocionales, ya sea debido a abusos físicos, mentales o emocionales, una gran pérdida o karma no resuelto de vidas pasadas, este tipo de sesión de cámara te hará bien. Ya tengas una fuente constante de dolor emocional o daño acumulado en el pasado, se hará efectiva la sanación de tu cuerpo emocional. La acumulación emocional puede estar compuesta de miedo, paranoia, ira, rabia, autocompasión, vergüenza, depresión, tristeza, dolor o pena; la cámara trata el problema elevando, aligerando y calmando el exceso de emociones y reparando cualquier daño del cuerpo emocional. Como en otras áreas de los Ejercicios Pleyadianos de Luz, los pleyadianos no pueden realizar cirugía psíquica ni otros tipos especiales de sanación profunda, pero aun así pueden hacer mucho. Esta cámara no se puede usar como un sustituto de la expresión de emociones; No es ése el modo de actuar de los pleyadianos. Si por el contrario, tomas la responsabilidad de despejar y expresar emociones en situaciones de tu realidad presente así como de aprender de experiencias pasadas, te ayudarán encantados cuando necesites una sanación.

Tengas o no un problema emocional urgente, puedes experimentar la cámara y recibir cualquier sanación que precise tu cuerpo emocional. La duración de la sesión de Cámara de Sanación Emocional varía de quince a cuarenta minutos, debiendo dejar siempre el máximo tiempo posible por si fuera necesario. Después de seguir los pasos para la apertura de la sesión de cámara, pide que te rodee la Cámara Lumínica de Sanación Emocional. Luego relájate y mantente receptivo.

Cámara Multidimensional de Asimilación y Sanación

Si han sufrido daño tus aspectos tridimensional y de dimensiones superiores, puedes usar la Cámara Lumínica Multidimensional para contribuir a sanarlo. Quizás este daño ha sido fruto de abusos presentes o de vidas pasadas; adicción a las drogas, el sexo o el alcohol; una violación, o un grave trauma emocional o físico acompañado de shock. Tales experiencias te pueden cortar totalmente la conexión con los planos dimensionales superiores. Si creciste con padres alcohólicos o violentos, entonces probablemente viviste en un entorno lleno de energías astrales inferiores, entes desencarnados, parásitos y formas de pensamiento negativas. Probablemente se te cortó el acceso a fuentes de luz etérica más allá del cuerpo y vivirías en un ambiente de miedo e ilusión.

Tu holograma personal se extiende por el interior y por el exterior de tu aura. Cuando se convierte en un campo astral inferior en lugar de un campo de luz, te sientes aislado, negativo y a veces hasta sin esperanzas. Se producen desgarros en las estructuras etéricas de tu configuración geométrica. Los canales y espacios abiertos se llenan de energías densas y extrañas. La meditación, el pensamiento positivo, la sanación emocional y de vidas pasadas y la consciencia espiritual en general te ayudan a despejar estos bloqueos y empezar el viaje de vuelta a casa, a tu verdadero yo.

La Cámara Lumínica Multidimensional de Asimilación y Sanación puede amplificar y acelerar enormemente el proceso de sanación y recuperación. Los pleyadianos te ayudan enviando energías de alta frecuencia que «consumen» y transmutan las densas frecuencias inferiores. Pueden ayudarte a repararte y reconectarte con la divinidad tanto como estés dispuesto a ello en cada momento.

La cámara también se puede usar cuando has experimentado una expansión espiritual extrema más allá de tu cuerpo y necesitas ayuda para que tu campo de energía humano y tu vida la asimilen. A menudo, las experiencias extracorpóreas no consiguen filtrarse y acomodarse en tu realidad espacio-temporal, dejando en ti una sensación de desilusión y futilidad, pues no ves que la experiencia marque una diferencia notable en tu vida. Éste puede ser el caso si tienes la tendencia a abandonar el cuerpo para meditar o estás generalmente mal conectado a la tierra. Para la evolución espiritual es fundamental la capacidad de hacer descender experiencias y altas frecuencias permitiendo que marquen una diferencia significativa en tu vida.

Si usas o has usado drogas para acceder a esferas superiores, te creas un problema equivalente al de meditar siempre fuera del cuerpo. La frecuencia del cuerpo baja en virtud del uso de drogas o de la ausencia continuada del espíritu en el cuerpo. Te haces cada vez más dependiente de abandonar el cuerpo para poder tener viajes espirituales, ya sea a través de las drogas o de la meditación, volviéndote incapaz de asimilar las experiencias para tu vida diaria dentro del cuerpo. Se crea el mismo problema al no estar conectado a la tierra y continuamente fuera del cuerpo para evitar sentir emociones o aceptar responsabilidades.

La Cámara Multidimensional de Asimilación y Sanación facilita las experiencias espirituales en el interior del cuerpo reparando el daño holográfico y abriendo las rutas a unas comunicaciones y conexiones multidimensionales más satisfactorias y tangibles, especialmente con tu Yo Superior, aunque no sólo con él. Te ayuda a salvar la distancia del espíritu y el cuerpo con las dimensiones superiores de una manera que cambia tu vida acelerando el descenso de tu Yo Superior al cuerpo o «traje espacial humano» como lo llama José Argüelles.

Otro de los usos de la cámara es el de la asimilación de experiencias iniciáticas. Ya sea que experimentes algo nuevo o que revivas una experiencia iniciática de vidas pasadas para que la introduzcas en tu realidad presente, la Cámara Lumínica Multidimensional de Asimilación y Sanación te puede ayudar muchísimo. Las experiencias iniciáticas son siempre multidimensionales y pueden dejarte desorientado y alterado. Éste es especialmente el caso cuando revives una iniciación de una vida pasada, ya que estás salvando la distancia normal en el continuo espacio-tiempo a la vez que actúas de comunicador entre otras realidades dimensionales. En este caso, los pleyadianos y el Cristo operan en tu cuerpo, tu consciencia, aura y holograma para que no pierdas el alineamiento y asimiles la experiencia de tal manera que marque una diferencia en tu vida actual en lugar de ser tan sólo una experiencia «chula».

Hace poco, mientras impartía un curso intensivo de Ejercicios de Luz Pleyadianos, un par de alumnos que hacían juntos una apertura de Canales Ka experimentaron iniciaciones muy intensas de vidas pasadas. Al despejamiento inicial le siguió una intensa alteración mental a la vez que tenían una sensación de expansión más allá del cuerpo hacia otras dimensiones y realidades temporales. Luego, los dos se sintieron algo aturdidos, desorientados y con necesidad de calma y silencio. Después de una sesión de Cámara Lumínica Multidimensional de Asimilación y Sanación empezaron a acostumbrarse a la sensación de ser diferentes de como eran antes y no estaban tan desorientados por el cambio. Harvey, uno de los reiniciados, olvidó pedir la cámara antes de dormir, pero se acordó hacia las 4 de la mañana. A las 8.50 de la mañana, su mujer, Pat, vino a verme para decirme que Harvey había invocado la cámara hacía unas horas y aún no se movía. La clase debía empezar dentro de diez minutos y estaba en la cama en clase. Cuando bajé a verle, sólo podía mover los ojos. Además de invocar la cámara, había pedido a los pleyadianos que hicieran lo que fuese necesario. Conseguí hablar con los pleyadianos y encontré la manera de acelerar el fin de la sesión; después de unos dos minutos estaba ya de pie. Ese día el chiste de la clase fue que hay que tener cuidado con lo que se pide y que hay que especificar que terminen al menos una hora antes de la clase. La parálisis de Harvey no entrañaba peligro —estaba tan inmerso en la operación energética de los pleyadianos que se encontraba temporalmente en estado no operativo.

Sirva este ejemplo para demostrar que, en raras ocasiones, cuando la transición a la que uno se somete es muy amplia, las sesiones de las cámaras de los Ejercicios Pleyadianos y de sanación pueden durar mucho. Si sabes que has sufrido una experiencia espiritual o sanación especialmente decisivas y quieres que la cámara contribuya al proceso de asimilación, es recomendable que empieces a la hora de ir a la cama o en un día libre, cuando no tengas nada pendiente. Quizá sólo dure el tiempo asignado —pero ¿quién sabe?

Cuando estés preparado para la cámara, deja siempre el máximo tiempo posible. Las sesiones duran de veinte minutos a una hora y media. Después de seguir los pasos para abrir la sesión de cámara pide que tu cuerpo y aura queden rodeados por la Cámara Lumínica Multidimensional de Asimilación y Sanación. Mantente receptivo y relajado. Ocasionalmente pueden aparecer pensamientos negativos y juicios que precisen ser despejados en la cámara. Deja que entren en tu consciencia con naturalidad, si es que entran, sin intentar ir a buscarlos. Después, limítate a utilizar las técnicas dadas en el capítulo 6 para despejar juicios, imágenes y creencias.

Capítulo 10

CÁMARAS LUMÍNICAS DE CONFIGURACIÓN DE AMOR

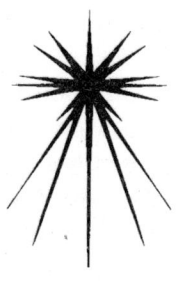

Las Cámaras de Configuración de Amor llevan el amor divino a las células del cuerpo físico, así como a los cuerpos emocional, mental y espiritual. Es por la multiplicidad de sus usos y la singularidad de su contenido que se dedica un capítulo entero a estas cámaras. Tal vez sea el amor la única fuente de sanación; al menos la sanación debe realizarse con amor si se quiere que marque de verdad la diferencia. La sanación clínica sin amor ni cariño puede que a veces alivie los síntomas, pero no creo que con ella verdaderamente se opere un cambio profundo y duradero con respecto de la fuente de los problemas.

¿Cuántas personas experimentan en su vida la pureza y la dulzura del amor desprendido con un mínimo de consistencia? Lo cierto es que las hay y, sin embargo, parece que en esta época de la Tierra el amor divino es aún la excepción antes que la regla. Esta afirmación no pretende señalar a nadie con el dedo, sino mostrar un área en la que necesitamos evolucionar como especie. El amor divino se puede definir como: 1) amor puro ofrecido sin esperar nada, sin motivos ocultos, culpa, manipulación o «descarga» sobre otras personas; 2) amor entregado como producto natural de la naturaleza esencial del yo que se preocupa de los demás sin necesitar una razón; 3) la respuesta natural a la contemplación de la esencia de otra persona, animal, planta o cualquier otro elemento de la creación, y 4) la esencia de Dios/Diosa que fluye a través de todo lo que existe.

La sociedad actual enseña que el amor se define mediante sentimientos tales como preocupación por las personas, miedo a perderlas, requerir la presencia de otros a fin de sentirse bien o a salvo, algo que se siente hacia los demás cuando éstos satisfacen las necesidades de uno, lo valoran o le dan lo que quiere, decir a alguien que es insoportable vivir sin su presencia, tener pena y lástima de los demás. Esta última descripción es lo que la mayoría llama amor, o los síntomas del amor.

Hace poco un cliente vino a mi casa para recibir un intensivo privado de sanación durante tres días. Atravesaba un mal momento emocional a raíz de ciertas situaciones laborales y se encontraba atascado en el «pobre de mí». Tuve que adoptar el papel de portarme con dureza por su bien si quería que las sesiones llegaran a buen puerto. Después de una de las sesiones sonreí y, mirando a sus ojos grandes y tristes, le dije: «Te quiero». Contestó: «A veces yo no estaba tan seguro». Le dije: «Eso es porque te quiero. *No* me das pena». Entendió a la primera lo que quería decir y me dijo: «Creo que no conocía la diferencia. Siempre he querido que me tengan lástima». Darse cuenta de eso fue muy importante para él.

La sociedad enseña a lanzarse a la búsqueda del amor jugando al «pobre de mí», a las «penas en compañía» y a decir: «¿A que es horrible?», relacionados estrechamente. ¿Recuerdas algún momento en que se te acusara o que acusaras de amar poco y ser insensible a alguien que no sintiera pena por alguien y no dijera «pobrecito»? Lo cierto es que sentir compasión por alguien es una forma de quitarle poder. Consagra su impotencia e incapacidad de ayudarse a sí mismo. Esto no significa que debas ser frío y distante, significa: no dejes de amar, ten compasión pero no niegues a otros la capacidad de aprender, crecer y cambiar su vida al sentir pena por ellos.

Existe bastante diferencia entre las definiciones de amor divino y las definiciones que la sociedad da al «amor». Seguro que ya de muy niño aprendiste que si querías amor tenías que hacer lo que tus padres querían y esperaban de ti. O te adaptabas a ese comportamiento o te rebelabas, rechazando así el amor. En cualquier caso, se redujo tu capacidad de recibir amor divino, o bien quedó completamente bloqueada a causa de entregarte al juego de competir por la energía y la atención de los demás.

Ya de adulto, el no haber entendido la naturaleza del amor se traduce en esperar cosas poco realistas de la pareja y los amigos. Si alguien no te hace caso cuando crees que debe hacerlo, supones que te ama poco. Si tu mejor amiga conoce a una nueva amiga, te sientes menos querida y celosa porque ella debía concederte toda su atención. «Él» no te coge de la mano ni te besa cuando tú quieres y le acusas de que te ama poco porque no se anticipa a lo que quieres y necesitas.

Hoy la mayoría de las personas han olvidado que los seres humanos deben elegir pareja y amigos íntimos entre aquéllos con quienes sean compatibles. Aquéllos hacia los que se sienta amor y cariño de modo natural y que de modo natural correspondan a esos sentimientos. Antes al contrario, hay muchos que no hacen más que entablar relaciones ligadas al sexo o amistades con personas antes de conocerlas, antes de que cada uno comunique al otro sus necesidades y deseos, antes de que se establezca una mínima compatibilidad. Después les duele que el modo de amar del otro no responda a sus expectativas en lugar de verlo simplemente como otra manera de amar, echan culpas y acusan a los demás de amar poco. Puede que algunos amen poco y puede que no. Si estos procedimientos y actitudes te son familiares, es importante que te des cuenta de que es tuya la responsabilidad de utilizar el discernimiento y de elegir con más juicio. Un hombre muy cariñoso me dijo una vez: «No quiero verme en medio de ninguna relación en la que alguien sea minusvalorado. Debemos apreciarnos unos a otros, y si no somos capaces de ello con ciertas personas, no deberíamos relacionarnos con ellas». Seguro que habrás aprendido lecciones parecidas.

A causa de estos dilemas sobre el amor, así como de muchos otros, es posible que hayas renunciado a tu capacidad de recibir amor divino, así como a las otras cosas que se han dado en llamar amor. Puede que incluso tengas miedo de aceptar la alegría del amor verdadero porque lo asocies estrechamente con ceder el control, sentir dolor y desilusión o volverse dependiente. El amor en su forma pura no tiene que ver con el miedo, la resistencia, la contracción, la pérdida, el control, el dolor o la dependencia.

Cuando lo que llamas amor provoca estas desgracias debes asumir la responsabilidad de examinar tu discernimiento o esas vibraciones de tu interior que magnetizaron la situación o la persona hacia ti. ¿Qué clase de expectativas injustas o poco realistas tienes? ¿Llegaste a conocer lo bastante a la persona para averiguar si era cariñosa o desprendida antes de entablar una relación? ¿Crees que mereces amor y que alguien acepte el tuyo? ¿Eres capaz de dejar que el otro sea quien es de verdad o crees tener el derecho de obligar a cambiar a las personas según tus necesidades? ¿Te gusta la persona en los momentos que es ella misma y actúa de modo natural? Si sientes la necesidad de profundizar en estas cuestiones y comprenderlas mejor, recomiendo un pequeño libro de Erich Fromm llamado *El Arte de Amar*.

Las Cámaras de Configuración de Amor te volverán más abierto para recibir el amor divino. Facilitarán que éste te sane y suavice tu resistencia, favoreciéndote en el futuro un mayor discernimiento que te permita saber a quién y qué admites en tu vida. También te llevarán a sentir más amor y a que te sientas más amado. Pueden hacer de ti una persona mejor sólo en virtud del hecho de experimentarlas si estás dispuesto a ello. Durante las sesiones de cámara, el amor divino te rodeará y te llenará, procedente de varios Seres de Luz, así como del Padre Dios y la Madre Diosa. Puede que sientas que su amor te toca el corazón y entra en tu cuerpo. Aunque cada tipo de Cámara de Configuración de Amor tiene un enfoque y una intención ligeramente distintas, todas ellas atraen el Amor Divino.

Las sesiones de Cámara de Configuración de Amor empiezan con los mismos ocho pasos ofrecidos en el capítulo 9 para la apertura de cualquier sesión de cámara. Una vez completados estos pasos, invoca la Cámara a tu alrededor. Luego, deberás indicar qué tipo de Cámara de Configuración de Amor deseas: 1) Unificación, 2) Angélica y Arcangélica, 3) Divino Femenino, 4) Divino Masculino o 5) Yin/Yang. Las secciones siguientes explican las funciones específicas de cada tipo de Cámara, guiándote en cada una de las sesiones individuales.

Se recomienda que esperes un mínimo de ocho horas entre cada una de las sesiones de Cámara a fin de experimentar plenamente los contrastes entre ellas. Todas las sesiones de Cámara de Configuración de Amor duran de treinta minutos a una hora. Puedes indicar la duración si lo deseas; sin embargo, siempre que te resulte factible, opta por el tiempo máximo.

Unificación

La Cámara de Configuración de Amor de Unificación es la más amplia y general de los cinco tipos de Cámaras de Configuración de Amor. Su propósito es alinearte con el amor divino universal a partir de una variedad de fuentes y porporcionar un sentimiento de unidad y de ser Uno a través del amor con Todo lo que Es. Requiere la participación consciente en varias fases de su instalación. Repasa la lista que sigue antes de experimentar la sesión de Cámara propiamente dicha.

Al inicio de la sesión de Cámara de Configuración de Amor de Unificación realizarás los pasos preliminares como siempre y luego invocarás la Cámara misma. Luego pedirás recibir el amor de Dios Padre a través del Sol. Entonces verás, incluso aunque lo más probable sea que te encuentres en el interior de una casa, que la luz del Sol brilla sobre ti, llenando el aire encima y a través de tu cuerpo con los rayos de luz más finos y minúsculos que puedas imaginar. Esta multiplicidad de pequeños rayos de luz transportan la energía del amor de Dios, de modo que al tocarte y entrar en tu cuerpo desde arriba quedarás lleno de luz de amor. Si continúas visualizando esta luz de amor fluyendo a través de cada una de tus células, la verás entrar en tu cuerpo por su parte anterior, atravesarlo por completo y salir por la espalda hacia tierra. Este proceso puede durar unos minutos. La luz de amor fluirá a través de ti de modo continuo hasta que termine la sesión. Deberás indicar que así sea antes de empezar.

La tierra se utiliza como vehículo del amor de la Madre Diosa. Pedirás que ella te llene con una corriente de luz y amor similar a la del Sol. A través de la respiración y la visualización extrae de la tierra el amor de la Diosa para que penetre y atraviese las células de tu cuerpo entrando desde atrás (en realidad desde abajo, ya que estarás tumbado). Seguirás manteniendo esta visión hasta que el amor de la Diosa de la Tierra te llene el cuerpo y rebose por la parte anterior de éste. También deberás pedir que la luz de amor siga fluyendo a través de ti hasta que concluya la sesión de cámara.

En este punto, el amor divino fluirá a través de tu cuerpo desde delante hacia atrás y desde atrás hacia delante. Ahora pide a los pleyadianos y al Cristo que te llenen de su amor. Luego invoca a cualquier guía, Maestro Ascendido, ángel, arcángel y Ser de Luz de quienes desees recibir amor. Si lo deseas puedes invocar a devas y devas supralumínicos, a Buda, Quan-Yin, Madre María, San Francisco o cualquier otro Ser de Luz con quien sientas una conexión o con quien quieras sentirla. También puedes optar por hacer una llamada general a «todos los seres de Luz de Amor Divino que deseen participar en este punto».

Después relájate hasta que termine la sesión. Siente el amor que viene hacia ti y que te atraviesa. Haz que la experiencia sea especial. Si surgen lágrimas u otras emociones, siéntelas y exprésalas del modo que te resulte más natural. Pronto volverás a un estado de paz, sintiendo sólo el amor que se te ofrece. Si te vienen a la mente pensamientos, creencias o juicios negativos, despéjalos utilizando las técnicas que has aprendido en este libro.

Siempre termino una sesión de Cámara de Configuración de Amor con un «Namaste» (ver Glosario) y una expresión de gratitud hacia quienes hayan estado presentes y me hayan dado algo.

A continuación sigue el procedimiento completo para utilizar la Cámara de Configuración de Amor de Unificación:

1-8. Realiza los pasos para abrir una sesión de cámara como se describe en el capítulo 9, páginas 225-26.

9. Pide que la Cámara de Luz de Configuración de Amor de Unificación aparezca alrededor de tu aura y tu cuerpo.

10. Visualiza el Sol que brilla en la habitación y sobre la parte anterior de tu cuerpo (sobre ti, ya que estarás tumbado).

11. Pide que el Sol se utilice como fuente del Amor de Dios Padre hacia ti.

12. Siente los finos rayos de luz de amor entrando en tu aura por la parte anterior del cuerpo desde la cabeza a los pies. Acéptala mediante la respiración hasta que fluya por detrás de tu cuerpo hacia la Tierra.

13. Pide que la Luz de Amor de Dios Padre siga fluyendo a través de ti hasta que acabe la sesión.

14. Ahora llama a la Madre Tierra para que sea vehículo del amor de la Madre Diosa o Santa Madre.

15. Visualiza corrientes finas de luz de amor que fluyan desde la tierra hacia la parte posterior de tu cuerpo (debajo de ti, ya que estarás tumbado) y acéptalas a través de la respiración. Continúa este proceso hasta que sientas que la luz de amor rebosa por la parte anterior de tu cuerpo y te llena el aura.

16. Pide que esta luz de amor siga fluyendo a través de cada célula de tu cuerpo hasta que termine la sesión.

17. Pide a los Emisarios Pleyadianos de Luz y al Maestro Ascendido Jesucristo que te llenen de su amor.

18. Invoca a cualquier guía, Maestro Ascendido, ángel, arcángel o cualquier otro Ser de Luz que quieras que se una al círculo de la Cámara de Configuración de Amor que te rodea.

19. Si lo deseas, di esta invocación: «Acepto a todos y cada uno de los seres de Luz y Amor Divinos que deseen participar en esta sesión de Cámara de Configuración de Amor. Estoy listo para recibir vuestro amor de un modo completo y pleno».

20. Permanece tan abierto y receptivo como puedas en este momento. Deja que el amor fluya a través de cada célula de tu cuerpo desde todas las direcciones a la vez. Si necesitas más ayuda para abrirte y relajarte, repite la afirmación siguiente hasta que te sientas relajado y más abierto: «Merezco amor divino y estoy dispuesto a recibir amor divino ahora».

21. Cuando sientas que la sesión llega a su fin y los Seres de Luz se alejan, despídete de ellos de un modo que te resulte natural. Por ejemplo, di: «Namaste», o expresa tu gratitud.

22. Abre los ojos y vuelve despacio a la habitación, llevando el sentimiento de la sesión de cámara a tu vida diaria. Vuelve a conectarte a la tierra si es necesario.

Angélica y Arcangélica

En esta sesión de cámara el formato básico es el mismo que el de la sesión de Cámara de Unificación. La diferencia principal en el proceso tiene lugar después de invocar las energías de amor solar y terrestre de Dios Padre y la Diosa Madre. En ese punto pedirás que sean sólo ángeles y arcángeles quienes formen un círculo a tu alrededor y te llenen de su amor. La razón de esto es que el amor angélico es una frecuencia de amor única y maravillosa con su propio tipo de pureza, alegría, paz e inocencia. Los ángeles, en general, poseen una fuerte energía de entrega, adoración y servicio a Dios/Diosa y a lo que hay de divino en todas las personas o cosas. Cuando experimentes esta cámara comprenderás mejor por qué esta energía es única.

Al invocar a ángeles y arcángeles puedes ser específico o general. Puedes elegir invocar a los ángeles y arcángeles de amor divino, pidiéndoles que formen un círculo de luz de amor alrededor y a través de ti. O puedes elegir invocar a ángeles y arcángeles específicos con quienes quieras conectar. Hay muchos tipos de ángeles para elegir: ángeles sanadores, ángeles de amor, piedad, paz, inocencia, fe o cualquier otra cualidad divina que se te ocurra, ángeles protectores, ángeles mensajeros de Dios, ángeles guías, ángeles de los niños, ángeles de las relaciones sexuales, ángeles de la música, ángeles de la transición en la muerte, ángeles de nacimiento y renacimiento, ángeles de sanación del divino femenino, ángeles de sanación del divino masculino y muchos más.

Los arcángeles son tantos y tan variados como los ángeles. Puedes invocarlos de acuerdo con la cualidad que emiten o el papel que juegan. Cada uno de los siguientes grandes arcángeles está al mando de un grupo o liga de ángeles y arcángeles que lo sirven. Aunque son los nombres masculinos los más conocidos, los arcángeles son dualidades divinas masculina y femenina. El arcángel Miguel y su homóloga divina Micaela, o Fe, como algunos la llaman, son los guardianes y protectores de la verdad divina y las Legiones de la Luz. Los arcángeles Gabriel/Gabriela son mensajeros de Dios y custodios del libre albedrío. Los arcángeles Uriel/Uriela guardan a los que mantienen la paz en la Tierra y en los cielos. Los arcángeles Rafael/Rafaela son los protectores y poseedores de la cualidad del amor divino. Los arcángeles Samuel/Samuela dominan las áreas de la armonía y la música divinas. Los arcángeles Zadquiel/Zadquiela son los guardianes y protectores de la mente divina y el compromiso espiritual. Los arcángeles Jofiel/Jofiela poseen la cualidad de la sabiduría divina y la capacidad de ganar sabiduría a partir de la experiencia vital, incluyendo el sufrimiento. Jofiel/Jofiela también mandan sobre los ángeles de la transición en la muerte.

Al experimentar la Cámara de Configuración de Amor Angélica y Arcangélica debes pedir ángeles concretos o una legión de ángeles que sirva a una función específica. Por ejemplo, si deseas invocar al arcángel Zadquiel/Zadquiela para atraer frecuencias de mente divina y compromiso espiritual, puedes pedir que la legión de ángeles que sirve a Zadquiel/Zadquiela se unan también a la sesión de cámara. Si deseas invocar a los ángeles sanadores, puedes invocarlos individualmente o en grupo.

También puedes incluir los reinos de querubines y serafines. Los querubines son como los cupidos que se representan en las tarjetas de San Valentín. Son como niños y portan la vibración de la inocencia y el dulce amor juvenil. Los querubines proporcionarán sanación y alivio al cuerpo emocional y al niño interior. Los serafines también son ángeles infantiles que protegen la pureza e inocencia de la mente de los niños y ayudan a restablecer esas cualidades en los adultos.

A continuación siguen los pasos para utilizar la Cámara de Configuración de Amor Angélica y Arcangélica:

1-8. Realiza los pasos para abrir una sesión en cámara como se indica al principio del capítulo 9.

9. Haz que la luz de amor de Dios Padre te atraviese el cuerpo, desde la parte anterior a la posterior utilizando el Sol como vehículo de ese amor.

10. Invoca y visualiza la luz de amor de la Diosa Madre fluyendo a través del cuerpo desde detrás hacia delante, pues la recibes de la tierra.

11. Invoca a cualquier angel o arcángel concreto que desees tener presente; o di: «Invoco a todos los ángeles y arcángeles del amor divino, incluyendo a querubines y serafines, que deseen estar presentes en esta sesión de Cá-

mara de Configuración de Amor y pido que se presenten para rodearme y llenarme con su luz de amor».

12. Relájate, permanece abierto y receptivo y disfruta.

13. Cuando la sesión termine, despídete de los ángeles como desees.

14. Vuelve despacio a la consciencia de vigilia y abre los ojos. Reconéctate a la tierra si es necesario.

Divino Femenino

Ya seas varón o mujer, heterosexual u homosexual, necesitas recibir amor divino femenino así como experimentar tu propia naturaleza amorosa femenina interna. Actualmente está bastante aceptado que todas las personas tienen un varón interior, o ánimus, y una hembra interior, o ánima, independientemente del sexo físico. Estas partes de ti mismo deben ofrecer un aspecto saludable y equilibrado a fin de generar salud, equilibrio y creatividad en tu vida.

Para abrirte al amor divino femenino debes utilizar la cualidad receptiva de tu naturaleza femenina a fin de permitir que el amor o cualquier otra cosa venga a ti. La cualidad de sentimientos y naturaleza vibratoria de cada sexo es única y maravillosa. El propósito de esta cámara es abrirte a la energía y sentimientos específicos del amor femenino en su forma suprema.

Si has tenido relaciones dolorosas con tu madre, tus amigas o tus amantes o parejas femeninas, esta cámara te proporcionará una intensa sanación interna, así como de las relaciones mismas. Si has tenido relaciones positivas y satisfactorias con mujeres, esta sesión de cámara te hará dar un paso más hacia el fin de cualquier sensación que tengas de separación de la Diosa Madre y te ayudará a abrirte para que te acerques al ser Uno, al cuidado de los demás y al amor femenino.

Antes de empezar la sesión me gustaría mencionar unos pocos seres femeninos de luz que puedas invocar.

Quan Yin (cuyo nombre también se escribe Kwan Yin, Kuan Yin y Kanseon) vivió en la Tierra y recibió la iluminación mucho antes de los tiempos de Gautama el Buda. Se la venera en casi todas las prácticas budistas como guardiana de la Compasión Divina y Madre del Mundo. Su naturaleza extremadamente gentil y confortadora dan la paz; a menudo se la representa con tigres o dragones domados por su dulzura y compasión.

La Madre María fue una sacerdotisa iluminada y la madre de Jesucristo. Ella, junto con un gran número de mujeres que recibieron la iluminación antes de, o como resultado de conocer a Cristo, forman un grupo llamado de Hermanas del Rayo del Cristo Ascendido. María Magdalena, Marta, Santa Ana —que era la madre de la Madre María— Ruth, Raquel, Elisabeth, Sara, Judit, y muchas más actúan juntas como un colectivo de iluminación femenina y de consciencia de Cristo. También desempeñan papeles individuales como guías y Maestras Ascendidas de humanos. Yo siempre invoco a este grupo cuando realizo cualquier tipo de sanación femenina.

Otras a las que podrías llamar son: Isis; Shakti, cuyo homólogo divino es Lord Shiva; Radha, cuyo homólogo divino es Krishna; Kali, la destructora del ego y de todo lo que es falso, una diosa «mala por amor»; la Mujer del Cachorro de Búfalo Blanco; Tara; Deodata, cuyo homólogo divino es Gautama el Buda; cualquiera de los arcángeles femeninos; Santa Catalina; Santa Bernadette; Santa Juana de Arco; o cualquier otra santa o deidad femenina con quien sientas una afinidad particular o con quien desees establecerla.

Cuando estés listo para empezar la sesión, sigue los mismos pasos dados para la Cámara de Configuración de Amor Angélica y Arcangélica. Sin embargo, realiza éste como paso 11:

11. Invoca a cualquier guía femenina, Maestra Ascendida y Ser de Luz que desees que esté presente. Si no deseas invocar a seres específicos, utiliza simplemente la

invocación siguiente: «Invoco a las Hermanas del Rayo del Cristo Ascendido y a todos los ángeles, arcángeles, maestros y guías femeninos que sean de Luz y amor Divinos. Rodeadme y llenadme de vuestro amor divino femenino para que vuelva a reunirme completamente con la Santa Madre Diosa». Si necesitas sanar relaciones concretas con mujeres, es el momento de decirlo.

Divino Masculino

Tampoco en este caso el sexo y la preferencia sexual tienen nada que ver con la sesión de este tipo de cámara. En la cultura occidental los hombres heterosexuales tienden a ser profundamente homófobos y como resultado se suelen cerrar al amor masculino, incluso el divino del Padre Dios. La mayoría de las familias, las americanas y europeas en particular, dejan muy poco espacio y tiempo al padre para criar y demostrar amor a sus hijos. La sociedad occidental, por lo tanto, necesita con urgencia un renacimiento en el área del amor masculino y la capacidad de recibir amor.

Independientemente de tu historial de relaciones con varones, con esta cámara te abrirás a relaciones de amor más sanas y satisfactorias con hombres y con Dios Padre si estás preparado y dispuesto. Si hay varones que te han hecho sufrir, te beneficiarás más intensa y profundamente que si has tenido la suerte suficiente de experimentar la calidad única y maravillosa del amor masculino. Si tus experiencias con varones han sido destructivas, debes primero liberar antiguas heridas y emociones dolorosas antes de sentir el cariño y el amor durante la sesión de cámara.

Del mismo modo que ocurría con la Cámara de Configuración de Amor divino femenino, existen Seres de Luz varones que puedes invocar si lo deseas. El Maestro Ascendido Jesucristo está al mando de un grupo de hombres que han recibido la iluminación a través del contacto con él o del Reino del Cristo. Se les llama los Hermanos del Rayo del Cristo Ascendido. Esta Hermandad se compone de varones que han alcanzado la consciencia de Cristo, tales como los doce discípulos conocidos, incluyendo a Judas; el Padre José; todos los santos, incluidos San Francisco, San Cristóbal, San Barnabás y Saint Germain; el Padre Abraham y el Rey David.

La orden de Melquisedec de la Luz Divina es también un grupo de varones. Se menciona a Melquisedec en la Biblia como maestro de Jesucristo. Sin embargo, este grupo precede a la época de Cristo en muchos miles de años. Llegaron a la Tierra como un grupo humano de iniciación compuesto por sacerdotes durante la primera era de la Atlántida. Al concluir el tercero y más reciente período atlante, sus enseñanzas prácticas se trasladaron a Egipto estableciéndose en aquellos templos. Fue entonces cuando Cristo tomó contacto con la orden. Por desgracia, al haberse dividido la orden entre seguidores de la luz y de la oscuridad durante la segunda era atlante, es especialmente importante que utilices siempre las palabras «de Luz Divina» cuando invoques a la orden de Mequisedec.

También puedes invocar a los arcángeles varones; a Gautama el Buda; Lord Maitreya, el futuro Buda; Chenreysi, Señor de la Sabiduría Compasiva; Shiva; Krishna; Osiris; Quetzalcóatl; Manjushri, Señor budista de la Sabiduría y la Verdad; Hiawatha y cualquier otro ser masculino de luz con quien desees establecer contacto.

El formato es idéntico al de la Cámara de Configuración de Amor Angélica y Arcangélica. Sin embargo, sustituye el paso 11:

11. Invoca a cualquier guía y deidad masculinos que desees que estén presentes. Después realiza la invocación siguiente: «Invoco a los Hermanos del Rayo del Cristo Ascendido y a cualquier otro ser masculino de Luz y amor Divinos que desee venir en este momento. Rodeadme y llenadme de vuestra luz de amor para que así me abra al amor divino masculino y al amor del Santo Padre Dios».

Si necesitas sanar relaciones específicas con varones, puedes decirlo en este momento.

Yin/Yang

La Cámara de Configuración de Amor Yin/Yang es específica para sanar y equilibrar las relaciones hombre/mujer interna y externamente. Esta cámara pueden utilizarla individuos y parejas que deseen sanarse o intensificar su relación mutua, así como con Dios/Diosa/Todo Lo Que Es.

Si la sesión es individual, resulta una oportunidad perfecta para que pidas que sane tu relación con tus padres en la Tierra. Si has tenido una relación particularmente traumática con tus padres, se recomienda que lo especifiques en el momento adecuado al realizar la primera sesión de Cámara de Configuración de Amor Yin/Yang. Si la relación con tus padres terrestres no ha supuesto un problema, puedes centrarte en la sanación de tus relaciones sexuales o del *matrimonio sagrado* entre tu masculino y femenino internos, cuerpo y espíritu.

Sea cual sea tu centro de atención, tus relaciones con Dios Padre y la Diosa Madre se verán afectadas, lo cual a su vez afectará a todas tus relaciones. Al alinearte para recibir simultáneamente amor femenino y masculino equilibrados, abrazarás y experimentarás una plenitud maravillosa. Si realizas la sesión de cámara en pareja, es mejor que realicéis sesiones de Cámaras de Configuración de Amor divino femenino, divino masculino y Yin/Yang individualmente antes de realizar juntos la sesión de Cámara de Configuración de Amor Yin/Yang. De este modo, cada uno entrará en la cámara de parejas con un sentido más definido de la propia singularidad y plenitud, siendo menos probable que cada uno proyecte en el otro que es la *única* fuente de amor. También creo que es buena idea conocer vuestra relación individual con Dios/Diosa/Todo Lo Que Es como fuente de amor divino antes de compartir la experiencia. Hay un pasaje muy bonito en una de las canciones de Ferron que dice: «Es esta autonomía el sueño de la mujer, las líneas se entrecruzan pero libres deben ser». Las runas dicen: «Que los vientos del cielo soplen entre vosotros». Esto de ningún modo implica que la relación suponga la renuncia al amor divino; sólo añade los elementos apropiados de plenitud individual, relación con la Divinidad y autonomía.

Al comenzar la sesión realiza los primeros ocho pasos típicos. Luego visualiza símbolos ☯ Yin/Yang flotando sobre la cabeza, bajo los pies, delante y detrás de ti. Ordena que los símbolos permanezcan ahí durante la sesión de cámara. Después de atraer el amor de Dios y la Diosa del Sol y la Tierra respectivamente, llamarás a las Hermanas del Rayo del Cristo Ascendido y a los Hermanos del Rayo del Cristo Ascendido. Después pedirás la presencia de los ángeles y arcángeles masculinos y femeninos.

La última invocación será a las Parejas Divinas de los Siete Rayos en el orden que sigue: 1) Rayo Violeta: Quan Yin y Lord Maitreya; 2) Rayo Azul: Jesucristo y la Madre María; 3) Rayo Verde: Chenreysi y Tara; 4) Rayo Amarillo Dorado: Buda y Deodata; 5) Rayo Naranja: Krishna y Radha; 6) Rayo Rojo: Hiawatha y la Mujer del Cachorro de Búfalo Blanco, o Shiva y Shakti; 7) Rayo Blanco: Osiris e Isis.

El formato de la Cámara de Configuración de Amor Yin/Yang es el mismo para parejas e individuos, excepto que en el caso de una pareja pueden hacerse las invocaciones en voz alta. Los pasos para realizar esta sesión de cámara son los siguientes:

1-8. Realiza los pasos para abrir una sesión de cámara dados al principio del capítulo 9.

9. Pide que la Cámara de Configuración de Amor Yin/Yang aparezca alrededor de tu cuerpo y aura.

10. Visualiza símbolos Yin/Yang sobre la cabeza, bajo los pies, delante y detrás de ti. Ordena que permanezcan allí a lo largo de la sesión de cámara.

11. Visualiza e invoca al Sol como vehículo que irradia

el amor del Santo Padre Dios; sus rayos penetran tu aura y cuerpo desde delante hacia atrás.

12. Visualiza e invoca a la Tierra como vehículo que irradia el amor de la Santa Madre Diosa; este amor fluye desde detrás de ti, atraviesa el cuerpo y sale por delante.

13. Pide que las Hermanas del Rayo del Cristo Ascendido y los Hermanos del Rayo del Cristo Ascendido formen un círculo a tu alrededor y te llenen de su amor divino.

14. Invoca a los arcángeles masculinos y femeninos para que te rodeen y te llenen de su amor.

15. Llama a las Parejas Divinas de los Siete Rayos para que te rodeen y te llenen de amor y equilibrio.

16. Relájate, mantente abierto y receptivo y disfruta de la sesión.

17. Cuando termine la sesión de cámara despídete de los seres de luz presentes del modo que desees.

18. Abre los ojos y regresa lentamente a la consciencia de vigilia. Vuelve a conectarte a la tierra si es necesario.

Repite cuanto quieras cualquier sesión de Cámara de Configuración de Amor tan a menudo como desees. Al final evolucionarás hacia un estado en el que no dejarás de recibir y dar amor divino desde y a través de todas las células de tu cuerpo.

Realizo a menudo una meditación en la que invoco y visualizo el amor divino de Dios y el amor divino de la Diosa fluyendo a través de mí como he descrito. Utilizo este flujo de amor como el foco central de la meditación, saliendo de ella con un sentimiento de paz, alegría y amor extremo hacia todo y hacia todos en sentido divino. Al final de la meditación, al llenarse mi cuerpo hasta rebosar, puedo ver que el amor sigue su curso hacia las plantas y los árboles, los animales y las personas, el planeta y su atmósfera.

A medida que el amor se vierte al exterior, digo en silencio lo siguiente: «Envío este amor a los árboles de esta

Tierra para que sepan que existe un ser humano que los quiere y sabe ver que son sagrados. Envío este amor a los animales de esta Tierra para que sepan que existe un ser humano que los ama y sabe ver que son sagrados». Continúo con el aire, fuentes de agua, los seres humanos, la Tierra y los planetas, para terminar con las estrellas y los Seres de Luz. Puedes realizar si quieres tu propia versión de esta meditación. Sólo te beneficiará.

Capítulo 11
SUBPERSONALIDADES

Una subpersonalidad es cualquier aspecto de tí mismo que tiene una función, actitud o identidad específicas que operan de manera individual y reconocible. Por ejemplo, tienes un Niño Interior que siente y reacciona frente a la vida emocionalmente y necesita sentirse querido y seguro. Esta parte de ti existe ya seas un recién nacido, tengas 100 años o estés en edad intermedia. Existen numerosos libros y modalidades de sanación que se centran exclusivamente o en gran parte en ayudarte a familiarizarte y crear subpersonalidades saludables. Algunos de los ejemplos contemporáneos de estas modalidades son: la Psicosíntesis, la Hipnoterapia Alquímica, la Potenciación de la Regresión (modalidad que yo he creado y que imparto), Diálogo de Voz y trabajo con el Niño Interior.

Desde épocas remotas, la comunicación y el equilibrio de subpersonalidades ha tenido un papel vital en las diferentes culturas. Mucho antes de que Freud o Jung «crearan» el concepto de subpersonalidades, algunas tribus americanas y africanas, druidas, tradiciones espirituales de la Diosa y otras culturas, habían reconocido la necesidad de honrar la existencia de la diversidad en la individualidad. Esto se ha llevado a cabo a través de rituales ceremoniales, épocas de concentración interior personal, sesiones de sanación y ruedas medicinales. La rueda medicinal es un área circular al aire libre delimitada por pequeñas piedras que contienen el círculo, o marcada con rocas más grandes en cuatro o más direcciones. De vez en cuando en el interior de la rueda medicinal se realizan ceremonias, reuniones y actividades espirituales personales. A través de las épocas los humanos han diseñado máscaras, han creado trajes, se han pintado la cara, han mimetizado a otros seres y han interpretado ritos de transición para facilitar la incorporación y la salud de los diferentes aspectos de sí mismos.

Existen dos categorías de subpersonalidades. La primera categoría consiste en aspectos de ti mismo que se desarrollan en relación con las necesidades o la expresión de la personalidad individual. Por ejemplo, si tienes demasiada negación sexual, puedes tener un Mojigato Interior y una Puta Interior. Se han desarrollado debido al abandono y a los juicios que han sufrido partes de ti mismo que, aun siendo en sí mismas naturales y completas, se les ha negado su libertad de expresión. Otro ejemplo es la subpersonalidad que se podría llamar el Crítico Interior. Este aspecto puede haber ido creciendo en ti si de niño se te riñó o se te menospreció en exceso. Una parte de tu personalidad adoptó el comportamiento de tus padres y profesores y tomaron el relevo. Este tipo de subpersonalidad disfuncional tiene que sanar, educarse y reasimilarse como parte de todo tu ser y de tu autoestima.

La segunda categoría está compuesta por aspectos de ti mismo que siempre formarán parte de ti. Ésta es la categoría en la que se centra este capítulo. Las cuatro subpersonalidades de esta categoría son: el Criador Interior, el Niño Interior, el/la Guerrero/Guerrera interior y el Espíritu Interior. Su estado de salud es un reflejo de tu vida interior y exterior. Tu libertad para ser emocionalmente espontáneo y sincero, tu capacidad de comprometerte y de asumir responsabilidades, así como la conexión espiritual están entre las muchas cosas que crean salud o desequilibrio en estos aspectos de ti mismo.

Se han escrito libros enteros sobre las subpersonalidades, así que este manual no cubre bajo ningún concepto el tema en su totalidad. Es un amplísimo tema que puedes explorar mucho más exhaustivamente. Sin embargo, es importante que entiendas la estructura básica del trabajo con subpersonalidades, ya que los ejercicios Ka, las sesiones de Cámara de Luz e incluso los procesos básicos del cuidado psíquico de uno mismo pueden y de hecho sacan a la superficie cuestiones que se resuelven más fácilmente a través de la comunicación y la sanación de tus subpersonalidades.

Asimilación y sanación de las subpersonalidades

El proceso de subpersonalidades utilizado en este libro tiene sus orígenes en una tradición particular india americana que según me han dicho data de hace veinticinco mil años por lo menos. Recurro a la «licencia poética» en esta presentación y en parte del material pero lo fundamental viene directamente de la tradición que se me enseñó. El proceso está basado en enseñanzas sobre la rueda medicinal y las cuatro direcciones que independientemente de la ceremonia o el enfoque personal, siempre están dirigidas a restablecer el equilibrio y la armonía. Honrar y equilibrar las cuatro direcciones forma parte de la mayoría de las ruedas medicinales. Si conoces el simbolismo tradicional de cada dirección, comprenderás mejor su aplicación a las cuatro subpersonalidades principales. Aunque existen variables en el simbolismo tradicional y la interpretación entre las diferentes tribus, el simbolismo que utilizo en mi trabajo es el siguiente: 1) El sur representa el planeta Tierra, el elemento tierra y el cuerpo físico. El Criador Interior se relaciona con esta dirección. 2) El oeste representa el elemento agua y el cuerpo emocional. Aquí se sitúa el Niño Interior. 3) El norte es la dirección del elemento aire y del cuerpo mental. El/La Guerrero/Guerrera interior se relaciona con el norte. 4) El este representa el elemento fuego, la luz y el cuerpo espiritual. Es la dirección del Espíritu Interior. Si ya utilizas interpretaciones de las cuatro direcciones con fines espirituales, limítate a intercambiar la posición de los elementos y subpersonalidades en la forma apropiada. Por ejemplo, si has llamado tradicionalmente al sur la dirección del agua, entonces lee la sección del Niño Interior para interpretar el sur, ya que el Niño Interior está asociado con el elemento agua. El Criador Interior estaría situado en el oeste y no en el sur.

Cuando trabajes con las cuatro subpersonalidades o lugares en tu «escudo personal» como se le llama al sistema de subpersonalidades en algunas enseñanzas indias americanas, es importante saber que cada subpersonalidad tiene una función importante y positiva en tu vida a pesar de cualquier desequilibrio o disfunción expresada. Cada subpersonalidad debe recibir el trato que se le da a los seres sagrados. El objetivo de encontrarte con las subpersonalidades de tu escudo personal es equilibrarlas a través de la consciencia, la comprensión, la comunicación y la acción.

Lo primero que surge al encontrarte con tus subpersonalidades y saber cómo les va y cuáles son sus necesidades y deseos es la consciencia. Después de conocer estos aspectos de tu escudo personal preguntarás a las subpersonalidades cómo se llaman. Con los ojos interiores verás una imagen de cada subpersonalidad, dirigiéndote a ellas como si hablaras con una persona física. Después escucharás. A fin de comprender cómo piensa y siente esa parte de ti y cuáles son sus necesidades formularás tus preguntas. Las preguntas están enumeradas en las secciones individuales del proceso guiado para encontrarte con tus subpersonalidades. La subpersonalidad puede decirte de qué manera se siente insatisfecha y ahogada o alegre y satisfecha. Tu cometido es el de escuchar con comprensión y afecto a la parte de ti que comparte contigo sus sentimientos, esperanzas, sueños y pequeños deseos. Cuando hayas oído las respuestas a todas tus preguntas habrá terminado el primer encuentro. Te despedirás por el momento y quedaréis para encontraros en otra ocasión.

La decisión sobre la frecuencia de encuentro con tus subpersonalidades o el «equilibrio del escudo personal» es tuya. Los indios americanos que en concreto me enseñaron esta práctica, recomiendan realizar diariamente el equilibrio del escudo personal. Me he dado cuenta de que suelo hacerlo una vez a la semana a no ser que sienta una necesidad específica urgente. Mis otras prácticas espirituales llevan bastante tiempo y tienen prioridad en mi práctica diaria. Sin embargo, puede ser diferente en tu caso. El proceso puede ser tan profundo y vital que se convierta en el momento de concentración más importante del día. Hubo un tiempo en que era una práctica diaria vital para mí. Cuando abandono la rueda medicinal después de la sesión de equilibrar mi escudo personal, les digo a los aspectos de las cuatro direcciones aproximadamente cuándo les volveré a ver. Este tipo de comunicación es importante para que el proceso sea real y significativo para ti y tus personalidades interiores.

El siguiente paso es la acción. Si tu Criador interior te dice que ves demasiada televisión y que necesitas pasar más tiempo en la naturaleza o tomando largos baños, tienes que escuchar y seguir estas sugerencias lo mejor que puedas. Si por alguna razón no puedes obedecer, sé sincero con tu Criador Interior y dile por qué no puedes hacerle caso. Aquello que te pidan tus subpersonalidades sirve para devolverte el equilibrio contigo mismo y con tu vida. Es importante que tengas el propósito de actuar como sea posible según la respuesta; sin esta intención el proceso no sólo resulta inútil sino que te irás fiando menos de ti mismo. Al final del capítulo encontrarás las instrucciones para saber qué hacer cuando vuelvas a la rueda medicinal después del primer encuentro.

En la tradición particular india americana que aprendí, te encuentras con cada parte de tu escudo personal mediante una «búsqueda de visión». Encuentras un lugar en la naturaleza al que te sientas atraído y realizas una ofrenda de tabaco, brasas, maíz o cualquier otro regalo. Será un sitio en el que sientas una conexión especial con el elemento que representa esa dirección: el sur, por ejemplo, representa el elemento tierra. A continuación te sientas sobre la tierra y cantas canciones sagradas o entras en estado de meditación silenciosa, pidiendo la presencia del aspecto con el que quieras contactar. Entonces esperas a que este aspecto se presente. Puede que oigas una voz que te habla o una representación de la apariencia de tu subpersonalidad. Tendrás que definir la representación y establecerla antes de acabar este primer paso. Luego tiene lugar el diálogo. Cuando la comunicación termine puedes recoger un objeto y llevarlo a tu altar o rueda medicinal al aire libre como símbolo físico de la relación. Puede ser una roca, una hoja, un pedazo de corteza de árbol o cualquier otra cosa que te parezca bien. Escogerás un lugar de búsqueda distinto para cada una de las cuatro partes de tu escudo personal.

Si no deseas realizar el proceso al aire libre, también puedes hacerlo a través de la meditación. Después de entrar en un estado de relajación ofrecerás oraciones al Gran Espíritu, Dios/Diosa/Todo Lo Que Es o como llames al Uno Divino. Da las gracias y pide claridad y ayuda en tu búsqueda meditativa para encontrarte con las cuatro subpersonalidades. En las siguientes secciones encontrarás instrucciones para encontrarte con tus cuatro subpersonalidades.

Cámara Lumínica de Armonización de Subpersonalidades

Es ideal realizar esta sesión de Cámara después del primer encuentro con cada aspecto individual de tu escudo personal y posteriormente cada vez que equilibres tu escudo. La Cámara de Armonización de Subpersonalidades se centra en redistribuir energías y abrir y agilizar la comunicación interior, así como en devolverte tu equilibrio. Siempre me siento con mayor afinidad conmigo misma, o más yo misma, después de una de estas sesiones de cámara.

También es ideal esta cámara después de cualquier actuación sobre las subpersonalidades, como la hipnosis,

Psicosíntesis, Diálogo de Voz o trabajo de sombra. También puedes realizar la sesión de Cámara de Armonización de Subpersonalidades después de actuar sobre tus subpersonalidades y voces internas.

Debes realizar la primera sesión con esta cámara si te acabas de encontrar con una de tus cuatro subpersonalidades. Utiliza los mismos pasos de apertura que para cualquier sesión de cámara; encontrarás los pasos al principio del capítulo 9. En el momento adecuado limítate a pedir que la Cámara Lumínica de Armonización de Subpersonalidades te rodee el cuerpo y el aura. Luego relájate y mantente abierto y receptivo de veinte minutos a una hora. Si andas escaso de tiempo, especifica que la sesión dure sólo veinte minutos. Si no, deja el tiempo máximo y disfruta lo que dure la sesión.

El encuentrro con el Criador Interior

La primera dirección con la que trabajar es el sur, lo que en esta práctica representa el elemento tierra. La tierra es el punto de origen de tu nacimiento físico, la conexión con tu madre física y la Diosa, el cuerpo físico, la conexión a la tierra, la seguridad y los cuidados. Del sur recibes alimentos, refugio, ropas y todas las cosas físicas. En las enseñanzas de la rueda medicinal, honras y le das gracias al sur, o a la tierra, por estos dones de sustento, incluyendo tu cuerpo, que sostiene tu espíritu aquí en el planeta Tierra.

La subpersonalidad que vive en la parte sur de la rueda medicinal es tu Criador Interior. Tu Criador Interior es la parte tuya que conoce y cuida de tus necesidades, al mismo tiempo que mantiene en equilibrio otras partes de tu personalidad. Si no estás en contacto con tu Criador Interior, tiendes a estar descompensado. Uno de los síntomas puede ser la necesidad excesiva de atención y cuidados porque tú mismo te privas de ellos. Quizás has centrado tu vida en el trabajo y nunca te tomas tiempo para jugar o tener un tiempo de intimidad contigo mismo o con tus seres queridos.

Cuando estás descompensado y entras en contacto con tu Criador Interior, éste sabe lo que necesitas para recuperar el equilibrio. Ya sean tus necesidades de naturaleza emocional o espiritual, el Criador Interior está al tanto de tu equilibrio y bienestar general. Si tus necesidades se refieren a ti mismo, puede que necesites más masajes, o un tiempo de soledad y silencio no planificado. Quizá la dieta que sigues no alimenta tu cuerpo ni te da lo que necesitas. Quizá precises un buen baño, hacer yoga, o cantar o tocar música. No importa lo que necesites, tu Criador Interior sabe lo que es. Si la subpersonalidad funciona muy mal y está muy dañada, la comunicación puede ser confusa al principio. Puede ser que se sienta herido y frustrado y no quiera hablar contigo. Es un reflejo simbólico de traición y enfado con uno mismo por no prestar atención a las propias necesidades. Si puedes asumir la responsabilidad de haber creado el problema sin sentimiento de culpa, la subpersonalidad normalmente atenderá a razones y te dirá lo que necesita y por qué se siente descompensada. Recuerda, tu cometido es escuchar comprendiendo sinceramente sin juzgar, para luego decidir con la subpersonalidad qué tipo de acciones hay que llevar a cabo en la vida para corregir problemas.

Ya estés meditando bajo techo o «buscando una visión» al aire libre para conocer a tu Criador Interior y a las demás subpersonalidades, escribe las preguntas en un papel. Deja espacio entre las preguntas para escribir las respuestas que te den para poder consultarlas luego.

A continuación se describen los pasos para encontrarte con tu Criador Interior:

1. Después de haber encontrado un lugar en la naturaleza donde te sientas conectado al elemento tierra o estés cómodamente sentado bajo techo para empezar tu búsqueda, céntrate y entra en un estado de meditación.

2. Envía a tu manera oraciones de gratitud al planeta Tierra, al elemento tierra y a la dirección sur. Ahora es también el momento de rezar o hacer las invocaciones.

3. Pide la presencia del Criador Interior para que le veas y puedas comunicarte con él o ella.

4. Cuando venga una imagen o una voz, mira en el papel y haz las siguientes preguntas, anotando las respuestas que recibas.

    a. ¿Cómo te llamas?
    b. ¿Cómo estás?
    c. ¿Qué necesitas?
    d. ¿Qué quieres?
    e. ¿Hay algo más que me quieras decir en este momento?

5. Concluye la búsqueda de la manera que te parezca más apropiada. Di a tu Criador Interior cuándo piensas volver.

6. *Opcional*: Ahora puedes elegir invocar a los Emisarios Pleyadianos de Luz, tu Yo Superior y al Maestro Ascendido Jesucristo y pedirles que te introduzcan en la Cámara Lumínica de Armonización de Subpersonalidades.

El encuentro con el Niño Interior

El Niño Interior vive en el oeste de la rueda medicinal. El oeste es en mis enseñanzas el hogar del agua y las emociones. Los sueños, los sentimientos, el lado sombrío de tu personalidad, tu subconsciente y el viaje interno son funciones del oeste.

En tu escudo personal, el niño interior guarda las cualidades de espontaneidad y sinceridad en las emociones, la curiosidad y la libertad para ser lúdico y feliz. Se acerca al mundo con reverencia y asombro. Tu Niño Interior no tiene ideas preconcebidas en cuanto a nada ni a nadie y le gusta explorar y aprender de la vida y de otras personas experimentando. Le encanta examinar los detalles de la más pequeña flor silvestre, o admirar la monumental estatura de los árboles, sobrecogido por la perfección y la complejidad de la naturaleza. Puede pasar toda una tarde deleitándose con la visión de un abejorro o una colonia de hormigas. Tu Niño Interior se dedica plenamente a lo que está haciendo en cada momento, a no ser que se sienta aburrido y ahogado por falta de libertad. Esta subpersonalidad muestra entusiasmo y expresa placer con facilidad y valora sus sueños y sus fantasías.

Cuando tu Niño Interior está descompensado, puedes sentirte inquieto, agitado, frustrado, aburrido o apático. Todo ello son signos de que tu Niño Interior necesita más libertad de expresión. ¿Te has vuelto demasiado sofisticado para compartir tus sueños, para sentir reverencia y asombro ante la actividad de una ardilla o un insecto de vivos colores? ¿Escondes tus verdaderos sentimientos porque crees que sería zafio o inmaduro expresarlo? ¿Miras a tu pareja y a tus amigos íntimos con la curiosidad y la emoción de querer saber más sobre los seres extremadamente conscientes que se encuentran ante ti? ¿Están vivas tus relaciones, son cariñosas y siempre cambiantes, o son aburridas y predecibles? ¿Te permites llorar y reír en voz alta en momentos especiales de tu vida o viendo una buena película? ¿O acaso bebes, fumas, comes dulces, ves películas o te excedes de alguna manera cuando sientes que afloran emociones incómodas? Casi todas las adicciones se deben a un Niño Interior reprimido y controlado.

Cuando entres en la «búsqueda de visión» para conocer a tu Niño Interior, es importante que estés dispuesto a expresar y verbalizar todas tus emociones. Si tu Niño Interior está triste y sin vida o receloso y malhumorado, puedes tardar un poco en ganarte su confianza. Sé muy sincero con esa parte de ti mismo porque hasta el mínimo engaño se interpretará como una razón para la desconfianza, el dolor y la traición. Tu Niño Interior necesita que respaldes su libertad, su alegría y el enorme despliegue de estados emocionales. La recompensa por darte a ti mismo este apoyo necesario es una vida más feliz, más equilibrada y con más respeto y amor hacia ti mismo.

Sigue las instrucciones de la sección sobre el Criador Interior para comenzar la «búsqueda de la visión» para así encontrarte y comunicarte con tu Niño Interior.

El encuentro con el Guerrero/Guerrera Interior

El norte es la dirección en la que vive tu Guerrero/Guerrera Interior. En esta práctica, el norte es la dirección del aire y de la mente, o cuerpo mental. Es el hogar del aprendizaje, la enseñanza, la claridad, la responsabilidad, la capacidad de organización, el propósito en el mundo y los logros sucesivos.

Tu Guerrero/Guerrera Interior es responsable de cuidar los aspectos prácticos y secuenciales de tu vida. Esta subpersonalidad es la que paga las facturas, mantiene la casa limpia, cocina, compra, salda los cheques, va a clase, tiene una profesión, realiza las funciones generales en las áreas laborales y mentales. Sirve de protector y guardián. Tu Guerrero/Guerrera Interior da la cara por ti cuando lo necesitas, se ocupa de los enfrentamientos con los demás y mantiene a tu Niño Interior sano y salvo.

Cuando tu Guerrero/Guerrera Interior está descompensado, eres, o bien adicto al trabajo, cabezota y autoritario, o bien confuso, inútil, pusilánime y vago o dado a perder el tiempo. Tal vez pasas tanto tiempo dedicado al trabajo y a la supervivencia física que desatiendes tu vida espiritual o tus necesidades emocionales. Puedes estar tan preocupado por carecer de la energía necesaria y pones tanto empeño en las cosas que al final haces muy poco. Tu mente puede estar en tal estado de confusión que quizá necesites meditar más, o unas vacaciones para ayudarte a atender una cosa cada vez. Tu vida puede llenarse de problemas, como números rojos, una casa sucia y desordenada, o un letargo producido por desequilibrios emocionales que afectan a tu equilibrio mental. Quizá te dediques a controlar a todos a tu alrededor en un intento de sobreprotección de tu Niño Interior vulnerable, que necesita sanar. Sea cual sea el caso, tu Guerrero/Guerrera Interior te puede ayudar a comprenderlo cuando establezcas contacto y comunicación.

El procedimiento para entrar en contacto con tu Guerrero/Guerrera Interior es idéntico al expuesto en la sección precedente sobre el contacto con el Criador Interior (ver páginas 244-244). Sigue los mismos pasos para organizar la búsqueda al norte de tu escudo personal.

El encuentro con el Espíritu Interior

El este, que es el hogar de tu Espíritu Interior, es también la dirección que representa el fuego y la luz. En el este —la dirección del amanecer—, están la esperanza, las aspiraciones, la inspiración, la creatividad, las creencias y prácticas espirituales, tu espíritu mismo, la iluminación, la ascensión y la conexión con el Gran Espíritu, Dios/Diosa/Todo Lo Que Es, o el Uno Divino.

Las funciones del Espíritu Interior incluyen cosas obvias como la meditación, la oración y tu vida espiritual. Bien consistan tus actividades espirituales en una tranquila meditación, en leer libros espirituales, conectarse con el maestro espiritual o Maestro Ascendido, rezar, pasar tiempo en la naturaleza o asistir a rituales y ceremonias, tu Espíritu Interior es el que realiza estas cosas. Otras áreas menos obvias de esta subpersonalidad son la sexualidad, la creatividad, la magia, la danza, la música y la conexión contigo mismo, con otros y con la divinidad.

Cuando el Espíritu Interior está descompensado estás probablemente prestando demasiada atención a otros aspectos de la vida y muy poca al espíritu, o viceversa. En cualquier caso, el desequilibrio aparecerá en el este de tu escudo personal. Quizá lo experimentes como desesperanza, derrotismo y futilidad. La falta de fe y conexión espirituales te roban la inspiración, ocupándote de tus obligaciones en la vida pero sin sentir la magia. O puede que medites demasiado y que nunca estés en contacto con tus emociones o tu naturaleza sexual. Ser un ermitaño espiritual puede ser una excusa para sentirse inadecuado o incómodo en sociedad. ¿Miras la vida con tanto estoicismo que no bailas, aprecias y creas arte o música, o haces el amor bajo la luna llena? ¿Cúando fue la última vez que estuviste en plena naturaleza y te sentiste conectado a Dios/Diosa o el Uno en todas las cosas? ¿Practicas lo que predicas y vives tu vida con integridad y verdad? ¿Celebras los logros de los demás o sientes envidia y los ves como una amenaza? ¿Para ti hacer el amor es sólo una liberación puntual y sensaciones lujuriosas, o te importa realmente la otra persona y das al mismo tiempo que recibes? ¿Mueves la energía sexual a través de los chakras y usas el sexo para abrirte más intensa y vulnerablemente a ti mismo, a tu pareja y a Dios/Diosa/Todo Lo Que Es? ¿Permites a otros intimar contigo? ¿Estás entusiasmado e inspirado por las lecciones de la vida y las oportunidades de crecimiento o intentas mantener lo establecido, o crees que has evolucionado tanto que no te queda nada que aprender? Todas ellas son preguntas a tu Espíritu Interior y en sus respuestas se dejan ver su estado de salud, su equilibrio o disfunción.

Con estos asuntos y cualquier otro que te venga a la mente, prepárate para el encuentro con tu Espíritu Interior, mantente abierto y receptivo y trata de tener el menor número posible de ideas e ideales preconcebidos. Cuando estés listo, emprende la búsqueda de tu Espíritu Interior utilizando los mismos pasos que los dados para encontrarte con tu Criador Interior.

Equilibrio del escudo personal

Ahora que has conocido a cada una de tus subpersonalidades, estás preparado para equilibrar tu escudo personal. Para ello, entra en estado de meditación, imagínate entrando en el círculo de la rueda medicinal hecho de piedras en el que viven tus cuatro subpersonalidades y muévete alrededor del círculo, encontrándote y comunicándote con cada una de ellas. Realiza las siguientes preguntas a cada una de tus subpersonalidades en las cuatro direcciones: 1 ¿Qué tal estás? 2 ¿Qué tal te van los cambios que he introducido desde nuestro último encuentro? 3 ¿Qué necesitas? 4 ¿Qué quieres?

En la tradición que yo aprendí, entras por el este e, inmediatamente, sigues en la dirección de las agujas del reloj o del sol, primero hacia el sur. Después de conectar con tu Criador Interior en el sur, sigue en dirección de las agujas del reloj hacia el oeste, donde puedes dialogar con el Niño Interior. De ahí sigue el movimiento en dirección de las agujas del reloj hacia el norte donde te espera el Guerrero/Guerrera Interior. Por último, sigues en la dirección de las agujas del reloj hacia el este y terminas encontrándote con el Espíritu Interior. Cuando termines, imagina que sales caminando del círculo. Ya has equilibrado tu escudo personal.

Si lo deseas puedes continuar este proceso con la Cámara Lumínica de Armonización de Subpersonalidades. Puede limar las asperezas y dar el toque final cuando sea necesario.

La mayoría de las veces, cuando salgo del círculo, ya me siento muy equilibrado, en paz y con calor interior sólo por haberme comunicado y haber estado con las cuatro partes sagradas de mí misma. Si te sientes así, no necesitas realizar la sesión de cámara.

Capítulo 12

SESIONES SANADORAS ADICIONALES DE EJERCICIOS PLEYADIANOS DE LUZ

Este capítulo contiene ciertos procesos de sanación adicionales que los pleyadianos y el Cristo han considerado importante ofrecer en este momento. Al igual que el resto de métodos de sanación de este libro, el propósito de estas técnicas es favorecer aún más el alineamiento divino, no sólo etérica y espiritualmente sino también en relación con los comportamientos y actitudes de la vida diaria. Cuando estés dispuesto a abrazar la verdad divina en todo momento y lugar, la iluminación y la ascensión se harán posibles.

Sanación mediante capullos

Los «capullos» son envoltorios protectores utilizados para el transporte de almas y espíritus dañados para su posterior proceso de sanación y preparación para la reencarnación. Cuando suceden grandes cambios planetarios, tales como terremotos catastróficos o explosiones, muchos seres pueden quedar atrapados en los planos astrales inferiores o sufrir el daño y la fragmentación extremas del alma. Estos seres necesitan un sistema de soporte vital espiritual y una regeneración lenta a través del amor, el cariño y la luz, cosa que los delfines y las ballenas terrestres pueden ofrecer.

Mi alma posee el vivo recuerdo de haber saltado en pedazos cuando explotó el planeta Maldek, volando fragmentada a través del espacio fuera de control e incapaz de activar mi consciencia. Unos hermosos Seres angélicos de Luz llamados Ángeles Pleyadianos de Misericordia me «recogieron», me encerraron en un brillante capullo de luz y me llevaron a una nave pleyadiana de luz que me transportara a la Tierra. (Véase ilustración 12.)

Los delfines vinieron a mí bajando al fondo del mar tetradimensional e hicieron girar suavemente el capullo con el morro mientras enviaban energía de amor y alegría hacia su interior. Nadaban a su alrededor dentro de burbujas, cantándome con su sonar mágico y fortaleciéndome y preparándome lentamente para mi próximo paso.

Este tipo primigenio de capullo es como el vientre de la Santa Madre Cósmica; muchas y maravillosas enfermeras lo rodean, atendiendo a las necesidades de un alma hasta que llega el momento en que ésta nazca. Es preceptivo como contenedor seguro de un alma que se recupera de un trauma extremo. Los capullos descritos en este capítulo son más simples aunque más versátiles respecto del original. Te resultará fácil modelar estos capullos más simples en cualquier momento con la ayuda de los pleyadianos y de un ser llamado el Deva Supralumínico de Sanación. Las circunstancias que pueden requerir la invocación de un capullo son varias, así como los tipos de capullos según las necesidades. Un capullo puede parecer igual que una Cámara de Luz, pero su función es, en realidad, muy distinta. En el interior de una Cámara de Luz se debe disponer de cierto tiempo a fin de que tenga lugar la energización o la sanación. Se suceden varias fases hasta que se alcanza el resultado deseado. Un capullo contiene una energía de calidad consistente y sirve tanto de protector del cuerpo y el aura como de generador de una energía específica. Una vez que el capullo te rodea, no se requiere dedicar más tiempo a la sesión. Sigues con lo que estás haciendo mientras el capullo permanece alrededor del aura y cumple la función requerida.

Hay un tipo de capullo que ayuda a abrazar cualidades divinas. Las cualidades divinas son estados espiritualmente alineados de ser en los que actitudes, emociones e identi-

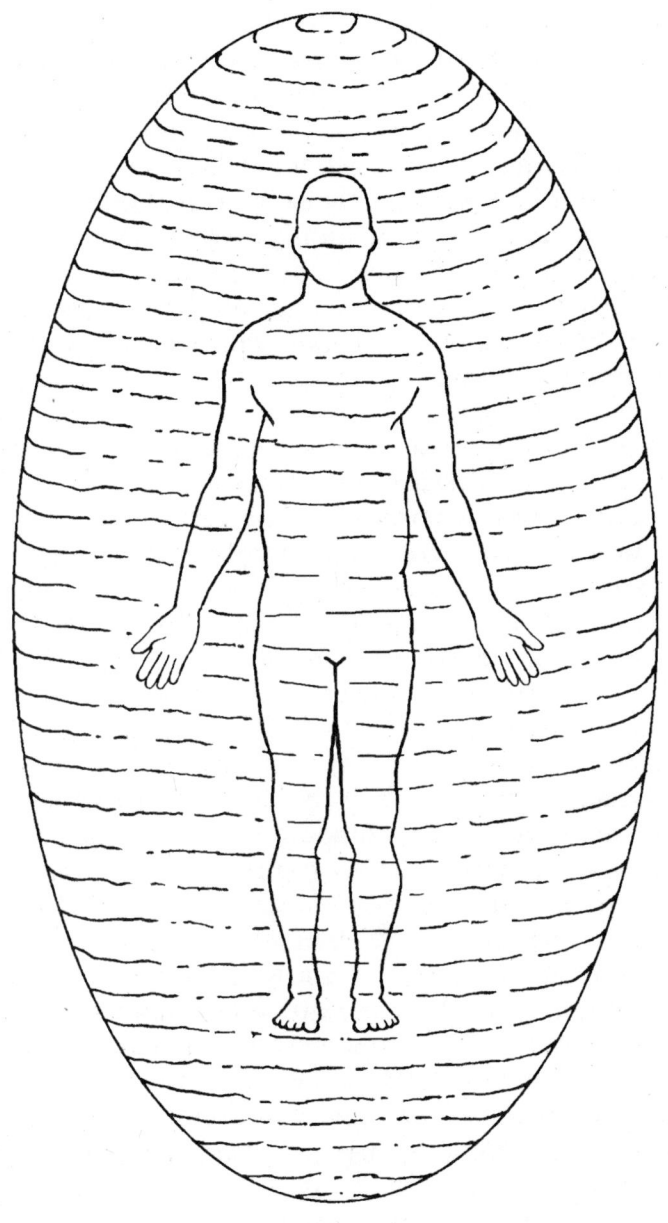

12. Capullo alrededor del aura.

dad están en sintonía con el Yo Superior, en oposición a la personalidad basada en el ego. Ejemplos de cualidades divinas son: fe, esperanza, caridad, compasión, comprensión, perdón, amor, ternura, cariño, lucidez, humildad, paz, inofensividad, inspiración, claridad, valor, fuerza, humor, sinceridad, paciencia, generosidad, honradez, aceptación (ausencia de prejuicios), belleza (como atributo esencial, no necesariamente belleza física), armonía, equilibrio, dedicación, oración, juego, alegría, presencia, disposición, confianza, rendición, receptividad, discernimiento, desapego y felicidad.

Muchas de estas cualidades divinas se corresponden con cualidades inferiores. Por ejemplo, la receptividad ante personas o situaciones dañinas o destructivas no es una cualidad divina, sino una cualidad inferior. Quienes experimentan receptividad como cualidad inferior necesitarán evolucionar hacia la experiencia de la receptividad divina acompañada por el discernimiento, lo que implica el abrirse y ser receptivos tan sólo a energías divinas o basadas en la verdad. Esta referencia a divino y basado en la verdad como sinónimos significa que cualquier cosa que parezca menos que divina es ilusoria. En otro ejemplo, algunos utilizan la fe ciega como el modo de no ser nunca responsables de su propia vida y de lo que generan. Al entregar su vida a Dios mediante la fe olvidan que también deben poner algo de su parte y se acaban desilusionando. A través de la fe divina se sabe que Dios/Diosa/Todo Lo Que Es vive en todas las cosas y que la verdad divina deberá prevalecer en algún momento del tiempo. Se esfuerzan al máximo y ponen su fe divina en el resultado, ya sea a corto o a largo plazo.

Probablemente serás consciente de las cualidades divinas que más falta te hagan, ya sea en general o en situaciones difíciles específicas. Tal vez se trate de energías mal aplicadas, como en los ejemplos previos de receptividad inferior y fe; o quizá te encuentres en el proceso de desarrollo de ciertas cualidades y necesites ayuda. Puedes invocar así los estados deseados de ser en forma de capullos de sanación. Por ejemplo, si tu problema es que no permites que nada bueno te llegue, el uso del capullo sanador de receptividad divina puede ir ayudándote a abrirte a ese atributo en tu vida. Si tienes mucha experiencia con el dolor y la traición en esta vida o en las anteriores, podrás utilizar el capullo para experimentar más perdón, valor o fuerza divinos.

También pueden combinarse cualidades en un solo capullo. Algunas de las mezclas más comunes son: amor divino con aceptación; compasión divina con desapego; receptividad divina con discernimiento; humor divino con sinceridad; honradez divina con valor; fe divina con inspiración.

Sigue estos pasos para experimentar un capullo de sanación:

1. Elige una cualidad divina o una combinación de cualidades que quieras tener más presente en tu vida y en tu ser.
2. Invoca a los Emisarios Pleyadianos de Luz.
3. Invoca la presencia del Maestro Ascendido Jesucristo y de otros Maestros Ascendidos.
4. Invoca la presencia del Deva Supralumínico de Sanación.
5. Invoca la presencia de tu propio Yo Superior.
6. Pide a estos seres amados que encierren tu aura en la cualidad o cualidades divinas que hayas escogido.
7. Medita sobre el hecho de percibir y ser consciente de la cualidad. Relájate y concéntrate. Medita al menos de cinco a diez minutos, o más si lo deseas, aunque puedes seguir con tus ocupaciones en cuanto el capullo te rodee si lo precisas; esto tan sólo limitará tu percepción consciente del estado de energía.
8. Una vez termines la meditación puedes decidir que el capullo se quede contigo o sea retirado. Si lo dejas donde está, se disipará de un modo natural tras un rato.

Otro tipo de capullo puede ser de ayuda cuando se experimentan emociones fuertes o vulnerabilidad. Tal vez sea que vengas de una sesión particularmente intensa de liberación de emociones con un sanador o terapeuta. O que tengas una experiencia emocionalmente traumática, tales como el fin de una relación o la muerte de un ser querido. Puede que estés alterado e inseguro como resultado del procesamiento y liberación de vidas pasadas o de revivir experiencias traumáticas anteriores. Puede que te sientas temporalmente vulnerable y necesites más seguridad, protección y unos límites más despejados.

En estos momentos de vulnerabilidad puedes utilizar el mismo proceso dado antes para invocar un capullo de cualidad divina, pero con los pequeños cambios que se indican:

1. Invoca a los Emisarios Pleyadianos de Luz.
2. Invoca al Maestro Ascendido Jesucristo y otros Maestros Ascendidos.
3. Invoca al Deva Supralumínico de Sanación.
4. Invoca al Yo Superior.
5. Ahora di: «Colocadme dentro de un capullo protector y sanador durante las próximas veinticuatro horas mientras asimilo y me recupero de esta experiencia emocional (o espiritual) y me fortalezco».
6. Siéntate o túmbate con los ojos cerrados el tiempo que haga falta para sentir el cambio de energía que se produce cuando el capullo te envuelve. Luego reanuda tu día normal.

Al término del período de veinticuatro horas puedes restablecer el capullo si aún lo necesitas.

Si eres sanador o terapeuta, puedes invocar un capullo para un cliente que acabe de experimentar una liberación profundamente inquietante o emocionalmente dolorosa. Visualiza el capullo alrededor de la parte externa del aura del cliente y ayuda a su creación mediante la visión de hilos dorados de luz que rodeen la parte externa de su aura como si se envolviera una momia. Luego pide que el capullo se mantenga durante veinticuatro horas mientras la persona asimila la experiencia sanadora.

Despejamiento de rutas neuronales erróneas

Las rutas neuronales son minúsculos circuitos eléctricos del cerebro a través de los cuales la información sensorial se recibe y se interpreta para posteriormente actuar en consecuencia. Estas rutas se dividen en tres grandes secciones. (Véase ilustración 13.) La información sobre rutas neuronales que contiene este capítulo proviene exclusivamente de los pleyadianos y de ningún modo supone la existencia de fuentes médicas o científicas. De modo que, cuando hablo de rutas neuronales, hablo en términos de imágenes etéricas y funciones energéticas que se corresponden con comportamientos y actitudes.

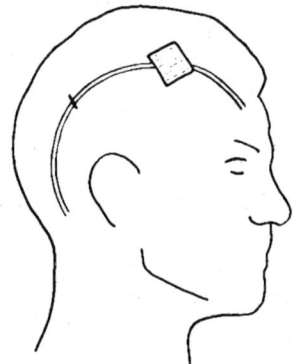

13. Una ruta neuronal errónea con su placa neuronal entre las secciones primera y segunda. Empezando por la frente, la primera sección es para la recepción neurológica de datos; la segunda sección es para la interpretación y la toma de decisiones en cuanto a la acción a emprender, mientras que el tercero estimula la actuación de mente y cuerpo.

Las tres secciones de una ruta neuronal, como se ve en la ilustración, son:

1) el segmento receptor en la parte superior del cerebro; 2) el segmento de la parte media del cerebro, cuya función es interpretativa, determinando la reacción a la información enviada por la sección primera; 3) el segmento de la parte inferior del cerebro, que estimula la acción del cuerpo, la voz u otro aspecto del yo. Para que tu espíritu viva de modo pleno en el cuerpo, las rutas neuronales deben estar despejadas, abiertas, y predispuestas a una espontaneidad basada en la verdad. En otras palabras, cuando no respondes del modo más natural y honrado a cualquier situación, el espíritu lo percibe como una disminución y contracción de energía; esto crea una frecuencia de vibraciones bajas en la que el espíritu no puede vivir.

Piensa en lo que esto supone. Si te dedicas a vivir espiritualmente de un modo honrado y sincero y buscas la verdad divina, la más mínima falta de honradez hará que tu espíritu no esté bien en tu cuerpo. Un ejemplo: viene tu jefe y te pregunta qué piensas de su nuevo proyecto. No te gusta nada y crees que va a fracasar, pero el miedo y el servilismo hacen refrenarte y replicas: «Está bien, Herb». Lo que sucede a nivel neurológico es esto: la pregunta del jefe entra en la primera sección de la ruta neuronal. Si reaccionaras sin cálculos, subterfugios o engaños, dirías de modo espontáneo: «Francamente, Herb, no creo que funcione. En Ajax Company intentaron algo similar hace dos años y fue un desastre». El proceso completo de recepción de información, interpretación, toma de una decisión y actuación, tiene lugar en una fracción de segundo, más o menos a la velocidad de la luz, desde el principio al final de la ruta neuronal.

Cuando no respondes con honradez, lo que ocurre es esto: Recibes la información, te contraes inmediatamente antes de que se active la segunda parte del ciclo, calculas la respuesta que crees que le gustará al jefe y luego envías ese mensaje a través del ciclo para que se active. Aunque el proceso sigue siendo bastante rápido de principio a fin, hay una parada llamada «placa neuronal» entre los segmentos primero y segundo. (Véase ilustración 13 de la página anterior.) En esta placa neuronal se «codifica» la respuesta calculada y mentirosa. Cuando el estímulo eléctrico atraviesa el primer segmento de la ruta neuronal y llega a la placa, la corriente eléctrica se detiene y la explora de arriba abajo «leyendo las instrucciones» de la misma antes de acceder al resto de la ruta. La placa neuronal dice algo así: «nunca estés en desacuerdo con tus padres, profesores o jefes o se te castigará». Cuando el impulso eléctrico lee el mensaje de la placa, crea en el cuerpo un aviso de miedo causando la contracción, por sutil que sea, y dices una mentira.

Siempre podrás justificar la respuesta diciendo que todos dicen lo mismo o que tu jefe es un hombre visceral que no encaja bien la crítica constructiva. Pero esencialmente, por lo que respecta a tu espíritu, estás mintiendo y arrojando tu espíritu espontáneo, libre, honrado e impecable fuera del cuerpo, dejando sitio al ego. Cuando una placa neuronal bloquea una ruta, se le llama ruta neuronal errónea porque ya no tiene la capacidad de funcionar de un modo natural y espontáneo. Cuantas más rutas neuronales erróneas tengas, menos plenamente se incorporará tu espíritu en el cuerpo.

Lo que podemos aprender a nivel espiritual de estas rutas neuronales es que todos los humanos son responsables de mantener en todo momento una honradez impecable y espontánea a fin de progresar espiritualmente hasta alcanzar la iluminación y la ascensión. Por suerte, a diferencia de lo que dice la psicología, las rutas neuronales erróneas se pueden despejar. Las placas neuronales se pueden eliminar y se pueden regenerar las rutas abiertas para la adecuada acción espontánea.

A fin de identificar las rutas neuronales erróneas y las placas que deban despejarse, debe utilizarse la clarividencia, la intuición, la clariaudición o la visualización creativa. La visualización creativa, según lo que se expone a continuación, consiste en entrar en un estado profundo de meditación y luego imaginar una pantalla en el límite externo del aura. En la pantalla se proyecta una imagen de la propia cabeza. Luego pides ver o percibir los lugares del cerebro donde has creado placas neuronales que se apoderan de tu espontaneidad y tus respuestas honradas. No sería extraño que tuvieras de una a cuatro rutas neuronales erróneas con sus placas, todas relativas a un solo asunto. Puede que cuentes con multitud de grupos de rutas erróneas cubriendo una amplia gama de asuntos personales. Se recomienda que actúes cada vez sobre un solo grupo de rutas con un tema común. Una vez se te muestre dónde están estas rutas y cuántas deben despejarse y cuándo, puedes utilizar el proceso de despejamiento cuyos pasos se ofrecen más adelante.

El proceso consiste básicamente en identificar primero las funciones de las rutas neuronales erróneas. Puedes tocar la pantalla con las manos para sentir la energía, pedir mensajes o pedir una película que muestre el comportamiento erróneo. Tras identificar la pauta de comportamiento, lo cual es crucial si esperas ser lo bastante consciente de ella como para cambiarla, utilizarás la rejilla de la Cámara Lumínica de Transfiguración Cuántica (véase ilustración 9 en la página 235). Visualiza la imagen de un cubo en el que se entrecruzan láseres de luz ultravioleta en sentido horizontal, vertical y de delante hacia atrás. El ultravioleta es un color entre rojo y morado, como los rayos ultravioleta del sol. Este color es el único que conozco capaz de disolver placas neuronales. Luego te imaginarás colocando las manos alrededor de una placa neuronal mientras la bombardeas con miles de láseres microscópicos. Puedes hacerlo sobre la pantalla o imaginando que proyectas las manos etéricamente hacia el interior de la cabeza, allá donde se encuentra la placa neuronal. Luego coloca las manos alrededor de la placa, manteniendo la visualización de la intención hasta que la placa se disuelva completamente. Pedirás a los pleyadianos que te ayuden en el proceso, aunque es esencial que tú participes o no resultará.

Una vez la placa neuronal se haya disuelto, colocarás las manos físicas en la pantalla, una sobre la frente y la otra en la base del occipital detrás de la cabeza. Visualízate enviando una pequeña corriente eléctrica, como un pequeño rayo saliendo de cada mano hacia la ruta neuronal. Cuando los dos rayos se encuentren, la ruta estará despejada. Luego juntarás la punta de los dedos índices allá donde estaba la placa neuronal. Allí habrá un corte de la ruta que necesita ser reparado. Pide ayuda a los pleyadianos mientras visualizas hilos finos de luz blanca y dorada que cosan los extremos de la ruta neuronal. Es como una pequeña red de fibra óptica que se vuelve a unir después de romperse. Cuando creas que ha acabado tu trabajo, lo probarás haciendo que fluya la luz del sol dorado desde la parte anterior de la ruta neuronal hasta la posterior. Si la luz fluye suavemente a través de la ruta y no se filtra en el punto que has cosido, el circuito estará completo. Si no es así, continúa cosiendo hasta que la luz dorada fluya a través de la ruta neuronal sin filtrarse.

Si te resulta imposible realizar este proceso tú solo, busca a un amigo (que también esté leyendo este libro) para despejaros mutuamente. En este caso trabajaréis por turnos, esta vez exclusivamente con la pantalla situada en el exterior del aura. Comprobad que estáis conectados a la tierra, que el aura se encuentra extendida a unos 60 centímetros del cuerpo y que habéis forrado el exterior de ésta con luz violeta antes de empezar la tarea. Si es necesario, colocad rosas nuevas en el exterior del aura antes y después de la sanación. Al término de cada proceso de sanación crea una gran rosa con la cara de tu amigo o amiga y colócala delante de tu aura con la intención de recoger cualquier energía suya que hayas absorbido. Cuando la rosa haya absorbido todo lo posible, hazla estallar en el exterior de las auras. Luego crea una rosa con tu propia imagen dentro y colócala en el exterior del aura de tu amigo o amiga para recuperar cualquier energía tuya que hayas dejado en su campo. De nuevo, cuando la rosa esté llena hazla estallar en el exterior de las auras y tu energía volverá a ti. Si este proceso aún no te funciona, pide ayuda a un especialista de Ejercicios Pleyadianos de Luz.

A continuación sigue un ejemplo de una experiencia real de despejamiento de rutas neuronales. La primera vez que se me habló de rutas neuronales erróneas estaba en medio de una sesión de lectura y sanación para una cliente a la que llamaré Alice. Esta mujer tenía una relación abierta y había vivido con su amante, al que llamaré amante A, durante más de cuatro años. Ambos eran libres de ver a otras personas y no tenían que ocultar la existencia de otros amantes. Cuando la mujer vino a mí estaba muy alterada porque tenía un nuevo amante, al que llamaré amante B, desde hacía seis meses, y el nuevo amante se había mudado a la casa de Alice con ella y el amante A. Alice no había hablado al amante A sobre el amante B; había ocultado deliberadamente la naturaleza de la nueva relación y tenía miedo de que el amante A lo descubriera y se marchara. Naturalmente, yo, como consejera espiritual, era responsable de recomendar sinceridad, pero también de ayudar a esta mujer a llegar al fondo de por qué estaba mintiendo sin necesidad y creando la disyuntiva.

En la sesión de clarividencia, vi imágenes y energía procedente del dolor provocado por los golpes que recibió Alice de su padre cuando era niña, lo que provocó que ésta le acabara mintiendo de modo crónico para evitar castigos mayores. Si ella no le decía lo que quería oír, la violencia era inevitable. De pequeña, Alice escogió crear rutas neuronales erróneas para sobrevivir.

En el cerebro de Alice había tres rutas con placas neuronales que establecían los criterios de seguridad. El mensaje de la primera era básicamente: «descubre lo que los otros quieran oír y dilo siempre o te matarán o te dejarán malherida». El mensaje de la segunda placa neuronal era «oculta tus sentimientos y que no te afecten las emociones y las palabras de los demás». La tercera ruta estaba programada con «si no estás segura de qué decir, finge ignorancia. Haz como si no supieras a qué se refieren».

El miedo y el dolor eran muy intensos en el chakra del corazón de Alice, liberados por la llegada a su vida del amante B. Aunque su miedo era del todo irracional, le impedía decir la verdad al amante A. Alice iba diciendo mentira tras mentira para cubrirse. No hace falta decir que fue un alivio para ella comprender finalmente por qué lo hacía, logrando así ser compasiva y perdonarse a sí misma. Se llevó a casa la cinta de la sesión y se la hizo escuchar a sus dos amantes esperando que también ellos lo comprendieran y la perdonaran cuando les contara la verdad. Por suerte para ella, ambos hombres respondieron con comprensión y perdón, lo que le dio un nuevo y poderoso punto de referencia en favor de que es más seguro decir la verdad. Alice también comprendió que, debido a que la pauta era tan antigua, se traducía en una costumbre inconsciente que requería la ruptura consciente de esa pauta a fin de evitar que se regeneraran las rutas neuronales erróneas.

En esa época, los pleyadianos también me enseñaron otro efecto secundario de las rutas neuronales erróneas. Cuando se dice una mentira, ya sea abiertamente o limitándose a no ser espontáneamente sinceros, se empieza a formar una energía oscura y pequeña como una telaraña alrededor de la zona del alma en el chakra del corazón. Cuantas más veces escondemos algo, calculamos, ocultamos algo o mentimos, más telarañas se crean. Al señalar esto, los pleyadianos dijeron compasivos «¡Qué red más enredada tejemos a partir del primer engaño!». Este dicho, como muchos otros que se han hecho populares, señala una verdad literal. Con el tiempo, las telarañas oscuras y pegajosas nos separan parcial o completamente de la capacidad de sentir y expresar la propia esencia del alma. Estas telarañas se pueden transmutar y disolver mediante fuego violeta. Saint Germain nos ayudará en este proceso al ser él el guardián del fuego violeta para la transmutación mediante la alquimia. Este proceso también se puede realizar sobre una pantalla si esa técnica resulta más fácil.

Antes de empezar el proceso de despejamiento, asegúrate al menos de tener una hora libre por si acaso se tarda tanto. A continuación, sigue los pasos para despejar rutas neuronales erróneas y telarañas alrededor del alma:

1. Conéctate a la tierra.
2. Extiende el aura en todas direcciones a una distancia de 60 centímetros del cuerpo.
3. Comprueba los colores del límite del aura así como las rosas y ajústalos si es necesario.
4. Coloca una pantalla en el exterior del aura con un cordón de conexión que llegue hasta inmediatamente debajo de la superficie de la tierra.
5. Invoca a los Emisarios Pleyadianos de Luz.
6. Pide a los Maestros Ascendidos Jesucristo y Saint Germain su presencia y ayuda en la sanación.
7. Invoca a tu propio Yo Superior.
8. Di a los Pleyadianos, a los Maestros Ascendidos y a tu Yo Superior que tu intención al llamarlos es pedirles guía y ayuda para despejar cualquier ruta neuronal errónea que tengas en el cerebro y que sea adecuado despejar en este momento.
9. Proyecta la imagen de tu pecho en la pantalla, imaginando que ves su interior como si utilizaras rayos X etéricos. Pide que se te muestre la matriz del alma, que se encuentra aproximadamente a treinta cm de la superficie del chakra del corazón: fíjate en la cantidad de telarañas que tiene.
10. Eleva las manos físicas hacia la pantalla y siente la energía proyectada de tu alma. Pide a Saint Germain que traiga el fuego violeta y te ayude a transmutar cualquier telaraña que rodee la matriz. Visualiza el fuego violeta que surge de tus manos formando una copa alrededor de la matriz del alma en la pantalla. Continúa hasta que la telaraña parezca o la percibas totalmente despejada, o hasta que recibas el mensaje de que has terminado.
11. Despeja la pantalla colocando la imagen del pecho en una rosa y haciéndola estallar.
12. Proyecta la parte anterior de la cabeza en la pantalla.
13. Pide ver, sentir, intuir o escuchar cuántas rutas neuronales erróneas tengas que estén listas para ser despejadas en este momento y dónde están situadas.

14. Una vez localizadas las rutas, siente su energía para identificar su propósito, recibiendo un mensaje, utilizando la intuición o pidiendo una película que muestre la pauta de comportamiento. Esta información se encuentra en las placas neuronales entre el primer y el segundo segmento de las rutas neuronales erróneas.

15. Una vez identificada la pauta de comportamiento, aplica los pasos siguientes a cada una de las rutas relacionadas con esa pauta. Coloca las manos alrededor de la placa neuronal a despejar. Visualiza una multitud de finos rayos láser ultravioleta en la rejilla de la Cámara de Transfiguración Cuántica que se proyectan hacia y a través de la placa neuronal. Pide a los pleyadianos que te ayuden a mantener en su sitio la rejilla de láseres alrededor de la placa neuronal para disolverla.

16. Una vez desaparecida completamente la placa neuronal, mueve las manos hasta la frente y el hueco occipital de la cabeza en la pantalla. O trata de enviar pequeños rayos de energía eléctrica a través de la ruta neuronal hasta que los dos rayos se encuentren en el medio.

17. Coloca ambos dedos índices juntos en el punto de ruptura del canal donde estaba la placa. Visualiza o pide la aparición de una multitud de hilos finos de luz blanca y dorada para coser la ruta neuronal mientras pides ayuda a los pleyadianos y a tus guías. Mantén la visión o la intención hasta que sientas que el trabajo ha terminado.

18. Prueba la ruta neuronal para asegurarte de que no tiene filtraciones haciendo que fluya la luz del sol dorado desde la parte anterior de la ruta hasta la parte posterior. Si la luz dorada fluye suavemente sin filtraciones, la sanación de la ruta ha terminado. Si la ruta tiene filtraciones, continúa con el paso 17 hasta que desaparezcan.

19. Repite los pasos 15 a 18 para cada ruta neuronal errónea que deba ser despejada y sanada.

20. Contempla durante unos minutos la pauta de comportamiento que debes cambiar para mantener despejadas las rutas neuronales. Imagínate en alguna situación real en

la que las rutas siguieran actuando de modo erróneo. Obsérvate viendo y sintiendo lo que ocurre en esas situaciones. Comprueba dónde y cuándo se contrae tu cuerpo. Observa las reacciones de las otras personas. Observa tu respiración y si eras capaz de mirar a las personas con quien estabas. ¿Cómo te sentías emocionalmente?

21. Ahora vuelve a imaginar idénticas situaciones, pero esta vez con la rutas neuronales despejadas de modo que te comportes de una manera espontáneamente sincera. ¿Cuáles son las diferencias? Fíjate en la ausencia de contracciones en el cuerpo. Observa las diferentes reacciones de los demás. ¿Cómo reaccionas tú? ¿Respiras más libremente? ¿Eres capaz de mirarles a la cara? ¿Cómo te sientes emocionalmente?

Si esta pauta nueva y más sincera sigue costándote o siendo difícil, exagera tus sentimientos para despejarlos. Puede ser de ayuda hacer fluir energía y soplar rosas. Si surgen los juicios, las creencias o los pensamientos negativos, ten paciencia y despéjalos. Practica el nuevo comportamiento hasta que fluya de modo ligero, natural y espontáneo.

22. Cuando hayas terminado, coloca la pantalla en una rosa y hazla estallar en el exterior del aura.

23. Se te recomienda una sesión de Remodelación Cerebral Delfínica con los pleyadianos tan pronto como sea conveniente. Pídeles que despejen cualquier pauta que permanezca en tu cuerpo que corresponda a las rutas neuronales erróneas despejadas. Las instrucciones para estas sesiones se encuentran en el capítulo 8.

También puedes utilizar esta técnica de despejamiento con otra persona. Debes sustituir entonces tus imágenes por las de su cerebro, su pecho, matriz del alma, etcétera. Una vez completo el despejamiento, aconseja a la persona que haga una sesión de Remodelación Cerebral Delfínica como se sugiere en el paso 23. Realiza después separaciones psíquicas visualizando una rosa con la cara de la persona en el exterior del aura. Cuando la rosa haya recogido cualquier energía que hayas recibido de la otra persona durante la sesión, hazla estallar en el exterior del aura.

Luego visualiza una rosa con tu propia cara en su interior. Coloca la rosa en el exterior del aura de la otra persona con la intención de que la rosa recoja cualquier energía tuya que hayas dejado en su espacio durante la sesión. Cuando la rosa deje de recoger energía, hazla estallar en el exterior de las auras. Tu energía, en el caso de que la haya, volverá a ti.

Autosanación mediante la rejilla de Transfiguración Cuántica

La rejilla de la Cámara de Transfiguración Cuántica, que ya has utilizado a pequeña escala para despejar placas neuronales, cuenta además con otras aplicaciones. La estructura en forma de rejilla es tal que tiene una capacidad única para despejar energías que son normalmente tediosas y difíciles de despejar a través de otros métodos.

Primero daré ejemplos de otros usos específicos para la rejilla ultravioleta de Transfiguración Cuántica. A menudo mis clientes me cuentan haber visto arañas, murciélagos o serpientes moviéndose por su aura o chakras, sobre todo acompañando a la liberación de energía oscura de dolor o viejas emociones reprimidas. Estos murciélagos, arañas y serpientes no tienen relación aparente con criaturas físicas, sino que son entes parásitos que viven en un nivel astral inferior. Se alimentan de emociones reprimidas, energía muerta, como puede ser el dolor, y energías de frecuencia inferior en general, como las que se encuentran cerca de quienes se dan a la bebida o toman drogas, se abandonan al pensamiento negativo o han experimentado grandes traumas en su vida. Cuanta más meditación realices, más positivo seas y más amor tengas, más luz atraigas al cuerpo, te alimentes de un modo más sano y más energías reprimidas despejes, menos «alimento» tendrán estos parásitos en ti.

Si se da el caso de que ves o sientes la presencia de arañas, murciélagos o serpientes en tu campo de energía, el de un cliente o el de un amigo, visualiza luz ultravioleta y arrójasela para tratar de averiguar si son parásitos astrales. Si la luz ultravioleta los paraliza hasta el punto de que no puedan moverse, se trata entonces de parásitos astrales porque estas entidades no son capaces de tolerar esta frecuencia de luz. Una vez paralizados, colócalos en el interior de una rejilla ultravioleta de Transfiguración Cuántica de un tamaño que se ajuste a su alrededor y mantenla así hasta que los parásitos se disuelvan por completo. Puedes pedir ayuda a los pleyadianos. No hay nada que temer. Si estos parásitos ya estaban allí y no te habías dado cuenta, es mejor para ti que sepas de su existencia porque así los puedes eliminar.

Otro uso de la luz ultravioleta en general o formando una rejilla de Transfiguración Cuántica es servir de ayuda a los que sufran de intoxicación química, radiactiva y/o alérgica. Aunque la luz ultravioleta en general no es capaz de eliminar estos problemas por completo o inmediatamente, puede actuar gradualmente sobre ellos y con más rapidez que cualquier otra cosa que conozco. Las propiedades purificadoras de la luz ultravioleta del Sol hacen constantemente mucho más de lo que la mayoría percibe. Y, sin embargo, hay muchos que apenas pasan tiempo al sol, sobre todo por los agujeros en la capa de ozono que intensifican su radiación. No obstante, creo que necesitamos recibir frecuentemente la luz solar directa para estar sanos y sentir más vida en nuestro interior. Incluso si sólo se puede estar al sol dos minutos al día puede ser muy importante, sobre todo si ese tiempo se dedica a utilizar la intención y la respiración de modo consciente para absorber la luz del sol en el cuerpo.

Los rayos ultravioleta tienen la capacidad de disolver con el tiempo el veneno químico y radiactivo existente en la Tierra y en el cuerpo humano. Si sabes que tienes problemas de este tipo, te ayudará el uso de la rejilla de luz ultravioleta de Transfiguración Cuántica. Aísla la parte del cuerpo de la que desees despejar toxinas, tales como el hígado, el cerebro o el colon, y concentra la rejilla de luz ultravioleta en esas áreas. Si las toxinas fluyen por tu sangre, puede ser necesaria una sesión de cámara de luz ultravioleta sobre el cuerpo y el aura, utilizando las instrucciones contenidas en la sección del capítulo 9 titulado «Cámara de Transfiguración Cuántica».

Comienza utilizando la rejilla sólo durante sesiones de diez minutos hasta que descubras la cantidad de desintoxicación física que produce la rejilla ultravioleta. Si descubres que diez minutos es mucho porque se produce demasiada desintoxicación, utiliza la rejilla por un período de tiempo menor cuando repitas el tratamiento. Tendrás que determinar la frecuencia de uso de la rejilla observando tu propio cuerpo y las reacciones emocionales a ella. Recuerda que este tipo de despejamiento se produce en fases y es mejor ir despacio que forzar el cuerpo.

También te beneficiarás de la luz ultravioleta si tu sistema inmunológico es débil o está enfermo. Coloca el timo en el interior de una rejilla de Transfiguración Cuántica de luz ultravioleta para estimular tu cuerpo etérico, que a su vez estimule tu cuerpo físico y ayude así al despejamiento de los bloques de energía que provocan la infección y la enfermedad. La rejilla ultravioleta también se puede situar alrededor de áreas infectadas, heridas, raspaduras, quemaduras, ampollas, etcétera.

Existen más usos para la rejilla de Transfiguración Cuántica aparte de los que se sirven de luz ultravioleta. Por ejemplo, si tienes tensos los músculos, puede venirles bien situar sobre ellos una rejilla de luz de plata. Cualquier lugar del cuerpo que tienda a mantenerse contraído y en tensión puede aliviarse hasta cierto punto mediante luz de plata, ya sea en la rejilla de Transfiguración Cuántica o limitándote a visualizar la irradiación de luz de plata en esa zona del cuerpo. Sin embargo, para una tensión y un bloqueo de carácter crónico, la rejilla de luz de plata es capaz de relajar las áreas a la vez que va disolviendo los bloqueos de energía. Esta técnica funciona de maravilla en los bloqueos de la zona del colon. Las propiedades relajantes de la luz de plata hacen que el colon se relaje, permitiendo una evacuación más fácil. Esta rejilla de luz también es útil contra las hemorroides.

En caso de dolor intenso como el que acompaña a una torcedura, dislocación o rotura de un hueso, una rejilla de luz dorada de transfiguración cuántica puede ayudar a acelerar la regeneración y a llevar calor y alivio a la zona. Esta luz dorada también puede aliviar el síndrome premenstrual y el dolor de la regla, así como hernias, úlceras, irritación de garganta, dolor cardíaco, indigestión, dolor de oídos y dolor de cabeza, migrañas incluidas.

Las rejillas de luz dorada también son buenas para los chakras rígidos o bloqueados. Si una zona de un chakra en particular no está manifiestamente abierta, utiliza la rejilla dorada rodeando el chakra entero el tiempo suficiente para que sientas su resultado. No sólo suaviza y ayuda a la apertura del chakra; también atrae la sanación etérica a un chakra dañado, despeja energía ajena y favorece el proceso de regeneración. En algunos momentos puedes sentir la necesidad de utilizar otro color o combinación de colores de luz para una zona de un chakra en particular. Confía en tu intuición y tu propia guía. El oro es el color sanador más universal, pero no es de ningún modo el único a utilizar sobre los chakras.

Si tienes artritis, reumatismo o problemas con depósitos de calcio, puede serte útil situar rejillas locales o bien la Cámara de Transfiguración Cuántica en todo el cuerpo. Para estos problemas utiliza una secuencia de tres colores de luz distintos durante la sesión de cámara. El primer color de luz a utilizar será el rosa-oro, el cual disuelve la calcificación y la contracción. La luz de color rosa-oro es el color del metal rosa-oro de la joyería de oro en tres tonos originaria de las Colinas Negras. También puedes imaginarlo como una mezcla equilibrada de cobre y oro metalizado que cree un color nuevo y no una mera fusión de colores. El segundo color de luz a utilizar es el plateado, el cual relaja la zona arrastrando consigo los restos de energía favoreciendo su liberación. La luz dorada es el tercer color a utilizar. El oro regenera, fortalece y estimula la autosanación y la afinidad con uno mismo.

Cuando utilices la Cámara de Transfiguración Cuántica o rejillas de aplicación local para la artritis, el reumatismo o los depósitos de calcio, deja que transcurran treinta minutos. Haz fluir cada uno de los tres colores durante diez minutos. Puede que descubras que esta cámara hace que la ira aflore a la superficie, ya que la artritis es el resultado de la implosión de tu propia ira y/o la de otras personas depositada en los huesos. Al disolverse el patrón de energía dejando el cuerpo libre para sanarse a sí mismo, la ira necesita ser sentida y liberada a fin de evitar que se vuelva a depositar en él. Si necesitas una sesión con un terapeuta de emociones, un especialista bioenergético o simplemente operar tú mismo sobre la ira, se recomienda vivamente que lo hagas buscando una cura completa y no un alivio temporal. Las cintas de audio de Lazarus para liberar la ira pueden ser también de gran ayuda.

Se pueden repetir estas sesiones de cámara o de rejilla tan a menudo como se necesite o se desee mientras el cuerpo y las emociones propias resistan las liberaciones que las sesiones estimulan. Probablemente sea mejor no realizar más de dos sesiones por semana en la mayoría de los casos. Pero, como siempre, confía en tu propia intuición y guía para establecer tu horario.

Los pasos específicos para utilizar la Cámara Lumínica de Transfiguración Cuántica o las rejillas de aplicación local para actuar sobre la artritis, el reumatismo o los depósitos de calcio son los siguientes:

1-8. Realiza los pasos descritos al comienzo del capítulo 9 para la apertura de una sesión de cámara.

9. Invoca la Cámara Lumínica de Transfiguración Cuántica o la rejilla de aplicación local correspondiente a tu necesidad física concreta.

10. Visualiza la estructura de la rejilla tridimensional

como se muestra en la ilustración 9 de la página 235, utilizando luz de color rosa-oro alrededor y a través del aura y del cuerpo o alrededor del área concreta. Tras sentir que la cámara o la rejilla ha quedado fijada a tu alrededor, relájate. Sigue manteniendo suavemente la luz rosa-oro en la rejilla específica durante diez minutos mientras los pleyadianos y el Cristo operan también sobre ella.

11. Ahora concéntrate en visualizar luz de plata en la pauta de la rejilla hasta que la veas fija. Luego relájate y mantén suavemente la intención general mientras te mantienes receptivo durante diez minutos.

12. Cambia el color a luz de color sol dorado, de nuevo manteniendo la concentración hasta que quede estabilizada por su cuenta. Luego relájate y mantén la intención durante diez minutos más.

13. Cuando termine la sesión de cámara o el despejamiento mediante la aplicación local de la rejilla, es aconsejable sumergirse en un baño caliente tanto tiempo como se desee, pero no menor de diez minutos. Pon aceite de peppermint o eucalipto en el agua para que favorezca la liberación, la estabilización y el alivio continuados.

[Nota de la autora: Este proceso no se incluye en la cinta correspondiente a este libro, ya que se utiliza sólo en circunstancias específicas. Si necesitas oírlo en una cinta, puedes grabarla dejando diez minutos de silencio entre cada una de las tres fases de sanación, o pedir la cinta titulada *Rejilla de Transfiguración Cuántica para Enfermos de Artritis* a la dirección que figura al final del libro.]

Ve más allá de lo que se incluye en este capítulo, utiliza con creatividad las rejillas de Transfiguración Cuántica sobre bloqueos de energía o problemas físicos específicos. Cuando utilices una rejilla local para el despejamiento celular o muy concentrado de órganos o glándulas, artritis o zonas del cuerpo con enfermedades crónicas concretas, es de prever que la efectividad de la sanación suponga del 40 al 60% de la correspondiente a la imposición física de manos. Te animo a que hagas sesiones de imposición de manos a dúo con un amigo o que veas a un profesional de Ejercicios Pleyadianos de Luz si los resultados de los procesos descritos no son suficientes.

No esperes una cura instantánea al experimentar con esta forma de energización sobre enfermedades y dolores físicos. Realiza la tarea moderadamente al principio hasta que determines su efecto sobre la liberación física y emocional, decidiendo el ritmo en consecuencia. Me encantaría que me comentaras tanto tus resultados como tus usos creativos de la rejilla local y la Cámara de Transfiguración Cuántica sobre el cuerpo.

Reorientación y Remodelación Celular

Las sesiones de Reorientación y Remodelación Celular son únicas en el sentido de que nunca es la misma dos veces, están cortadas a medida de necesidades individuales y son una mezcla de muchas formas de Ejercicios Pleyadianos de Luz. Estas sesiones se invocan cuando has actuado sobre muchos asuntos que giran alrededor de un asunto central y has llegado a un punto muerto. Tal vez te sientas completamente perdido en cuanto a qué hacer a continuación o bien se trate de un simple estancamiento; o tal vez hayas hecho todo lo que puedes en cuanto al asunto en cuestión y necesitas ayuda para la «recogida final» y los cabos sueltos.

Si llevas tiempo operando sobre tu propia sanación y crecimiento espirituales, probablemente sepas que hay momentos en que meditas, rezas, despejas emociones, actúas con luz para sanar, actúas sobre el cuerpo, despejas creencias o juicios y perdonas. En esos puntos puede que te sientas «hecho polvo» o, como poco, que aunque te parezca que las cosas no están despejadas del todo, ya no puedes hacer más. Puedes seguir meditando, operando con fuego violeta y esforzándote al máximo para mantener las vibraciones lo más altas posible, pero sería maravilloso que hubiera algún modo mágico de atar los cabos sueltos a fin de poder seguir con el paso que venga a continuación. Éste es un ejemplo de situación en la que puede ser muy útil una sesión de Remodelación y Reorientación Celular.

Otro ejemplo es cuando el estancamiento es de verdad: tus sentimientos son aún muy fuertes, has hecho todo lo que sabes para intentar superarlos y sabes también que hay algo más que es muy importante que entiendas o despejes, pero parece que no puedes encontrarlo. Incluso te encuentras a ti mismo diciendo o haciendo algo que no quieres hacer o decir de verdad, pero que pareces incapaz de cambiar. Tu autoestima y autorrespeto se resienten, así como tu capacidad de concentración y de estar totalmente presente y disponible en la vida.

Estos momentos son ejemplos de cuándo puede ser de mayor ayuda la Remodelación y Reorientación Celular. Los momentos decisivos pueden ser muy frustrantes. Te sientes casi a las puertas de un nuevo futuro, pero una forma vaga o poco tangible te cierra el paso. La falta de resolución y el bloqueo tienen muchos orígenes posibles y resulta ser a menudo una combinación. Algunos ejemplos de orígenes son: pautas celulares; energías estancadas; pautas de bloqueo neuro-córtico-muscular que no dejan de regenerar aquellos problemas sobre los que has operado espiritual o emocionalmente; bloqueos de energía y residuos densamente concentrados en órganos, glándulas y otras partes del cuerpo; energía ajena; imágenes estancadas que no puedes encontrar; vergüenza y dolor que pueden ser imposibles de liberar sin ayuda, y unos chakras torpes que han sido despejados pero necesitan «afinamiento» o sanación más profunda.

Para recibir una sesión de Remodelación y Reorientación Celular has de aprender antes la lección que debes saber y haber trascendido las pautas de comportamiento asociadas. Éstos son requisitos previos para experimentar esta sesión en la que se despejarán los restos de energía estancada o no resuelta. Si has aprendido la lección y has trascendido los comportamientos, estás preparado para lo demás y ése es exactamente el propósito de este proceso.

Si tienes menos experiencia con la autosanación y las tareas de crecimiento espiritual, este proceso también puede ser útil para despejar pautas y energías superadas que ya no se correspondan con quién eres y con quién vas a ser. Puedes hacer ejercicios de sanación, despejamiento y equilibrio que te ayudarán a llevar a tus cuerpos de energía a un lugar más compatible con ellos mismos para que así estén listos para lo que venga a continuación.

Como se ha dicho anteriormente, tienes cuatro cuerpos energéticos principales: los cuerpos mental, emocional, espiritual y físico. Cuando despejas las creencias del cuerpo mental relativas a un asunto concreto, el cuerpo emocional debe limpiarse de las emociones asociadas. El cuerpo espiritual debe recibir la parte despejada de ti con verdades y sentimientos nuevos y superiores de perdón, amor y deseo de renovarse y ser mejor. El cuerpo físico debe liberar las pautas de bloqueo que conservaban esas creencias y emociones. A medida que crezcas y cambies, no siempre será fácil saber si te ocupas de todas las áreas, pero si estás aprendiendo las lecciones, puedes utilizar una sesión de Remodelación y Reorientación Celular para el refinamiento y la solución de problemas; los pleyadianos, el Cristo y tu Yo Superior te resolverán los problemas y realizarán la sanación limpiadora durante la sesión. Para ello utilizarán una combinación de algunos o de todos los elementos siguientes: Ejercicios de Remodelación Cerebral Delfínica, ejercicios Ka, despejamiento mediante el realineamiento del eje divino, irrigación y regeneración celular, cualquier tipo de cámara de luz, rejilla localizada de Transfiguración Cuántica, equilibrio y sanación de chakras, energización y alivio del sistema nervioso, elevación del exceso de emociones por encima del cuerpo para su neutralización, mensajes de guía o ejercicios de Enlace Estelar Delfínico.

Tengas o no un asunto en particular que requiera conscientemente estos ejercicios, realiza la sesión y recibirás aquello que necesites en ese momento. El proceso para una sesión de Remodelación y Reorientación Celular es el siguiente:

1. Túmbate cómodamente con una almohada bajo las rodillas, los pies separados en línea con los hombros y los ojos cerrados.
2. Conéctate a la tierra.
3. Extiende el aura o empújala hasta 60 o 90 centímetros del cuerpo en todas direcciones. Comprueba los colores y las rosas del límite del aura si lo deseas.
4. Invoca a los Emisarios Pleyadianos de Luz.
5. Invoca a tu propio Yo Superior para que te acompañe.
6. Pide la presencia del Maestro Ascendido Jesucristo.
7. Invoca la presencia del Deva Supralumínico de Sanación.
8. Invita a cualquier otro guía, ángel o maestro ascendido que desees que tome parte en la sesión.
9. Di en silencio lo siguiente (o utiliza tus propias palabras): «En virtud de la ley de la gracia divina, pido que el Maestro Ascendido Jesucristo, los Emisarios Pleyadianos de Luz, el Deva Supralumínico de Sanación _____ (cualquier otro ser de Luz que desees llamar) y mi propio Yo Superior se lleven y sanen las emociones dolorosas, las pautas de bloqueo físico, pensamientos o creencias, karma espiritual o energías mías o de otros que no necesito procesar o conocer a fin de aprender y crecer. Pido que estas energías sean retiradas de mi cuerpo y de mi aura, transmutadas en fuerza vital pura y creativa y me sean devueltas».
10. Respira profunda pero suavemente, imaginando que cada exhalación libera energía innecesaria y que cada inhalación trae nueva fuerza vital creativa que reemplaza la energía que se marcha. Cuando la liberación termine, ve al paso siguiente.
11. Pide recibir una sesión de Remodelación y Reorientación Celular. Relájate y permanece abierto y receptivo

todo lo que te sea posible. Si sientes presión o incomodidad en algún nivel, incrementa el ritmo respiratorio para favorecer la liberación. Necesitarás de una a dos horas para esta sesión. Siempre debes concederte el mayor tiempo posible. Si utilizas esta técnica antes de dormir, puedes dormirte en cualquier momento de la sesión.

12. Si no haces la sesión antes de dormir, al terminar respira profundamente unas cuantas veces antes de incorporarte. Siéntate y reconéctate a la tierra antes de reanudar tus actividades diarias.

Puedes realizar también una sesión abreviada que termine en el paso 10. Esto puede ayudar a completar una liberación emocional; puedes utilizarla para pedir la elevación de vergüenza, dolor, humillación, pena, miedo, culpa o ira después de que hayas procesado y retirado las emociones sobre las que puedas operar por tu cuenta.

Recuperación de la Fuerza Vital en los alimentos

A causa de vivir en un mundo en el que los alimentos se llenan de aditivos químicos, se fumigan con pesticidas, sufren alteración de color, blanqueado, desestructuración mediante microondas y mutación en general, resulta difícil ingerir alimentos completos, orgánicos y no adulterados. Incluso en este caso la fuerza vital del alimento disminuirá enormemente durante el tiempo que transcurre entre su cosecha, transporte y cocinado. El problema es menos grave si has crecido comiendo de un modo sano desde que naciste, pero probablemente has ingerido muchos alimentos mutados, tales como azúcar blanco, harina blanca, arroz blanco, carnes, aceites cocinados y alimentos no orgánicos desde muy temprano en la vida. ¿Cuál es el efecto que esta forma de alimentarse tiene sobre el cuerpo y el espíritu? Los humanos y los animales que comen alimentos mutados experimentan las mismas mutaciones en su propia estructura celular y sus cromosomas, como ya se ha demostrado que ocurre en las plantas. Por lo tanto, la salud de tu cuerpo, así como la capacidad de tu espíritu de vivir en tu cuerpo de una manera plenamente operativa, dependerá en parte de la naturaleza de lo que comas.

Los pleyadianos han expresado su preocupación acerca de este simple hecho y me han ayudado a desarrollar un modo de mejorar esta situación. En primer lugar, el sentido común te dirá que compres alimentos orgánicos siempre que te sea posible. Los pleyadianos han dicho que, tras cinco generaciones de producción de semillas a partir de alimentos orgánicos, cualquier mutación se corregirá si las plantas que surjan de esas semillas reciben el alimento adecuado durante su crecimiento.

En segundo lugar, utiliza granos enteros y alimentos enteros siempre que te sea posible. Las plantan han sido creadas para contener una pauta energética completa y la totalidad de enzimas necesarias para la digestión. Las plantas tienen «marcas geométricas de creación» que son similares o idénticas a las que se encuentran en el cuerpo humano. Así fueron diseñadas por los pleyadianos y los Reinos Dévicos para que todo lo necesario para estar sano y bien alimentado, así como para sanar los males, exista en la Tierra en el mundo natural. Si el salvado y el germen se retiran de los granos antes de ser ingeridos, o si la caña y los granos de azúcar se reducen a su forma más simple, las marcas de las plantas se ven alteradas y entran en el cuerpo de forma incompleta y mutada. El cuerpo entonces trata de completar la imagen intentando dar sentido a aquello que se ha ingerido. Las vitaminas B y C se extraen de los lugares donde habían quedado almacenadas temporalmente en el cuerpo para generar así equilibrio y salud; se utilizan para que estos granos y azúcares mutados lleguen a tu sistema. Para favorecer la digestión el cuerpo produce un exceso de enzimas que no harían falta si los alimentos estuviesen completos. A la larga, esto desemboca en deficiencia de vitaminas B y C, agotamiento prematuro del número total de enzimas en el cuerpo, problemas inmunológicos y propensión a alergias, así como daños en el sistema nervioso y en el cerebro. El colon no es capaz de evacuar bien debido a la pasta formada por los granos blancos y los azúcares pegajosos, provocando el regreso de las toxinas al cuerpo a través de las paredes del colon debido a la constante putrefacción. Los cromosomas y las células se ven mutados, giran sin rumbo, empiezan a generar enfermedad y no pueden crear un hogar donde el espíritu sea capaz de vivir.

La ingestión de alimentos completos cultivados orgánicamente puede erradicar este problema e incluso empezar a sanar y devolver el equilibrio interno natural. Por supuesto, si el daño ya es excesivo, pueden ser necesarios unos enemas o limpiezas de colon, o bien seguir durante un tiempo un programa de terapia de enzimas. Puede ser necesaria la toma de un suplemento alimenticio hasta que el cuerpo se recupere de las mutaciones pasadas y vuelva a funcionar normalmente. Puedes aprender estos procedimientos en libros o de un buen especialista en dietética, hierbas, iris, homeopatía o naturopatía.

Puede que por necesidad (o diversión), por mucho cuidado que tengas en casa, suelas comer en restaurantes o en casa de otras personas. Además, recoger comida y salir corriendo con ella es una señal de estos tiempos. El proceso dado a continuación para «sanar los alimentos» y devolverles la fuerza vital no puede liberar completamente la comida de productos químicos y mutaciones. Sin embargo, te ayudará a recuperarte de la mutación con resultados variables y hará que tu cuerpo sea más agradable para que lo habite tu espíritu.

1. Visualiza una rejilla ultravioleta de Transfiguración Cuántica alrededor del alimento que vayas a comer. Coloca las manos alrededor del borde del plato o del propio alimento para facilitar la colocación de la rejilla. Aguanta la rejilla firmemente mediante tu consciencia durante treinta segundos o un minuto, o más tiempo si lo crees necesario.

2. Con la rejilla así colocada, expresa si quieres la gratitud o las bendiciones de costumbre.

3. Visualiza el símbolo del infinito, que tiene el aspecto de un número ocho horizontal, formado por luz dorada. Esta luz dorada fluye de modo continuo a través del símbolo. Coloca un extremo del símbolo del infinito cerca del alimento mientras pronuncias la siguiente invocación o una propia: «Envío gratitud a todas las fuentes de esta comida, incluyendo plantas, animales, seres sensibles, seres humanos y la tierra. Pido que aquella fuerza vital que haya perdido desde que fue recogida, transportada y preparada, le sea devuelta ahora a través del símbolo del infinito». Continúa visualizando la imagen de la luz dorada fluyendo a través del símbolo del infinito hasta que percibas que la fuerza vital ha sido devuelta tanto como sea posible. El proceso suele tardar de treinta segundos a un minuto.

4. Buen provecho.

Después de «sanar» y restaurar así el alimento unas pocas veces, serás capaz de sostener simultáneamente en tu consciencia la rejilla de Transfiguración Cuántica y el símbolo del infinito, lo cual reducirá el tiempo necesario para el proceso.

Capítulo 13

LA CONEXIÓN CON EL YO SUPERIOR

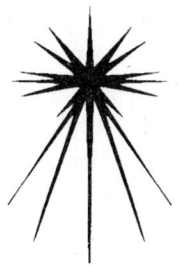

El Yo Superior es el aspecto de tu espíritu consciente individual que trasciende tu cuerpo desde la cuarta hasta la novena dimensión. Más allá de la novena dimensión no se distingue la consciencia individual. (Véase «dimensión» en el Glosario para una descripción más amplia.) Tu Yo Superior tiene función, forma y nivel de consciencia diferentes en cada dimensión. Lo que llamas Yo Superior es la parte de ti que vive en la quinta y sexta dimensiones y todavía mantiene forma humanoide aunque no sea ya física. El Yo Superior está disponible para una conexión consciente siempre que lo desees y estés preparado, pero no interferirá con tu libre albedrío para hacerse notar ni para influenciar tu vida. Para poder conectarte directamente con tu Yo Superior debes desear evolucionar espiritualmente y saber que eres un alma y espíritu valioso más allá de tu cuerpo. En caso contrario, la consciencia de tu cuerpo se identifica con el ego y la personalidad como si aquél fuera todo el yo.

Si acabas de empezar a despertar espiritualmente puede que te hayas dado cuenta o no de que tienes un homólogo divino o quizá creas que está aislado de ti. A través de la meditación, la instrucción, los sueños, o las revelaciones, puedes ir dándote cuenta de que también existe una divinidad en tu cuerpo. En ese punto se convierte en algo natural pedir ayuda a los guías, Maestros Ascendidos, ángeles y tu propio Yo Superior para desvelar lo divino, el verdadero yo interior. Con su ayuda afloran a la superficie karmas, creencias, juicios, emociones y cualquier otra cosa que esté bloqueando el camino de acceso a tu divinidad y puedes empezar con el despejamiento y la sanación como aspectos del despertar espiritual.

Cuando te das cuenta de que lo único que bloquea tu acceso a la consciencia de Dios es lo que tu yo humano de la personalidad/ego ha creado, estás preparado para asumir la responsabilidad de crear tu realidad de una manera más consciente y armónica. Estar conectado con el Yo Superior de tu cuerpo es la forma más directa que conozco de crear puntos de referencia superiores de amor, integridad espiritual y conexión con Dios/Diosa/Todo Lo Que Es, así como de acelerar la liberación de energías limitadas y más densas.

Puedes haber experimentado tu Yo Superior como Ser de Luz con el que sólo puedes conectar fuera de tu cuerpo. Esta experiencia aflora de una espiritualidad basada en la dualidad y la necesidad de ser no-físico para poder experimentar estados superiores de consciencia y comprensión. Si percibes tu yo humano como si fuera exclusivamente un «yo inferior» y en consecuencia tu vida física como «inferior a» la realidad, ello bloqueará enormemente tu progreso y alegría espirituales. Tu yo humano es sólo lo que haces de él o lo que crees que es. Si tienes la suerte de tener padres cariñosos y amigos que te animan a pensar por ti mismo y saben que eres una parte divina de Dios/Diosa/Todo Lo Que Es y que eres un espíritu sagrado viviendo en un cuerpo, no habrás considerado nunca a tu yo como un «yo inferior» limitado. Te identifican con la consciencia de tu cuerpo sólo porque vives en una sociedad que todavía no anima ni reconoce la consciencia de tu yo divino desde el nacimiento. Así, tu yo humano se percibe a sí mismo como físico, impuro, sin poder para ayudarse a sí mismo y a merced de un Dios todopoderoso. Este «yo inferior» sólo vive por supervivencia y para evitar el dolor en todo lo posible, y subconscientemente siente una profunda vergüenza por el hecho de ser humano y por ello una forma «inferior» de consciencia. Las religiones dogmáticas han complicado más las cosas programando a las personas para creerse criaturas pecadoras e inferiores que necesitan la salvación, pero que no son capaces de nada sin la autoridad de la iglesia. En muchos casos, estas enseñanzas religiosas se unen a las normas sociales para convencerte de que eres tu cuerpo y nada más.

«Vergüenza de ser» es un síntoma de este adoctrinamiento religioso, social y planetario. Incluye la vergüenza por la necesidad de comer para vivir, vergüenza por los olores del cuerpo, vergüenza por merecer poco, vergüenza por odiarse a uno mismo y, en una palabra, vergüenza por tener, como ya he mencionado antes, forma física. La vergüenza por el deseo de sexo y compañía es un síntoma de una «vergüenza de ser» más profunda y tiene que ver con la vergüenza y el miedo que acompañan al hecho de sentirse aislado. Recuerdo vivamente que siendo niña, mi madre decía a menudo: «Ésa no tiene vergüenza» o «¿Es que no tienes vergüenza?» como si la vergüenza fuera una virtud que determinase que uno fuera «buena o mala persona». La persona de la que se decía que no tenía vergüenza era siempre una «mala persona» y a la que, según ella, había que ignorar. Siempre me ha parecido triste que las personas se juzguen y se aíslen de tal manera, y que mi madre se aferrase a su propia vergüenza como gracia de salvación.

Los dos principales eslabones perdidos en la cultura moderna cuya ausencia parece causar este tipo de juicios y aislamiento son: 1) el conocimiento de que por derecho de nacimiento, como hijo de Dios/Diosa, mereces amor, satisfacción y alegría sin la necesidad de ganártelo; 2) la consciencia de ser un espíritu con un alma hecha de luz y amor que está aquí para evolucionar. Cuando lo sabes y sientes tu valía inherente y tu propósito, se produce rápidamente un gran cambio interior y un progreso espiritual. Atraer al cuerpo la energía y la consciencia de tu Yo Superior en lugar de abandonar el cuerpo para acceder a esta consciencia es una gran reafirmación del valor y el estado de conexión de tu yo humano a la divinidad y un gran paso para dejar de creer en el aislamiento.

Si sientes «vergüenza de ser» y te aferras a creencias que tienden a generar esta vergüenza, se te sugiere que te centres en sintonizarte y liberar esas creencias utilizando la técnica del capítulo 6 para despejar creencias y juicios. Ejemplos de tales creencias son:

1. Tengo que ser castigado y cumplir la penitencia por mi «maldad» antes de esperar redención y misericordia.
2. Algo debe de funcionar mal en mí porque no siento el amor de Dios.
3. La necesidad de comida y refugio es vergonzosa porque se los arrebato al planeta, a mis padres, a otros países, etcétera.
4. Mi amor no es lo bastante bueno porque no hace felices a los demás.
5. Querer sexo o tener apetencias sexuales no es espiritual.
6. Tener miedo a estar solo significa que estoy necesitado y soy indigno.
7. El haber nacido causó dolor a mi madre y por ello fue malo y vergonzoso para mí.
8. Como no tengo lo que quiero, será que no lo merezco.
9. Tener cuerpo es la prueba de que soy «menos» y un ser «caído».
10. Por ser del sexo que soy, soy una decepción para mis padres y no lo podré compensar de ninguna manera.

Éstos son sólo algunos ejemplos pero esperemos que sean bastante para ayudarte a identificar y despejar tus propios problemas de «vergüenza de ser».

Las dos siguientes secciones de este capítulo están dedicadas a los procesos propiamente dichos para conectar conscientemente con el Yo Superior en tu cuerpo. A medida que te acerques a la iluminación y la ascensión, los aspectos iniciales de tu Yo Superior con los que te conectes serán asimilados en tu cuerpo uno a uno hasta que finalmente moren allí en un estado de fusión permanente.

En esos niveles la forma que veas tomar a tu Yo Superior irá cambiando. Ello es debido al hecho de que te conectas cada vez con el aspecto del Yo Superior inmediatamente superior al que ya has asimilado en la consciencia y en el cuerpo. Finalmente, experimentarás tu Yo Superior como una bola de luz, una estrella, una espiral de luz u otra forma esencial que ya no tendrá apariencia humana. Ello indicará que estás alcanzando zonas dimensionales superiores de ti mismo.

Es sumamente recomendable incorporar las siguientes técnicas en tu práctica espiritual diaria o al menos regularmente para acelerar y estabilizar tu identidad como idéntica a tu esencia espiritual.

Encuentro y fusión con el Yo Superior

Como ya mencioné anteriormente, aunque el Yo Superior no posee en última instancia forma humana, cuenta con aspectos en la quinta y sexta dimensiones que parecen cuerpos humanos de luz. Primero, establecerás contacto con la parte de tu Yo Superior cuyas vibración y dimensión están más cerca de tu cuerpo.

En las ilustraciones 14a y 14b de las páginas siguientes, verás al Yo Superior uniéndose a ti al conectar las palmas de sus manos con las tuyas. Luego se conectan los chakras al conectarse la parte anterior del cuerpo de tu Yo Superior con la parte posterior del tuyo. En el primer estadio, mientras las palmas de las manos se tocan, se establece un flujo de energía desde el Yo Superior hacia tu cuerpo a través de las manos. Mientras te llenas de energía se te pedirá que preguntes a tu Yo Superior si tiene un nombre por el que llamarlo o llamarla. El Yo Superior puede decidir por alguna razón no darte su nombre. Eso puede pasar si el Yo Superior cree que un nombre limitaría de alguna manera tu percepción; por ello si no te diera un nombre también está bien. Puede que te lo dé en otro momento o tal vez no.

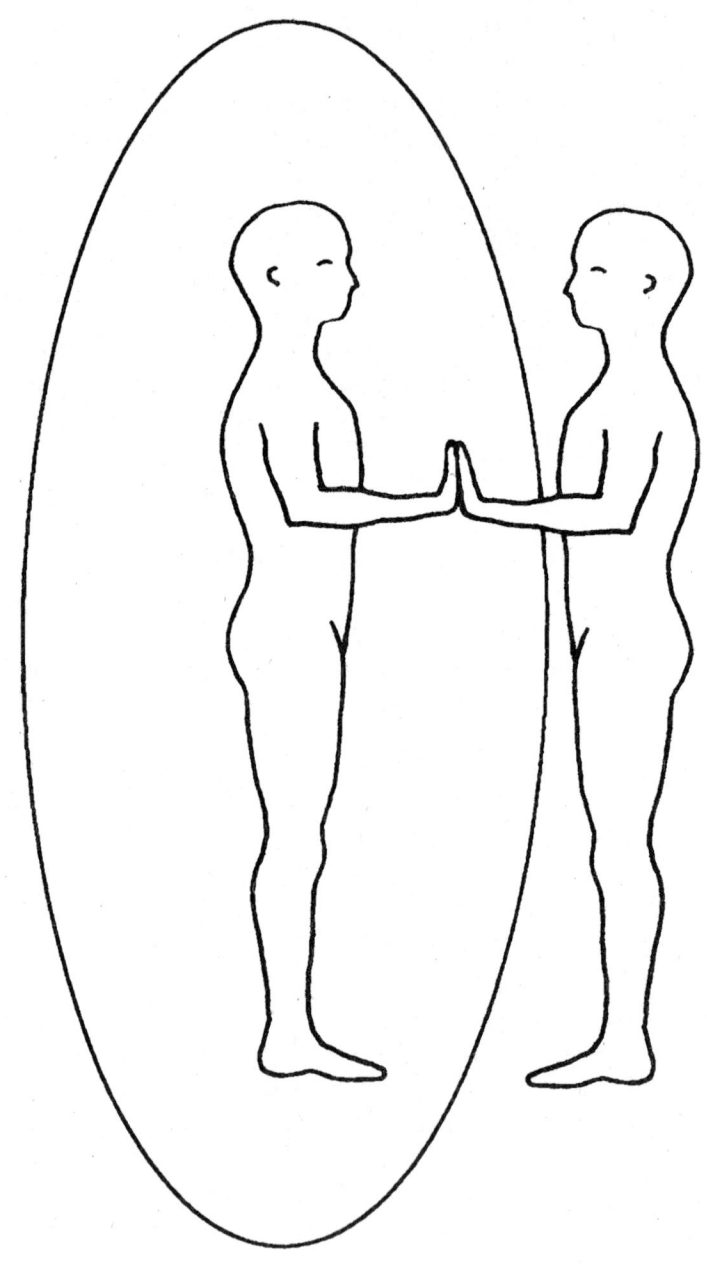

14a. Las manos del Yo Superior y del yo humano establecen contacto con el propósito de intercambiar energía.

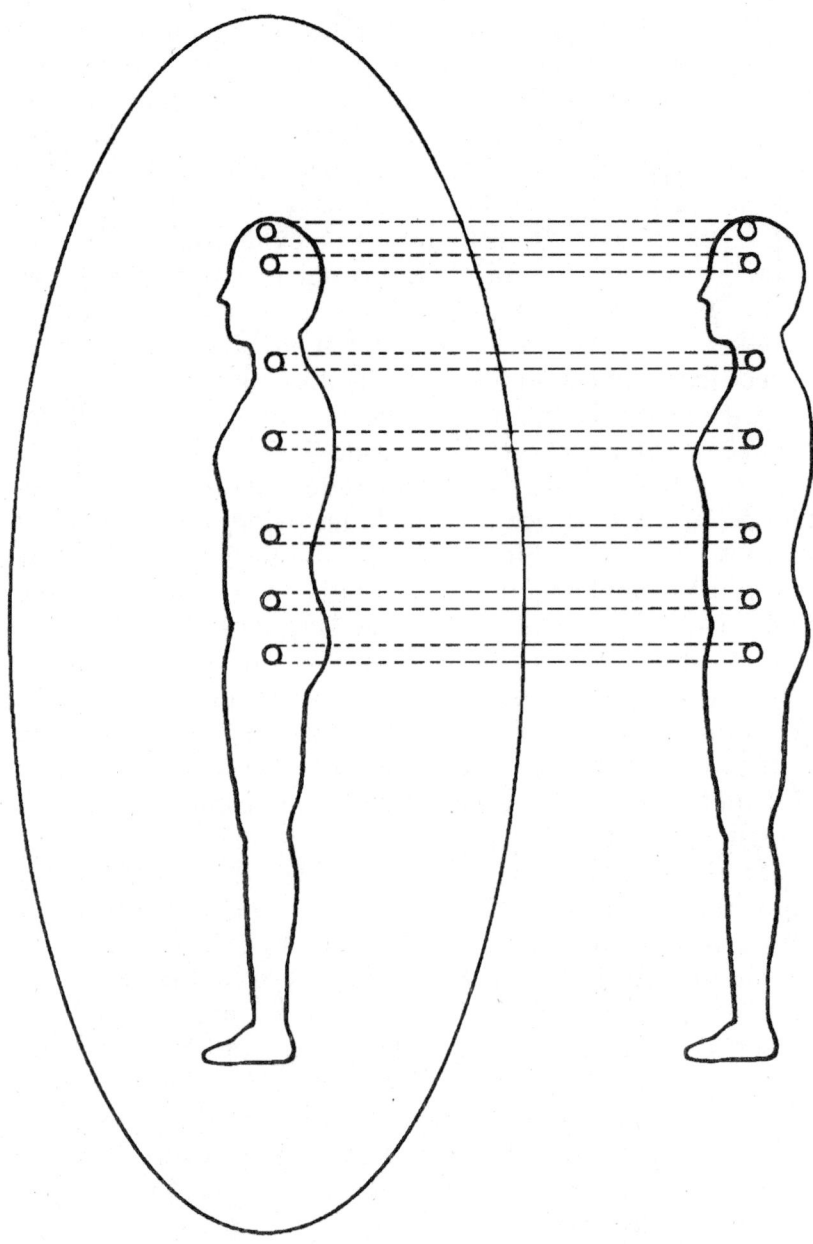

14b. El Yo Superior se coloca detrás del yo humano y le manda cordones de luz desde cada uno de sus chakras a la parte posterior de los chakras del cuerpo humano.

En el segundo estadio de meditación, cuando conectas la parte posterior de los chakras con la parte anterior de los chakras del Yo Superior, éste dejará el contacto de las manos y se colocará detrás de ti. La razón es que la parte subconsciente de los chakras está situada en la espalda directamente detrás de la parte consciente de los chakras, que están delante. Por ejemplo, por delante el chakra del corazón está situado en el centro del pecho, y por detrás entre los omoplatos en el área de la cuarta a la séptima vértebra torácica. En la meditación guiada que sigue se especifica la ubicación de cada chakra subconsciente.

Cuando tu Yo Superior conecte con los siete chakras, sentirás un suave chorro de energía al llegar desde atrás la forma de tu Yo Superior, fusionándose plenamente con el cuerpo físico. Una vez terminada la fusión, intercambiarás regalos con tu Yo Superior. A continuación tendrás que dar a tu Yo Superior algo que te pida. Si tu Yo Superior te pide el dolor de tu corazón o la vergüenza de no ser lo bastante bueno, o cualquier otra cosa que a ti te parezca muy pobre como regalo, date cuenta de que cuando abandonas las limitaciones, alcanzas más intimidad y te sientes más cerca de tu Yo Superior. Así que algo que tú consideres negativo es un maravilloso regalo para tu Yo Superior, ya que lo que más desea es una conexión más profunda y cariñosa contigo. También se te puede pedir algo más simbólico, como un cristal, una flor, o tu esperanza, por ejemplo. Sea lo que sea, has de saber que será lo que más refuerce vuestra unión en ese momento.

Cuando ofrezcas a tu Yo Superior un regalo, el Yo Superior a su vez te dará un regalo a ti. Tómate un tiempo para sentir el regalo energéticamente. Si no estás seguro del sentido y objetivo del regalo, pregunta. Después colocarás ese regalo dentro de tu aura o de tu cuerpo, donde creas que es su sitio. Siempre estará ahí, creando un lazo o unión entre los dos.

Ésta es la meditación para encontrarte y fusionarte con tu Yo Superior:

1. Cierra los ojos y conéctate a la tierra.

2. Retrae el aura o extiéndela hasta los 60 a 90 centímetros alrededor del cuerpo en todas las direcciones. Comprueba las rosas y los colores de los límites, realizando los cambios precisos.

3. Pide a tu Yo Superior que venga, se coloque delante de ti y te ayude a ver o sentir su forma humana.

4. Cuando el Yo Superior se encuentre delante de ti, extiende las manos con las palmas hacia fuera e invita a tu Yo Superior a conectar contigo palma con palma.

5. Permite que la energía de las manos del Yo Superior entre en tu cuerpo por los brazos y las manos y llene el corazón. Luego déjala inundar el corazón y llenarte también el cuerpo. Esto tarda de dos a tres minutos.

6. Cuando sientas la energía correr a través de ti, pregunta al Yo Superior si responde a algún nombre. Mantente a la escucha de la manera más relajada posible. Si después de un minuto no te da un nombre, ve al paso siguiente.

7. Corta la conexión de manos y pide a tu Yo Superior que se coloque detrás para enlazar los chakras.

8. Inspira a través del chakra de la coronilla y pide a tu Yo Superior un cordón de luz desde su coronilla hasta la tuya. Cuando sientas la conexión, sigue adelante.

9. Inspira a través del centro de la parte posterior de la cabeza y pide a tu Yo Superior un cordón de luz desde su tercer ojo o sexto chakra hasta la parte posterior de tu tercer ojo. Cuando sientas la conexión, continúa con el siguiente paso.

10. Inspira a través de la parte posterior del cuello y pide a tu Yo Superior que te envíe un cordón de luz desde su chakra de la garganta hasta la parte posterior de dicho chakra. Cuando sientas la conexión, continúa.

11. Inspira a través de la parte posterior de tu chakra del corazón entre los omoplatos y pide a tu Yo Superior que mande un cordón de luz desde su chakra del corazón o cuarto chakra hasta la parte posterior de tu chakra del corazón. Cuando sientas la conexión, continúa.

12. Inspira a través de la zona de las costillas directamente opuesta al plexo solar y pide al Yo Superior que mande un cordón de luz desde la parte frontal de su plexo solar, o tercer chakra, hasta la parte posterior de tu plexo solar. Cuando sientas la conexión, continúa.

13. Inspira a través del sacro y pide al Yo Superior que te mande un cordón de luz desde su chakra sacro o segundo chakra hasta la parte posterior de tu chakra sacro. Cuando se produzca la conexión, continúa.

14. Inspira a través de la rabadilla y pide a tu Yo Superior que envíe un cordón de luz desde su chakra de la raíz o primer chakra hasta tu chakra de la raíz. Ahora siente el suave chorro u ola de energía moviéndose por tu cuerpo desde detrás hacia delante. Es tu Yo Superior fusionándose plenamente con tu cuerpo. Quizá te sientas más abierto, ligero, pacífico, alegre, lleno de amor o simplemente con una sensación general de bienestar. Relájate en este espacio el tiempo que desees, antes de avanzar al siguiente paso. Si hay alguna parte del cuerpo en la que parezca no darse la fusión, respira en esa área y relájala hasta que sientas el cambio de energía que se produce cuando el Yo Superior es capaz de fusionarse contigo en ese punto.

15. Pregunta a tu Yo Superior qué regalo le gustaría recibir de ti. Luego, dáselo. Si deseas una explicación sobre la trascendencia del regalo, pídesela ahora.

16. A continuación extiende las manos delante de ti y recibe un regalo de tu Yo Superior. Sostén el regalo, sintiendo la energía y míralo. Si quieres preguntar a tu Yo Superior qué significa el regalo, hazlo.

17. Cuando estés preparado, coloca el regalo en tu cuerpo o tu aura, donde creas que sea su sitio.

18. Pregunta al Yo Superior si tiene algo que comunicarte en este momento. Permanece relajado y receptivo, siente la conexión mientras esperas la respuesta. Puede que recibas un mensaje o tal vez no.

19. Cuando sientas que ha terminado di a tu Yo Superior que deseas estar permanentemente unido a él. Pídele

que te ayude de alguna manera en la consecución de este objetivo. Dile que volverás a conectar pronto con él y pídele que se mantenga unido a ti cuanto sea posible, incluso cuando no estés meditando.

20. Sé consciente del aire de la habitación que entra y sale por los orificios nasales. Luego hazte poco a poco consciente de tu entorno físico y abre despacio los ojos. Durante algunos momentos siente la conexión energética con tu Yo Superior con los ojos abiertos antes de volver a tu actividad diaria. Fíjate en lo centrado y sereno que estás. Mantente presente en tu actividad al pasar de un momento a otro para ayudarte a mantener la conexión.

Alineamiento del Eje Divino con tu Yo Superior

Esta técnica de meditación es la más importante en este libro en relación con el Alineamiento del Eje Divino y la atracción continuada de las energías de tu Yo Superior. Se recomienda realizar la meditación diariamente al principio; puede tardar tan sólo cinco minutos o el tiempo que desees.

En la ilustración 11 de la página 249 aparece una zona tubular de un diámetro de cinco a seis centímetros que se extiende desde el extremo superior del aura cruzando a través de la corona, descendiendo y rodeando la columna, bajando entre las piernas al extremo inferior del aura.

Este «tubo de luz» es el eje divino descrito anteriormente. También continúa por encima del aura a través del centro de todos los aspectos de tu Yo Superior de la quinta a la novena dimensiones. (Véase ilustracion 15 en la página siguiente.) Es lo que te une con todos los aspectos que contiene tu holograma personal. A través de este enlace pasa la luz de dimensiones superiores que desciende por el «tubo de luz» de tu cuerpo y aura y es la clave para atraer la consciencia superior al cuerpo de forma permanente. Cuando el alineamiento del Eje Divino se

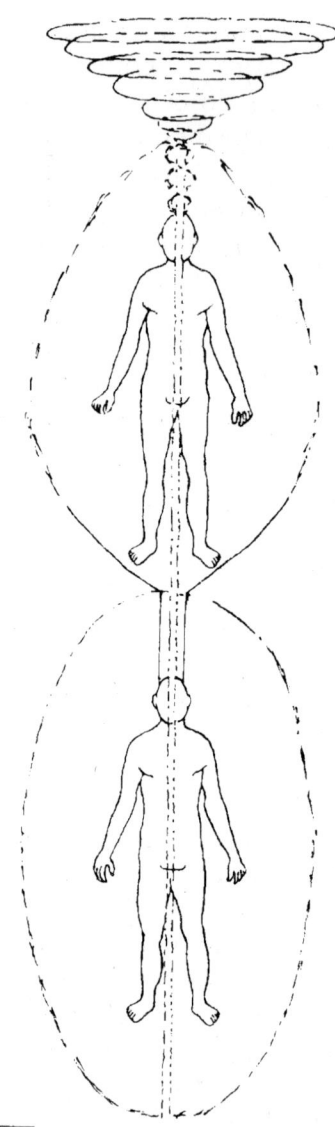

15. Alineamiento con el Eje Divino, por medio del tubo de luz y el cordón plateado del Yo Superior y las dimensiones superiores entrando en el aura y cuerpo humanos. Las líneas continuas sobre la zona superior de la cabeza humana representan el cordón plateado. El tubo de luz está representado por el tubo estrecho que parte desde la porción de aura bajo el cuerpo, lo atraviesa, surge de la parte superior del aura, atraviesa el Yo Superior y asciende por las dimensiones superiores.

combina con la apertura y el despejamiento del Ka divino y además vives en integridad espiritual, estarás preparado para que tu Yo Crístico descienda paso a paso hacia tu forma física —preparándose para su ascensión en el momento debido.

Atraer el Yo Superior hacia el cuerpo a través de este tubo de luz es una experiencia gozosa y revitalizadora para la mayor parte de las personas, aunque al principio quizá te parezca muy leve. Si mantienes la atención y la intención en el proceso mientras dure, reforzarás la efectividad de la técnica de meditación. Una vez hayas alcanzado la conexión con el Yo Superior, y las energías fluyan a lo largo del tubo de luz, podrás relajarte y entrar en un estado de meditación más pasivo y receptivo.

Antes de abrir el tubo de luz es importante la conexión con el «cordón plateado» del Yo Superior y su posterior activación, como se muestra en la ilustración 15. El cordón plateado tiene un diámetro de quince a veinte centímetros y dibuja un círculo por encima de la cabeza en la zona del nacimiento del pelo, sobre la frente. Cuando anclas allí el cordón plateado, se cierra el primer paso del Alineamiento del Eje Divino. Esto se logra simplemente invocando a tu Yo Superior, pidiendo que su cordón plateado se te una a la parte superior de la cabeza a la vez que te comprometes a ser uno con tu divinidad, o Presencia del Yo Soy, en el cuerpo. Levanta físicamente los brazos por encima de la cabeza hasta donde alcancen con naturalidad, y con las manos abiertas siente el cordón plateado que tu Yo Superior te coloca en el aura. Entonces sujetarás el cordón plateado con las manos y ayudarás a tu Yo Superior a bajarlo despacio hacia la parte superior de la cabeza hasta que lo sientas sólidamente anclado y permanezca allí cuando retires las manos. Después de esto abrirás el tubo de luz pidiendo a tu Yo Superior que lo llene con tu propia luz y amor divinos. Inspira a través de la coronilla y espira en sentido descendente por la espina dorsal hasta que salga por entre las piernas para ayudar al Yo Superior a despejar y llenar el tubo de luz.

A continuación sigue la meditación para lograr el Alineamiento del Eje Divino.

1. Siéntate manteniendo la columna lo más recta posible y sin cruzar los brazos, con el cuerpo en posición cómoda. No importa que cruces las piernas si te es más cómodo. Si no, siéntate en una silla donde puedas apoyar la espalda.
2. Conéctate a la tierra.
3. Retrae el aura o extiéndela hasta unos sesenta a noventa centímetros en todas direcciones, incluso bajo los pies. Ajusta como quieras los colores de los límites y las rosas.
4. Llama a los Emisarios Pleyadianos de Luz y al Maestro Ascendido Jesucristo.
5. Pide a los pleyadianos y al Cristo que te rodeen el extremo superior del aura con el Cono de Luz Interdimensional para despejar y conseguir el alineamiento divino.
6. Di a los pleyadianos y al Cristo, que vas a traer el cordón plateado y a activar el tubo de luz con tu Yo Superior. Pídeles ayuda por si necesitas despejar el camino.
7. Eleva los brazos sobre la cabeza e invoca a tu Yo Superior mientras declaras: «Pido a mi amado Yo Superior que coloque el cordón plateado de luz en mi aura. Estoy dispuesto a atraer plenamente mi divinidad hacia este cuerpo, cultivar la relación entre el cuerpo y el espíritu, a recibir iluminación y a prepararme ahora para la ascensión. Deseo trabajar contigo, amado Yo Superior, para que la unión del cordón plateado con mi cuerpo sea permanente». Por supuesto, puedes usar tus propias palabras; utiliza esta declaración ya preparada como guía o invocación, según lo prefieras.
8. Cuando sientas que la energía del cordón plateado te toca las manos que mantienes por encima de la cabeza, rodea con ellas el cordón de luz y suavemente tira de él llevándolo hacia la cabeza. Mantenlo allí hasta que lo

sientas firmemente anclado y no se mueva cuando retires las manos. Respira profundamente para facilitar el proceso.

9. Una vez conectado el cordón de plata, pide a tu Yo Superior que llene el tubo de luz con tu propia luz y amor divinos desde el extremo superior del aura, atravesando el cuerpo y saliendo por el extremo inferior del aura. Inspira por la coronilla para absorber la luz y el amor de tu Yo Superior a través del tubo. Cuando espires empuja el aliento suavemente para que descienda por la columna y salga por entre las piernas hasta el extremo del tubo de luz. Continúa con esta pauta respiratoria, visualización e intención hasta que sientas, veas o percibas que el tubo de luz se llena de luz completamente hasta el extremo inferior del aura. Probablemente tardarás unos minutos. Junta las yemas de los dedos pulgar y corazón, con las palmas hacia arriba y las manos sobre el regazo para que se puedan anclar las energías en el interior del tubo de luz. Esta posición de manos es un *mudra*. (Véase Glosario.)

10. Di a tu Yo Superior que continúe llenando el tubo de luz y te ayude a mantener el alineamiento del eje divino en todo momento y sobre todo a mantener la energía fluyendo el tiempo que dure la meditación.

11. Quédate meditando el tiempo que desees pero, si es la primera vez que realizas esta meditación, que sea por lo menos diez minutos.

12. Di a tu Yo Superior cuándo piensas repetir la meditación y pídele que mantenga al máximo la conexión hasta entonces.

13. Abre los ojos despacio, manteniendo la conexión con el Yo Superior a medida que recuperas la consciencia normal de vigilia.

Después de practicar unas cuantas veces el Alineamiento del Eje Divino, puedes pedir a tu Yo Superior que haga fluir su energía y su luz por el exterior del tubo hacia uno o todos los chakras. Esto no sustituye al flujo de energía cósmica dorada a través de los canales y chakras del cuerpo. Este proceso sana y despeja más profundamente que la meditación con el Yo Superior. Cuando la energía del Yo Superior fluye a través del cuerpo y de los chakras, activa cierto despejamiento, pero su función primordial es la de traer el Yo Superior a tu cuerpo y ayudarte gradualmente a llegar a un estado de identificación con tu propia divinidad, en lugar de con la personalidad basada en el ego. El flujo de la energía de tu Yo Superior dentro y a través de los chakras acelera este proceso alineando y generando afinidad entre los chakras y tu objetivo superior, así como elevando la frecuencia vibratoria.

Esta meditación tampoco pretende reemplazar la primera meditación en la que tú y tu Yo Superior unís los chakras y os fusionáis el uno en el otro. Esa primera meditación genera una mayor intimidad y unión con tu Yo Superior, mientras que la segunda meditación sirve específicamente para ponerte en alineamiento con el eje divino dentro de tu holograma. Tú debes decidir qué meditación necesitas en cada momento aunque, como ya he mencionado, se recomienda que realices diariamente el Alineamiento del Eje Divino siempre que te sea posible. Esto acelera el proceso de alineamiento vertical de tu eje divino en todo momento. Cuando llegue el instante en que el cordón de plata esté ya colocado al empezar la meditación, ve directamente a la parte relacionada con el tubo de luz. Al final, el cordón de plata y el tubo de luz estarán permanentemente activados, fluyendo en tu cuerpo y aura.

Haz que esta técnica de meditación sea lo más personal e íntima posible. Es fácil caer en una meditación mecánica y no reparar en las cualidades más profundas de conexión espiritual que intenta atraer. Esta técnica sin intimidad es como una relación sin amor. Enriquecerás la relación con tu Yo Superior tanto como el Yo Superior enriquecerá la suya contigo. Llegará el momento en que tus distintas consciencias se fusionen y sean una de nuevo.

Capítulo 14
EJERCICIOS KA DE MANTENIMIENTO

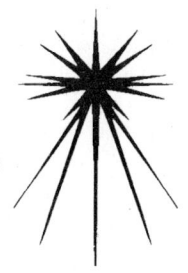

Si has venido realizando las sesiones de ejercicios y de sanación contenidas en este manual, los pleyadianos ya habrán operado sobre la mayor parte de tus Canales Ka, por los cuales ya fluye la mayor cantidad de energía Ka que es posible sin haber recibido imposición física de manos. A partir de ahora se producirán una expansión y aceleración continuas del flujo Ka que despejará en profundidad los bloqueos de energía, generará una mayor conexión espiritual y una mayor apertura a las funciones superiores del Ka que ya conocemos. Para asegurar la máxima continuidad de los ejercicios y prevenir que los canales se cierren y se bloqueen de nuevo, necesitas participar en un programa de mantenimiento.

Las claves para mantener e incluso expandir el flujo de la energía Ka y seguir con los canales abiertos son: ser espontáneo en la sinceridad y expresividad emocionales, vivir en la integridad de la moralidad espiritual, no esconder nada, comprometerse con la sanación y la liberación del pasado, conectarse regularmente con el Yo Superior a través del tubo de luz y realizar los ejercicios de mantenimiento que se dan en este capítulo. Los pleyadianos se comprometen plenamente a ayudarte en tu crecimiento espiritual, evolución, iluminación y camino hacia convertirte en tu Yo Crístico siempre que tú te comprometas a cumplir tu parte. Los pleyadianos no realizarán los ejercicios espirituales que a ti te corresponden, pero estarán a tu lado cuando te esfuerces y necesites ayuda. Cualquier sendero o grupo espiritual que prometa hacerlos por ti de-

16a. El portal Ka se introduce en la glándula pineal mediante cuatro pequeños canales Ka que surgen de la Plantilla Ka.

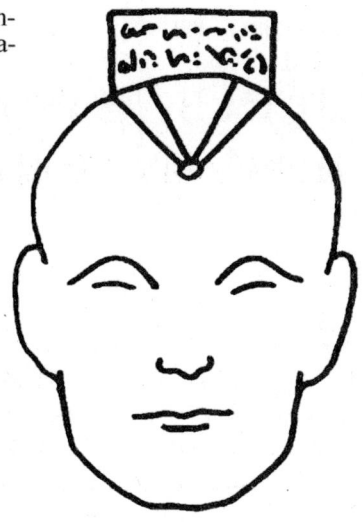

16b. El portal Ka se introduce enm la matriz del alma a través de la parte posterior del chakra del corazón procedente del Yo Superior de la sexta dimensión

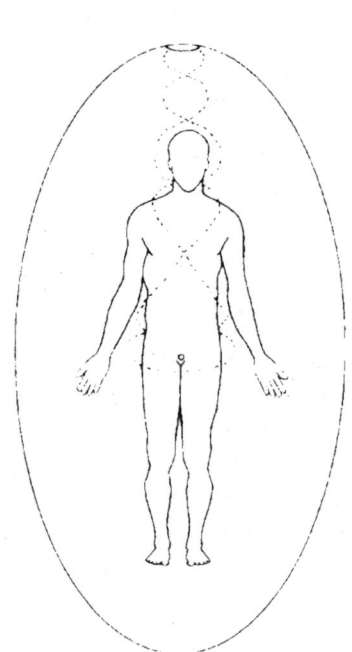

16c. El portal Ka se introduce por el ombligo a través del perineo y el entramado de los Canales Ka en el cuerpo procedente del extremo superior del aura.

bería darte ganas de dar media vuelta y alejarte si de verdad deseas personificar la Presencia de Cristo que ya eres. El género humano en general no está para que lo rescaten; está para evolucionar, dominar la realidad tridimensional y luego ascender.

El proceso de mantenimiento Ka

El proceso de mantenimiento Ka es bastante sencillo. Incluye la conexión con el Yo Superior, la respiración y la intención. Sólo tardarás uno o dos minutos al día en cuanto te acostumbres. Las ilustraciones 16a, b, y c, de la página anterior muestran los tres portales del cuerpo por los que entra la energía Ka desde tu yo situado en las dimensiones superiores. Son los siguientes: 1) el chakra de la coronilla a través de la plantilla Ka, que canaliza el flujo Ka a la glándula pineal, como se muestra en la ilustración 16a; 2) la parte posterior del chakra del corazón, que se extiende hasta penetrar en la matriz del alma situada en la parte central del interior del pecho, como se muestra en la ilustración 16b; y 3), el perineo, con un canal que se extiende hasta penetrar en el centro del ombligo, como se muestra en la ilustración 16c. El perineo es la zona de piel arrugada situada entre el ano y la vulva en las mujeres y entre el ano y el escroto en los hombres. Aproximadamente a 60 mm de la superficie de la piel hay un centro de energía que es clave para hacer que la energía sexual ascienda por la columna, así como para recibir y distribuir la energía Ka por la parte inferior del cuerpo. Deja de leer un momento, cierra los ojos y respira hacia el perineo para sentir su ubicación. Quizá necesites tocarlo con la punta de los dedos, si te parece muy difícil distinguirlo con la consciencia, mientras respiras hacia él.

Siempre que realices el mantenimiento Ka empezarás por la conexión del cordón de plata a la cabeza y la activación del tubo de luz con la energía de tu Yo Superior. Una vez esta energía fluya libremente, respirarás a través de la Plantilla Ka y por la coronilla de modo que el aliento entre y salga de la glándula pineal como en la ilustración 16a. Inhala profundamente como si estuvieras sorbiendo las últimas gotas de una bebida con una pajita, pero sin tragar. Luego espira de forma natural y relajada. Una vez activada la conexión coronilla-glándula pineal, repetirás la inhalación profunda pero esta vez concentrándote en dirigir la energía Ka hacia la parte posterior del chakra del corazón, como en la ilustración 16b. Luego repetirás la aspiración profunda arrastrando la energía Ka a través del perineo para ascender después hasta el ombligo, como muestra la ilustración 16c. Una vez los tres portales se hayan activado individualmente, repite la misma respiración, pero visualizando que arrastras la energía Ka a través de los tres portales al mismo tiempo.

Si tu respiración es la adecuada, sólo tendrás que inhalar un par de veces en cada uno de los cuatro pasos. Cuando consigas activar el Ka lo notarás porque sentirás un aumento de luz y energía en las áreas sobre las que has respirado. Cuando los tres portales fluyan al mismo tiempo, probablemente sentirás un flujo mayor de energía en el cuerpo y un equilibrio en la energía corporal total.

Es recomendable que realices a diario el proceso de mantenimiento durante unos seis meses. Después lo puedes hacer dos veces por semana para mantener el flujo. Claro que puedes continuar con el proceso diario si lo deseas, o si dudas que los canales sigan activados en los días intermedios. Al cabo de un año desde que los pleyadianos empezaran a abrirme los Canales Ka reduje la frecuencia del mantenimiento, realizándolo sólo cuando se me guía en este sentido, lo que suele ocurrir una vez por semana. La excepción suele ser cuando siento demasiado estrés, me pesa la responsabilidad o me noto muy vulnerable emocionalmente. Entonces realizo el mantenimiento varios días seguidos hasta que se normaliza mi vida o mis emociones. El aumento de la necesidad del mantenimiento Ka es debido a la tendencia humana a contraerse en situaciones extremas. Sigue tu propia orientación después de los seis primeros meses para determinar la frecuencia del mantenimiento.

El proceso de mantenimiento Ka es el siguiente:

1. Conéctate a la tierra.
2. Retrae el aura a una distancia de 60 a 90 cm de ti y comprueba sus límites.
3. Respira profundamente con la intención de introducir la consciencia en el cuerpo tanto como te sea posible.
4. Invoca a tu Yo Superior y pídele ayuda para activar el cordón de plata y conectarlo a la parte superior de la cabeza.
5. Cuando el cordón de plata esté conectado pide a tu Yo Superior que llene el tubo de luz. Siente la energía que llega desde el punto por encima de la cabeza, atraviesa la coronilla, rodea y penetra en la columna y baja hasta el polo inferior del aura bajo los pies. Ayuda a llenar el tubo de luz, respirando por la coronilla para recibir la energía y espirando en sentido descendente por la columna y entre las piernas a través del perineo.
6. Cuando se active el tubo de luz, invoca a los Emisarios Pleyadianos de Luz y al Maestro Ascendido Jesucristo.
7. Pide que coloquen el Cono de Luz Interdimensional sobre ti para el despejamiento y el alineamiento divino.
8. Pide a los pleyadianos y al Cristo que te ayuden, a ti y a tu Yo Superior, a activar completamente tu Ka Divino.
9. Inhala hacia el interior de la coronilla y la glándula pineal con una aspiración profunda y exhala normalmente. Repite la respiración hasta que sientas la activación de la energía Ka.
10. Inhala hacia la parte posterior del chakra del corazón, arrastrando la energía Ka a la zona del alma en el interior del pecho con una inspiración profunda y exhala normalmente. Repite la respiración hasta que sientas la activación y el flujo de energía en esta área.
11. Inhala a través del perineo y hacia el ombligo con

una profunda aspiración; exhala normalmente. Repite la respiración hasta que sientas un aumento del flujo de energía entre el perineo y el ombligo.

12. Utilizando la misma inspiración profunda, visualiza los tres portales al mismo tiempo y respira por ellos a la vez. Espira normalmente. Una o dos respiraciones completas serán lo adecuado.

13. Pide a los pleyadianos, al Cristo y a tu Yo Superior que te ayuden a mantener el flujo y la expansión de la energía Ka.

14. Continúa con tu meditación normal, o abre los ojos y vuelve a tu vida diaria.

Cámara lumínica de equilibrio Ka

La sesión de Cámara de Equilibrio sólo tarda unos diez minutos y es definitivamente una de mis favoritas desde el punto de vista energético. El objetivo de esta cámara es equilibrar el flujo de energía Ka entre las partes derecha e izquierda, superior e inferior y anterior y posterior del cuerpo. También ayuda a distribuir la energía más uniformemente dentro del aura en todas las direcciones, incluso bajo los pies. Al mismo tiempo se activa y equilibra el flujo del fluido cerebroespinal paralelamente al flujo de energía Ka. Esta última función es importante porque el fluido cerebro-espinal actúa de conductor de las frecuencias eléctricas del sistema nervioso central, así como de conector entre los Canales Ka y tu cuerpo físico. Si alguna vez han operado en ti ejercicios cráneo-sacros, reconocerás sensaciones y efectos similares. La diferencia consiste en que te sentirás como si hubieran operado sobre todo el cuerpo y no sólo sobre el cráneo y el hueso sacro. Siempre que me equilibran el Ka, ya sea mediante una sesión de cámara o por imposición de manos, siento el mismo efecto ondular que he experimentado durante unos ejercicios cráneo-sacros o en las sesiones de Remodelación Cerebral Delfínica.

Esta sesión de cámara puede realizarse tan a menudo como lo desees, si bien la necesitarás con más frecuencia en las primeras fases de la activación Ka. Una vez abiertos, y tras un mantenimiento y equilibrio sostenidos durante un tiempo, los Canales Ka van aprendiendo a mantener más fácilmente el equilibrio por sí solos. Después de experimentar un par de sesiones de Cámara de Equilibrio Ka reconocerás cuándo no estás equilibrado y necesitas una sesión. El proceso de mantenimiento Ka siempre debe preceder a la sesión de cámara a fin de asegurarte que la energía Ka fluye de acuerdo con su máximo potencial en ese momento. Está bien realizarla por la noche y puedes dormirte cuando te apetezca.

Después de realizar el mantenimiento —ya que estarán a tu lado los pleyadianos, el Cristo y tu Yo Superior— limítate a pedir que rodeen tu cuerpo y aura con la Cámara Lumínica de Equilibrio Ka. Túmbate de espaldas con almohadas bajo las rodillas, los pies en línea con los hombros y los ojos cerrados durante diez minutos hasta que se produzca el equilibrio.

Recomendaciones para unos ejercicios pleyadianos de Luz continuados

Ahora que has experimentado las técnicas y sesiones de sanación de este manual, me gustaría proporcionarte un resumen de mis recomendaciones para que sigas realizando los Ejercicios Pleyadianos de Luz por tu cuenta. Si te decides por una mínima cantidad de enfoque consciente y continuo en los Ejercicios Pleyadianos de Luz, el mantenimiento Ka presentado en este capítulo es el más importante a realizar, diariamente si es posible.

Si deseas ampliar al máximo tu conexión sanadora con los pleyadianos, te ofrezco un esbozo de plan de sesiones diarias, semanales y mensuales de sanación o energía. Recuerda que se trata tan sólo de un esbozo. La intuición que tengas sobre tus propias necesidades y actividades espirituales será siempre el factor más importante a la hora de determinar el tipo de sesiones energizadoras continuadas.

Plan diario: Mañana
1. Conéctate a la tierra.
2. Ajusta el aura a una distancia de tu cuerpo de 60 a 90 centímetros.
3. Comprueba los colores del límite del aura y las cinco rosas del exterior. Realiza los ajustes necesarios.
4. Haz fluir energía cósmica dorada y terrestre a través de los canales de tu cuerpo durante diez o más minutos. (Véase «Sé Dueño de tu Ruta Vertebral», capítulo 5.)
5. Cuando estas energías fluyan en Automático llama a tu Yo Superior para que active el cordón de plata y llene el tubo de luz. (Véase «Alineamiento del Eje Divino con el Yo Superior», capítulo 13.)
6. Invoca a los Emisarios Pleyadianos de Luz y al Maestro Ascendido Jesucristo para que te ayuden durante el proceso de mantenimiento Ka. (Véase «Proceso de Mantenimiento Ka», capítulo 14.)
7. Medita el tiempo que desees.

Plan diario: Noche
1. Conéctate a la tierra.
2. Retrae el aura a 60 o 90 cm del cuerpo y rodéala con fuego violeta.
3. Invoca a tu Yo Superior, a los Emisarios Pleyadianos de Luz y al Maestro Ascendido Jesucristo, así como a otros Maestros Ascendidos, guías, guardianes o ángeles de la guarda que desees tener junto a ti.
4. Pide a estos seres que te coloquen en una Cámara Lumínica de Sueño para que te proteja y te sane mientras duermes. Diles que estás disponible para recibir durante el sueño cualquier sanación que consideren mejor para ti en este momento. (Véase «Cámara de Sueño», capítulo 9.)
5. Di a tus guías y ayudantes que deseas que tu cuerpo astral sólo viaje a planos de luz divina mientras duermes.

6. Si sientes la necesidad de cámaras o tipos de sanación específicos, indícalo en este punto. (Nota: la Cámara de Sueño no puede realizarse simultáneamente con otras sesiones de cámara.)

7. Formula la siguiente invocación o una propia: «En nombre de la Presencia de Yo Soy El que Soy, invoco a la luz dorada de la Ciudad de Luz donde moran los Maestros Ascendidos para que llene mi aura, esta habitación, esta casa (piso) y todo el edificio para que así los conviertan en templos sagrados como la Ciudad de Luz, donde sólo puede entrar aquello que proceda de la verdad divina. Todo lo que es menos que verdad divina es ilusorio y debe irse ahora. Que así sea».

8. *Opcional:* Medita durante el tiempo que desees.

9. Que duermas bien.

Plan Semanal

1. Tras el proceso diario de mantenimiento Ka, haz una sesión de Cámara Lumínica de Equilibrio Ka durante diez minutos. Puedes realizar esta sesión a cualquier hora del día o de la noche, siempre que la realices acostado. (Véase «Proceso de Mantenimiento Ka» y «Cámara Lumínica de Equilibrio Ka», capítulo 14.)

2. Envuelve en fuego violeta tu casa y lo que abarque tu propiedad. Luego coloca alrededor un borde ancho de luz o fuego violeta. Pide al Maestro Ascendido Saint Germain que te ayude, si así lo deseas. Luego repite la invocación de la Ciudad de Luz como se indica en el paso 7 del plan diario de noche. (Véase «Mantenimiento de una Casa Psíquicamente Despejada y Segura», capítulo 5.)

3. Durante la meditación matinal visualiza el fuego violeta llenando y limpiando tu aura y, si lo necesitas, haz fluir luz violeta a través de las partes anterior y posterior de los chakras. Luego haz caer la lluvia de luz dorada a través del aura. (Véase «Sanación y Despejamiento Duraderos del Aura», capítulo 5.)

4. Haz fluir luz cósmica dorada de modo que salga por las partes anterior y posterior de cada chakra, uno cada

vez. De uno a tres minutos debería ser suficiente tiempo para cada chakra. (Véase «Despejamiento de los Chakras», capítulo 6.)

5. Realiza la meditación en la que enlazas los chakras y luego te fusionas con tu Yo Superior. (Véase «Encuentro y Fusión con el Yo Superior», capítulo 13.)

6. Examínate buscando cordones y despéjalos según tu necesidad. (Véase «Retirada de Cordones» capítulo 6.)

7. Examínate en una pantalla o con un amigo para buscar las rutas neuronales erróneas que se puedan despejar. Podrías hacerlo una vez al mes. (Véase «Despejamiento de Rutas Neuronales Erróneas», capítulo 12.)

8. Tráete al tiempo presente. Esto también se puede hacer más a menudo si es preciso. (Véase «Estar en el Tiempo Presente», capítulo 6.)

9. Conéctate con las cuatro subpersonalidades de la rueda medicinal y equilibra tu escudo personal. Esto se puede realizar más a menudo si lo deseas. (Véase «Equilibrio del Escudo Personal», capítulo 11.)

Plan Mensual

1. Utiliza la Cámara Lumínica de Transfiguración Cuántica para que no se interrumpa el despejamiento celular. (Véase capítulo 9.)

2. Utiliza la Cámara Lumínica de Configuración de Amor que prefieras para recibir consciente y receptivamente el amor divino. Aunque lo puedes hacer tan a menudo como lo desees, una vez al mes es el mínimo recomendado. (Véase cualquier sección del capítulo 10.)

3. Utiliza la Cámara Lumínica Interdimensional para que prosiga la sanación en el nivel del alma, así como la conexión con la esencia de ti mismo en todo tu cuerpo. (Véase capítulo 9.)

4. Utiliza la Cámara Lumínica de Realineamiento del Eje Divino para continuar despejando los bloqueos que te apartan de tu Yo Superior y el alineamiento holográfico. (Véase capítulo 9.)

5. Por la noche pide una sesión de Remodelación Ce-

rebral Delfínica con la que pondrás al día los despejamientos neuronal y óseo. Túmbate de espaldas con una almohada bajo las rodillas y no bajo la cabeza. Esta sesión se puede hacer más a menudo y a la hora del día que prefieras, sobre todo si sientes rigideces o molestias en los huesos o los músculos. (Véase «Remodelación Cerebral Delfínica mediante la Imposición de Manos Etéricas», capítulo 8)

Sigue, a modo de referencia, una lista de cámaras y sesiones de sanación organizada en categorías de acuerdo con su uso para tratar una variedad de síntomas y necesidades. Te servirá de orientación sobre la idoneidad de la aplicación de cada Ejercicio Pleyadiano de Luz a situaciones comunes. Usa tu discernimiento para determinar qué sesión es apropiada en cada ocasión.

Sensación de dispersión,
poca conexión a la tierra o saturación
1. Cámara Lumínica de Sincronización Feme (en el capítulo 9).
2. Cámara Lumínica de Asimilación Acelerada (capítulo 9).
3. Cámara Lumínica de Reducción del Estrés (cap. 9).
4. Cámara Lumínica de Sanación Emocional (cap.9).
5. Capullo de paz divina, equilibrio, aceptación de uno mismo, perdón, o cualquier otra cualidad divina de la que sientas carencia en tu vida. (Véase «Capullos de Sanación», capítulo 12.)

Necesidad o deseo de una expansión
y conexión espirituales
1. Fusión con el Yo Superior (capítulo 9).
2. Alineamiento del eje divino con el Yo Superior (capítulo 13).
3. Cámara Lumínica de Ascensión (capítulo 9).
4. Cámara Lumínica de Enlace Estelar Delfínico (capítulo 9).

5. Cámara Lumínica de Sanación y Asimilación Multidimensional (capítulo 9).

6. Cámara Lumínica de Configuración de Amor (cualquier sección del capítulo 10).

Dolor corporal o desequilibrio físico de energía

1. Para dolor o desequilibrio óseo, muscular o neurológico: Remodelación Cerebral Delfínica (capítulo 8).

2. Para los flujos de energía bloqueados o la insensibilidad, Cámara Lumínica de Enlace Estelar Delfínico (capítulo 9).

3. Sesión de Reorientación y Remodelación Celular (capítulo 12).

4. Cámara Lumínica de Sincronización FEME (cap. 9).

5. Sanación mediante la rejilla de Transfiguración Cuántica en áreas localizadas (véase «Autosanación mediante la Rejilla de Transfiguración Cuántica», capítulo 12).

6. Flujo de energía dorada a través del área problemática mientras se soplan rosas. (Véase «Despejamiento con Rosas», capítulo 6.)

Vulnerabilidad psíquica o emocional

1. Cámara Lumínica de Sanación Emocional (cap. 9).

2. Cámara Lumínica Sin Tiempo y Espacio (capítulo 9).

3. Capullo de Sanación y Protección Psíquica. (Véase «Capullos de Sanación», capítulo 12.)

4. Fuego violeta por el aura y colocación de fuego violeta a su alrededor. (Véase «Sanación y Despejamiento del Aura», capítulo 5.)

5. Cámara Lumínica de Configuración de Amor Angélica y Arcangélica (capítulo 10).

6. Cámara Lumínica de Armonización de Subpersonalidades (capítulo 11).

7. Enlace de chakras y fusión con el Yo Superior (véase «Encuentro y Fusión con el Yo Superior», capítulo 13).

8. Flujo de energía y soplar rosas conteniendo un símbolo del problema, ya sea pánico, miedo, dolor profundo o sentimiento de traición. (Véase «Despejamiento con Rosas», capítulo 6.)

9. Pide la elevación y sanación de las emociones sobrantes. (Véase «Reorientación y Remodelación Celular», paso 9 del proceso guiado en el capítulo 12.)

Necesidad de asimilar una experiencia intensa de sanación

1. Cámara Lumínica de Asimilación Acelerada (capítulo 9).

2. Sesión de Reorientación y Remodelación Celular (capítulo 12).

3. Conéctate a la tierra y sitúate en el tiempo presente. (Véase «Conexión a la Tierra», capítulo 5, y «Estar en el Tiempo Presente», capítulo 6.)

4. Capullo de sanación y protección psíquica. (Véase «Capullos de Sanación», capítulo 12.)

5. Cámara Lumínica de Sanación Emocional (cap. 9).

6. Cámara Lumínica de Sincronización FEME (cap. 9).

7. Cámara Lumínica de Armonización de Subpersonalidades (capítulo 11).

8. Cámara Lumínica Multidimensional de Sanación y Asimilación (capítulo 9).

9. Pide la elevación y eliminación de las emociones y el dolor sobrantes. (Véase «Reorientación y Remodelación Celular», paso 9 del proceso guiado, capítulo 12.)

Sensación de estancamiento

1. Equilibra el escudo personal y utiliza luego la Cámara Lumínica de Armonización de Subpersonalidades (ambos en el capítulo 11).

2. Reorientación y Remodelación Celular (capítulo 12).

3. Cámara Lumínica de Enlace Estelar Delfínico (capítulo 9).

4. Haz fluir energía por cada chakra y utiliza las rosas para despejar los bloqueos de energía. (Véase «Despejamiento de Chakras», capítulo 12.)

5. Retírate los cordones (capítulo 6).
6. Despeja creencias, juicios, imágenes perfectas y/o contratos (capítulo 6).
7. Tráete al tiempo presente (capítulo 6).
8. Capullo de claridad, disposición, aceptación, paz o cualquier otra cualidad o conjunto de cualidades divinas. (Véase «Capullos de Sanación», capítulo 12.)
9. Alineamiento del Eje Divino con tu Yo Superior (capítulo 13, segunda sección).
10. Utiliza la Cámara Lumínica de Sueño a la hora de acostarte y pide que los sueños te muestren la causa del estancamiento (capítulo 9).
11. Busca y despeja rutas neuronales erróneas (cap. 12).

Éstos son sólo algunos de los problemas más comunes que puedes tratar mediante los Ejercicios Pleyadianos de Luz. Además de las recomendaciones que se te han dado, busca tu propia manera de aplicar con creatividad lo que has aprendido y experimentado en este manual. Cuando tengas dudas sobre qué hacer, tranquilízate, lee despacio las opciones y *siente* cuál de ellas te parece más idónea cuando la leas en voz alta o piensas en ella. Confía en tu propia intuición y orientación. Si sabes utilizar el péndulo o realizar un test muscular —una forma de kinesiología— puedes recurrir a estos métodos para determinar lo que precisas. Si ni siquiera así consigues decidirlo, invoca a los pleyadianos, al Cristo y a tu Yo Superior, y comunícales lo que te ocurre. Pídeles la ayuda que ellos mismos consideren mejor para ti en ese momento durante los procesos de sanación y despejamiento. Siempre que te conectes de este modo con tu equipo de sanación, es mejor realizar una sesión durante hora y media por si es necesario.

Agradeceré de todo corazón tus comentarios y descubrimientos. Me encantaría saber qué aportan a tu vida los Ejercicios Pleyadianos y qué nuevos métodos descubres como resultado de realizar los procedimientos descritos en este libro. Mi dirección aparece en el Epílogo.

Nosotros —los pleyadianos y yo— esperamos que hayas disfrutado y aprovechado este libro, el cual se te da, al igual que todo lo que ofrecen los Emisarios Pleyadianos de Luz, con amor y fe en el Plan Divino, así como con gratitud y respeto por tu disposición a recibirlo y utilizarlo en tu camino hacia el dominio.

Namaste...

Epílogo
EJERCICIOS PLEYADIANOS AVANZADOS

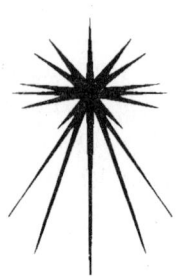

Si te sientes empujado a continuar la experiencia más directa con los Emisarios Pleyadianos de Luz y los Ejercicios Pleyadianos de Luz, aquí sigue un esbozo del trabajo disponible en este momento a través de mí o de profesionales acreditados en Ejercicios Pleyadianos de Luz que hayan concluido el entrenamiento que yo ofrezco y estén preparados para impartirlo y dar clases particulares individuales.

Las sesiones de trabajo individual disponibles a través de diplomados, y por mí en contadas ocasiones, incluyen:

1. Lecturas clarividentes y sesiones de sanación espiritual por teléfono o en persona, dependiendo de dónde vivas.

2. Ejercicios Pleyadianos de Luz con imposición de manos, incluyendo la Remodelación Cerebral Delfínica, sesiones de activación Ka, Enlace Estelar Delfínico, sanación y despejamiento de las células y del alma; sesiones telefónicas o en persona para el despejamiento de las rutas neuronales, despejamiento de bloques de energía en la conexión con el Yo Superior y despejamiento kundalini.

3. Cursos intensivos privados de Ejercicios Pleyadianos de Luz si no vives cerca de un profesional; puedes quedarte cerca de donde vive el profesional durante una o dos semanas mientras se te abren los Canales Ka mediante la imposición de manos; se te dan instrucciones de Movimientos Delfínicos paso a paso y se te proporcionan otros Ejercicios Pleyadianos de Luz si es necesario.

4. Cursos intensivos privados de uno a tres días, diseñados según tus necesidades personales y espirituales que incluirán cualquiera de las siguientes actividades: lecturas clarividentes/sesiones de sanación; sanación por imposición de manos; regresión inducida; Remodelación Cerebral Delfínica; Enlace Estelar Delfínico; diseños de gemas y cristales así como equilibrado de energía; ceremonias individuales; comunicación con tu Yo Superior, Maestros Ascendidos y guías; trabajo de liberación emocional; instrucción espiritual; trabajo corporal; recuperación del alma y desposesión.

Los programas de formación impartidos por mí misma o por diplomados son los siguientes:

1. Ejercicios Pleyadianos de Luz, Curso Intensivo I: programa de formación de profesionales de Ejercicios Pleyadianos de Luz en un período de veintiocho días consecutivos, descansando uno de cada tres días. Puedes realizar el curso sólo para recibir la imposición de manos en el seno del grupo, aun cuando no pretendas ser profesional. Ésta es una forma acelerada y espiritualmente intensa de despertar y de recibir sanación.

2. Ejercicios Pleyadianos de Luz, Cursos Intensivos II y III: son los niveles segundo y tercero del programa. Puedes realizarlos si deseas convertirte en profesional de los Ejercicios Pleyadianos de Luz o si prefieres intensivos en grupo en lugar de sesiones privadas. Cada intensivo dura once días consecutivos, descansando uno de cada tres días. Los procedimientos que se incluyen son: despejamiento y sanación celular; despejamiento de paradigmas en las ocho células originales; despejamiento, sanación y desposesión del alma; fijación del Pilar de Luz, o *Laoesh Shekinah;* acceso consciente a realidades multidimensionales; Tantra Delfínico; Remodelación —cerebral Delfínica avanzada por imposición de manos—; Enlace Delfínico Estelar, Movimientos Delfínicos; cambio de orientación de los Puntos de Ensamblaje; utilización

de la energía Ka para la sanación local en el cuerpo; enlace Ka con otros sistemas de meridianos; despejamiento y activación merkabah, y acceso a los recuerdos y propósitos originales del alma.

3. Programa de Formación de Clarividencia y Percepción Sensorial Plena: veinticuatro clases independientes, de un día de duración cada una, impartidas en diferentes formatos, dependiendo del lugar donde se impartan. El programa incluye la información básica para llegar a ser lector clarividente y sanador espiritual, así como para profundizar en el proceso de sanación, las capacidades sensoriales plenas y el crecimiento espiritual propios.

Una vez terminado el libro, existen los siguientes *talleres de fin de semana* disponibles:

1. Sanación, Despejamiento y Apertura Kundalini para principiantes.
2. Kundalini Avanzado (una vez terminado el taller para principiantes).
3. Convertirte en Quién Eres Realmente: enseñanzas epirituales sobre impecabilidad, procesos de despejamiento, técnicas y activaciones de meditación multidimensional así como sanación del alma.
4. Iniciaciones Galácticas y Solares: enseñanzas, ceremonias, experiencias de iniciación y activación, sanación del alma y activación del diagrama del alma.
5. De vez en cuando se ofrecen otros cursos.

Viajes Ceremoniales a Lugares Sagrados pueden organizarse conmigo o además de conmigo, con otros profesores y conferenciantes.

Cintas o juegos de cintas disponibles:
n.º 1. Las cintas del Manual Pleyadiano de Ejercicios: un juego de cintas que incluyen todos los procedimientos de este manual.
n.º 2. Cintas de Movimientos Delfínicos: Multitud de

sesiones de movimientos guiados de suelo, se pueden adquirir individualmente.

n.º 3. Rejilla de Transfiguración Cuántica para Pacientes de Artritis.

n.º 4. Cinta de Meditación con el Yo Superior.

De vez en cuando se ofrecen otras cintas; dirige tus preguntas a la dirección que figura abajo.

Tenemos a tu disposición folletos con información más detallada sobre calendarios de cursos. También puedes suscribirte a la lista de correo de los Ejercicios Pleyadianos de Luz o pedir talleres y citas privadas dirigiéndote a:

Pleiadian Lightwork Associates
P.O. Box 1581
Mt. Shasta, CA 96067
Teléfono: 916-926-1 122

Glosario

Alción: Sol central de la constelación de las Pléyades alrededor de la cual la Tierra y este sistema solar describen una órbita cada 26.000 años; también actúa como «portal» del Centro Galáctico.

Alineamiento divino: La condición de una persona que se encuentra sobre su «eje divino» y, por lo tanto, conectada a todos sus aspectos de las nueve dimensiones para convertirse en un ser de consciencia de Cristo.

Alineamiento horizontal: (1) Estado de consciencia en el que el individuo se identifica más con las ilusiones del mundo físico, las necesidades de supervivencia y los miedos que con el alma, el espíritu, la evolución y la responsabilidad espiritual para conectar con e iluminar al propio Yo en Dios. (2) Con el cuerpo completamente separado de la conexión con el Yo Superior.

Alineamiento vertical: (1) Estado en el que un ser es consciente de la diferencia entre la verdad relativa ilusoria y la Verdad Divina, buscando así vivir en la Verdad Divina y la integridad, sabe que el espíritu y el alma son sagrados en sí mismos y en todos los seres y se encuentra en conexión con el Yo Superior, al menos energéticamente. (2) La condición de estar en el «eje divino». (Véase «eje divino» de este Glosario.)

Alma: (1) Esa parte del yo individual que existe como una pequeña bola de luz o un sol que registra la experiencia y el aprendizaje al avanzar de una vida a otra y más allá. (2) Parte inmortal del yo que contiene e irradia su propia esencia.

Anillo solar: El término que los Emisarios Pleyadianos de Luz utilizan para «sistema solar»; incluye al Sol y todos los planetas que orbitan a su alrededor (Tierra, Marte, Plutón, etcétera).

An-Ra: Una de las Tribus Pleyadianas Arcangélicas de la Luz, que irradia un nítido color verde esmeralda y está a cargo de toda la vida vegetal, incluyendo el reino védico vegetal, en nuestro sistema solar. Son de naturaleza comprensiva y compasiva.

Arcángeles: (1) El nivel evolutivo más alto de consciencia angélica que todavía mantiene su carácter individual. (2) Ángeles de motivación propia que dominan una especialidad particular, al contrario de los ángeles sirvientes, que simplemente se ocupan de hacer lo que les indican los seres de niveles evolutivos superiores. Ejemplos: El Arcángel Miguel/Micaela a cargo de las Legiones de Luz que llevan la Espada de la Verdad y protegen a los seres del plano físico que se lo piden. El Arcángel Gabriel/ Gabriela es un mensajero de Dios que sirve de intérprete entre las dimensiones, manteniendo la comunicación necesaria. Tanto ellos como sus ayudantes procuran que los seres etéricos respeten el libre albedrío humano.

Ascensión: Transducción del espíritu y el cuerpo físico a la cuarta o quinta dimensiones desde la tercera dimensión sin experimentar una muerte física —debido a un aumento de la frecuencia vibratoria celular más allá del número máximo de vibraciones por segundo al que el cuerpo humano puede seguir siendo un ente físico—. Este proceso se ve acompañado de un estado espiritual de iluminación y alineamiento consciente de los aspectos de las nueve dimensiones del yo individual. Desde el punto de vista de la realidad tridimensional, la persona que *asciende* se vuelve simplemente invisible y desaparece.

Aura: El campo de energía alrededor del cuerpo de cualquier ser vivo generado por su cuerpo y forma de luz. Cuando está sano, el campo áurico puede verse mediante clarividencia lleno de colores nítidos y vivos. Las energías densas y negativas aparecen en el aura como áreas contraídas de colores lúgubres o más oscuros con poca o nula cantidad de luz. La energía extraña o energía distinta de la del aura aparece mate, lechosa, opaca, generalmente blanca, pero puede ser de otros colores.

Banda de Fotones: Una gran corriente de *luz fotónica* que se origina en el Centro Galáctico, que siempre ocupa Al-ción, sol central de las Pléyades. Dentro de la órbita elíptica que la Tierra y su sistema solar describen alrededor de Alción cada 26.000 años, el sistema solar entero atraviesa la banda de fotones durante 2.000 años cada 11.000. En otras palabras, los primeros 2.000 años de cada ciclo de 26.000 empiezan con este sistema solar inmerso en la banda de fotones; esto se repite después de 11.000 años fuera de la banda, o a mitad de la órbita elíptica, durante otros 2.000 años. Durante el tiempo que pasa dentro de la banda, la evolución espiritual se acelera, los polos planetarios cambian y la frecuencia de la luz que llega a la atmósfera del planeta se incrementa. En consecuencia, hay que despejarse emocional, mental, física y espiritualmente y se necesita integridad para soportar la intensidad de luz y energía que llega del Centro Galáctico. Se hace referencia al período de tiempo en el interior de la banda de fotones como «la Era de Luz», «la Edad Dorada» o «la Era de la Iluminación».

Cámaras de Luz o Lumínicas: (1) Espacios de energía creados por los Emisarios Pleyadianos de Luz y el Cristo alrededor del alma y del cuerpo, en los que se producen cambios de frecuencia de energía, el equilibrado o los estados de consciencia. (2) Un campo concentrado de luz, colores, pautas de flujo y frecuencias específicas en las que se favorece el cambio etérico, espiritual, físico, emocional y/o cambio psíquico. (3) Véase en los capítulos 9, 10, 11 y 13 los detalles sobre los tipos individuales de cámaras que siguen:

Cámara de Ascensión
  Cámara de Alineamiento del Eje Divino
  Cámara de Enlace Estelar Delfínico
  Cámara de Sanación Emocional
  Cámara de Asimilación Acelerada
  Cámara Lumínica Interdimensional
  Cámara de Equilibrado Ka
  Cámara de Configuración del Amor
    a. Unificación
    b. Angélica y arcangélica
    c. Divino Femenino
    d. Divino masculino
    e. Yin / Yang
  Cámara Multidimensional de Sanación y Asimilación
  Cámara Sin Tiempo y Espacio
  Cámara de Sincronización F<small>EME</small> (física, emocional, mental, espiritual)
  Cámara de Transfiguración Cuántica
  Cámara de Sueño
  Cámara de Reducción de Estrés
  Cámara de Armonización de las Subpersonalidades.

Cambio de paradigma: Cuando una persona o grupo abandona completamente una manera de pensar, ser o comportarse, previamente establecida y predecible. Ejemplo: Cuando una persona se aleja de la consciencia de grupo que dice «sólo tienes una vida y debes sobrevivir en ella lo mejor que puedas» y crea un nuevo paradigma para sí misma basado en «el propósito de toda vida es la evolución espiritual y continuaremos el ciclo de una vida a otra hasta que ese propósito culmine».

Capullos: (1) Envolturas de energía como las de una momia alrededor del aura entera para protección y asimilación después de una experiencia sanadora o una liberación emocional traumática. (2) Una estructura etérica que encierra completamente el campo áurico en una frecuencia de energía específica tal como la paz, el perdón, la confianza o la inocencia. (3) Un círculo protector utilizado para revestir y transportar los cuerpos de luz dañados después de una experiencia traumática. (Véase ilustración 12 página 293.)

Centro Galáctico: (1) El centro absoluto de esta galaxia. (2) El eje alrededor del cual la galaxia entera gira u orbita constantemente.

Chakra: (1) Un centro de energía en el cuerpo formado por un vórtice giratorio como una rueda, que tiene las funciones de distribución de energías específicas. (2) Conjunto del sistema humano dentro del que funciona a modo de conector entre los aspectos emocionales físicos espirituales y mentales de todo nuestro ser. (3) Véanse ilustraciones 1a y 1b en las páginas 116 y 117. Una de las siete ruedas principales de energía del cuerpo.

Séptimo chakra: situado en la parte superior de la cabeza, conocido como el chakra de la coronilla. Suministra información y energía espirituales y cósmicas. Regula y encierra las metas espirituales y la vida presente, así como aquello que hemos venido a aprender y alcanzar en el mundo, lo cual es parte del aprendizaje del espíritu.

Sexto chakra: situado entre las cejas, en la parte frontal baja de la frente, llamado también tercer ojo o chakra de las cejas. Controla la clarividencia, la propia imagen y las percepciones de la realidad que vemos. También regula la proyección de las propias creencias y verdades sobre el mundo que nos rodea.

Quinto chakra: situado en el centro de la garganta, conocido como el chakra de la garganta, regula la energía de la comunicación, la expresión de uno mismo y la expresión creativa.

Cuarto chakra: situado en el centro del pecho, también llamado chakra del corazón. Controla la afinidad con uno mismo, el amor a uno mismo, amor hacia y de otros, la propia valía, la esencia y la apreciación de la esencia de los demás; el asiento del alma.

Tercer chakra: situado en el centro del plexo solar o zona del diafragma, también llamado el chakra del poder, de la voluntad o del plexo solar; alberga y regula las energías de poder, dominio y control, ya sea sobre otros o el poder divino; voluntad, ya sea voluntad divina o voluntad inferior, vida social, metas sociales; lo que se hace por los demás, la expresión activa de las emociones; respeto de uno mismo, autoestima. Centro del ego.

Segundo chakra: Situado a medio camino entre el ombligo y la ingle, también llamado chakra sacro, regula las energías sexuales y sensuales, el cuidado de uno mismo y el cuidado de los demás, estados sentimentales, la clariaudiencia, la claripercepción; es el centro creativo en las mujeres.

Primer chakra: situado en la rabadilla, también llamado chakra de la raíz, alberga las energías de seguridad o inseguridad; los instintos, la conexión con la tierra, relación con y salud del cuerpo, necesidades de supervivencia tales como comida, refugio, ropas, dinero (por lo menos en culturas con sistemas de intercambio monetario), la movilidad y la respuesta o reacción inicial instintiva.

Ciudad de Luz: (1) Ciudades de templos de luz de la cuarta a la sexta dimensión donde moran los Maestros Ascendidos. (2) Lugar de múltiples iniciaciones espirituales, enseñanzas y sanaciones sagradas de los humanos mientras duermen, así como de enseñanza, repaso y sanación entre una vida y otra.

Clariaudiencia: La función sensorial auditiva plena y expandida incluyendo sonidos que son físicamente inaudibles, como tonos de altas frecuencias o mensajes de viva voz procedentes de los guías o del Yo Superior. (2) La capacidad de oír lo que otra persona está pensando cuando es diferente de lo que dice.

Claripercepción: (1) La percepción sensorial plena que

incluye las energías etéricas y los sentimientos no expresados de los demás más allá de lo que se puede explicar físicamente a través del tacto. (2) La visión del tercer ojo como función del sexto chakra. (3) La capacidad de ver energías etéricas tales como auras, chakras, bloqueos de energía, guías y ángeles con los ojos cerrados y, en algunos casos, abiertos.

Conexión a la tierra: (1) Estar profundamente conectado como espíritu al cuerpo físico y a la Tierra. (2) Proceso de crear un *cordón de conexión* etérico, generalmente de entre 10 cm y la anchura de las caderas de diámetro —desde el primer chakra en los hombres y desde el segundo en las mujeres— hasta el centro de la Tierra con el propósito de estar más «en tu cuerpo». Véanse ilustraciones 1a y 1b páginas 116 y 117. (3) Cualquier cosa que te haga estar más disponible y presente en tu cuerpo y en la vida. Ejemplo: «aquel paseo por el bosque fue una *experiencia de conexión a la tierra* para mí» queriendo decir: «me encuentro más aquí y más vivo en mi cuerpo gracias a la experiencia de caminar por el bosque». Para algunos, el sexo puede ser también una experiencia de conexión a la tierra.

Cono de Luz Interdimensional: (Véase ilustración 7 en la página 196.) El Cono de Luz Interdimensional es la forma situada en la parte superior del aura con la punta del cono dirigida hacia fuera. Está compuesto de altas vibraciones de frecuencias de luz que giran rápidamente favoreciendo el «alineamiento vertical» y el despejamiento de energías liberadas de tu cuerpo y aura que no estén en afinidad contigo mismo.

Consciencia Colectiva: (1) Agrupamiento y unión de la mente y objetivos de un grupo de seres con metas, situaciones de vida y lugar de residencia comunes. (2) La «Mente Única» de un grupo de individuos de acuerdo en un objetivo común como la evolución de la especie, la protección de la comunidad, el llevar más amor a todos los habitantes del planeta, los miembros de la familia, de la comunidad, etcétera. (3) La *Cons-*

ciencia Colectiva Superior se da cuando la intención del grupo está alineada con objetivos evolutivos, espirituales o creativos. (4) La *Consciencia Colectiva Inferior* existe cuando un grupo de seres comparte idénticas creencias y formas de pensamiento negativas o metas destructivas.

Consciencia de Cristo: Consciencia espiritual evolutiva de la pureza de integridad y acción, dominio de la alquimia y la ascensión y la capacidad de conocer la verdad, la sabiduría, la compasión, el perdón, la paz y la maestría divinos. Los seres de la consciencia Crística encarnados en formas tridimensionales están en alineamiento divino con los aspectos del yo individual de las nueve dimensiones.

Consciencia evolutiva: El darse cuenta de que el propósito general y constante de existir es aprender, crecer, mejorar y acercarnos a la impecabilidad en nuestras acciones y pensamientos y volver a Dios/Diosa/Todo Lo Que Es a todos los niveles.

Consejo de Ancianos: Grupo de cuatro seres de la sexta dimensión que actúan como asesores y consejeros de seres en proceso de encarnación y evolución en la tercera dimensión. Actúan con el ser durante sus vidas y entre una vida y otra.

Continuo espacio-temporal: El paradigma de conexión y continuación dentro de una realidad en la que existen el tiempo secuencial y el espacio de la primera a la tercera dimensiones y además parecen ser definitivos. Sin embargo, la ilusión de la realidad y lo físico como algo fundamental sólo existe de la primera a la tercera dimensión.

Cordones: Enlaces etéricos o psíquicos entre dos personas con el objetivo de intercambiar energía, o bien dar o tomar energía de otra persona. Los cordones se pueden utilizar para compartir positivamente o para manipular, controlar, quitar fuerza vital o descargar emociones sobre alguien.

Cristo: (1) El Maestro Ascendido que tuvo una vida en la

Tierra bajo el nombre de Jesucristo. (2) Líder espiritual que enseñó que todos los seres humanos son hijos de Dios y pretendió evolucionar hacia la plena gloria espiritual, igualdad e iluminación. (3) Se sabe que Jesús poseía dones para la sanación y la alquimia; su último milagro conocido fue levantarse de entre los muertos y ascender.

Cualidades divinas: Cualquier actitud o estado de existencia que sea puro y se base en la sacralidad y la condición de estar en todas las cosas de Dios/Diosa. Por ejemplo: el amor divino es un amor que fluye puro e incondicional, mientras que el amor egoísta implicaría un sentimiento hacia otra persona sólo por los beneficios a obtener.

Cuatro principios evolutivos: La comprensión espiritual que debe darse a conocer a todo ser humano en la Tierra antes del fin del año 2012 y que los humanos de la Tierra deberán entonces abrazar a fin de facilitar la iniciación de la Tierra y sus habitantes en el próximo paso evolutivo.

Los principios son:

(1) Nuestro propósito aquí es evolucionar física, emocional, mental y espiritualmente.

(2) Todo ser humano tiene una esencia divina hecha de luz y amor cuya naturaleza es la bondad.

(3) El libre albedrío es un derecho universal absoluto. La impecabilidad exige al yo renunciar al libre albedrío en favor del albedrío divino mediante la fe y la confianza.

(4) Toda existencia natural es sagrada, independientemente de cómo sirva o satisfaga las necesidades del yo individual.

Cuerpo astral: (1) El doble etérico exacto del cuerpo físico que abandona el cuerpo mientras dormimos y viaja por los planos astrales y superiores. (2) Conectado al cuerpo en todo momento por un cordón plateado ligado al tercer chakra o plexo solar. (3) Mientras dormimos, el cuerpo astral encierra nuestra consciencia y va a otras esferas a sanar pautas kármicas, despejar el subconsciente, aprender de seres superiores, crear el futuro, curar el pasado, interactuar con otros humanos y explorar. (4) Despiertos, el cuerpo astral se mezcla con el físico proporcionando protección psíquica al cuerpo y al aura, siempre que aquél esté sano.

Devas: (1) Seres angélicos que presentan una forma geométrica específica y común con la especie vegetal, el mineral o el elemento que protegen y energizan. (2) Algo parecido a un ser superior para los reinos vegetales, minerales y elementales. (Véase también el apartado «Devas Supralumínicos».)

Devas Supralumínicos: (1) Seres dévicos de gran tamaño que supervisan, protegen y energizan devas individuales de los reinos vegetal y mineral. Ejemplos: Deva Supralumínico del Reino Mineral, Deva Supralumínico de la Matriz Sanadora de la Luz del Diamante, Deva Supralumínico de las Flores. (2) Seres de grandes dimensiones que supervisan funciones específicas relativas a la Tierra. Ejemplos: supervisores de las pautas de tiempo atmosférico y cambios en la Tierra; supervisores de los ciclos de órbita del planeta, alineado con las especificaciones del Sol Central; o supervisores que mantienen y cambian polos basándose en los ciclos de evolución y tiempo físico. (3) Devas grandes que supervisan y actúan según las necesidades específicas de la raza humana. Ejemplos: Deva Supralumínico de Sanación, Deva Supralumínico del Luto, Deva Supralumínico del Nacimiento.

Dimensiones: Ámbitos de consciencia delimitados por la gama de frecuencia vibratoria y la naturaleza de sus formas o su ausencia de formas (para mayor comprensión cosmológica leer el libro de Barbara Hand Clow *The Pleiadian Agenda: A New Cosmology for the Age of Light*.

Primera dimensión: el reino de los minerales puros como recipientes de consciencia, pero carentes de su propia consciencia y autoconsciencia.

Segunda dimensión: planos astrales inferiores en los que las distintas consciencias se perciben a sí mismas como todo lo que existe, ajenas al espíritu, carentes de alma y totalmente absortas en sí mismas; también el reino de ciertos tipos de elementales que no tienen más consciencia propia que la controlada por alguna fuerza. También contiene aspectos del inframundo de los denominados bardos en el budismo, también conocidos como reinos infernales; el reino de las especies vegetales.

Tercera dimensión: el mundo físico y sus correspondientes planos astrales. Anclado en un tiempo lineal y en una realidad basada en el espacio-tiempo. En este reino todo existe a un máximo de nueve mil vibraciones por segundo. Éste es el reino en el que vive la consciencia humana.

Cuarta dimensión: los seres conservan la consciencia en forma de sentimientos y como pensamientos basados en sentimientos. Esta dimensión contiene polaridades de oscuridad y de luz. Los reinos de luz están formados por «Ciudades de Luz» y por aquellos que han alcanzado una frecuencia vibratoria de entre las nueve mil y doce mil vibraciones por segundo. Aquí la consciencia es la primera etapa de la consciencia de Cristo que sigue a la ascensión. Numerosos guías, ángeles y Maestros Ascendidos impulsan a los humanos tridimensionales a que sean receptivos y estén preparados para la evolución y el crecimiento espirituales. Los seres humanos también se ven impulsados por sus homólogos astrales de oscuridad que existen en esta dimensión. Los oscuros son capaces de emular la frecuencia vibratoria inferior de pensamientos negativos, vicios, emociones reprimidas y zonas de sombra humanas mal curadas o rechazadas —y son capaces de arrastrarlas hacia el lado oscuro y luego controlarlas y alimentarlas de su dolor, miedo y otro tipo de energías densas—. A medida que los seres humanos desarrollan cualidades de vibración superior del ser, pensar, sentir y hacer, así como trascienden las tendencias kármicas de sus propias zonas de sombra, se ven atraídos magnéticamente hacia los impulsos de luz de la cuarta dimensión y son liberados del control oscuro de los seres parásitos. La polaridad oscura de este reino es también uno de los lugares donde se dan las pesadillas y el abuso astral.

Quinta dimensión: esta dimensión también cuenta con polaridades de luz y oscuridad. Los seres conservan. las formas etéricas de la combinación de la tercera y cuarta dimensiones, pero refinadas, y con libertad para alterar estas formas a voluntad. En el aspecto de luz de este reino están la mayoría de los guías personales de los humanos, ángeles sirvientes, la mayoría de los Maestros Ascendidos y miembros de los Grandes Hermanos Blancos; las escuelas iniciáticas de nivel intermedio, el consejo kármico, los Devas Supralumínicos y ángeles de la guarda. En adelante, es imposible hablar de esta dimensión en términos de vibraciones por segundo porque se encuentra más allá de las limitaciones del tiempo y el espacio, aunque puede actuar a voluntad sobre la realidad espacio-temporal. Ésta es también la dimensión de las consciencias de Cristo y Buda como resultado posterior de los procesos de encarnación, ascensión y transición a través de las Ciudades de Luz de la cuarta dimensión. En esta dimensión se dan: sueños de volar, sueños de sanación, experiencias superiores y enseñanzas. Éste es el plano causal dimensional relativo a los humanos que se manifiesta y crea en los mundos de dimensiones inferiores durante el sueño. En otras palabras, es donde los humanos sueñan su vida dotándola de realidad espacio-temporal y luego se despiertan y viven esos sueños. Aquí se dan la consciencia superior, los sueños lúcidos y la magia blanca. La polaridad oscura comprende los poderosos señores oscuros de la magia negra y el control. Existen en este reino: ángeles, maestros, hechiceros y gobernantes oscuros de los mundos y planos astrales inferiores. Si una persona desarrolla grandes poderes psíquicos y de control mental sin desarrollar la integridad de corazón y de espíritu, se les gobierna desde aquí, de donde vienen durante el sueño y tras acabar su vida humana.

Sexta dimensión: Es el reino del Consejo Superior, los arcángeles que interactúan con la Tierra. Los Consejos de Ancianos y una consciencia colectiva incipiente. A partir de este nivel las dimensiones son exclusivamente de la Luz. La consciencia colectiva de este reino es la de las almas divididas. Dicho de otra manera, si el alma, después de haber permanecido en un cuerpo en la Tierra, decidiese dividirse en dos o más partes, ya tenga su origen la decisión en el dolor o en el deseo de experiencias diversas, en el nivel de la sexta dimensión cada parte compartirá el mismo Yo Superior y se conectará con nosotros a nivel de alma y espíritu. Desde aquí se dicta nuestro objetivo superior. Los seres de este nivel pueden elegir proyectarse en formas humanas si les sirve para un propósito, pero en realidad existen en formas puramente geométricas, que es lo característico de esta dimensión. Ésta es la etapa de la Creación en la que el pensamiento, el color y el sonido toman forma geométrica y relevancia numerológica. Cuando los seres de este nivel desean comunicarse entre sí, se limitan a fusionar sus campos de energía y consciencia. Se forma un entramado único a partir de esta fusión y cada uno experimenta la naturaleza esencial del otro mediante la comparación y lo que pueda ofrecer. Se da la sensación de conocer al otro sin sentir que uno se ha convertido en el otro. La consciencia de Melquisedec existe en este nivel dimensional.

Séptima dimensión: el reino de la armonía y el sonido divinos. Los seres de este nivel existen como expresiones de la esencia a través de la armonía del sonido individual y colectivamente. La forma ya no se puede proyectar sin descender de dimensión. Las pautas se forman con el sonido pero son flujos nebulosos de color y movimiento. Las pautas variables en espiral son las únicas formas que pueden describirse. Cuando los seres de este nivel desean comunicar entre sí combinan simplemente sus sonidos, mezclan colores y crean nuevas pautas. Las dos consciencias se energizan con esta experiencia y llegan a comprenderse mutuamente. Existe un mayor acuerdo que se deduce del principio «el todo es más que la suma de sus partes». Es el siguiente nivel de consciencia colectiva pero esta vez con otras almas así como diferentes partes de la tuya propia. Los seres a este nivel tienen la clave para traducir toda experiencia y consciencia en sonido puro, establecer y crear pautas de flujo. Estas frecuencias de sonido componen el único lenguaje común de la séptima dimensión hacia abajo. Éste es el reino de la consciencia pura de Melquisedec así como la quinta lo es de la consciencia de Cristo. Los miembros de las familias de almas del mismo origen tienen la capacidad de experimentarse como el mismo ser en esta dimensión manteniendo al mismo tiempo la capacidad de ser individuales.

Octava dimensión: las características de este reino son el color puro y las pautas de flujo. Los seres de esta dimensión existen como autoconsciencias que despiden color, luz y movimiento. La comunicación entre sí es más bien una experiencia sinérgica durante la cual ninguno de los seres puede notar la diferencia entre sí mismo y el otro. Aquí existe un amor grande de unión y comunión. Debido a la ausencia de sonido como expresión individual de este reino, es también el reino del vacío, cuyo auténtico propósito es el de ser un lugar donde experimentar la propia completitud como esencia y consciencia puras. En ausencia de miedo puede ser un lugar de consuelo y profundo descanso.

Novena dimensión: punto de origen del *Laoesh Shekinah,* el sagrado Pilar de Fuego o Pilar de Luz. Es la última dimensión en la que un Ser de Luz tiene la capacidad de experimentar la consciencia separada de la entera supra-alma de donde vino y puede elegir sentir cuando desee la consciencia colectiva de la supra-alma. La única forma existente es la del pilar o cadenas paralelas de una luz muy purificada. Todo parece luz blanca pura y cristalina, y aun así se descompone, emanando luz de colores hacia la octava dimensión. Ésta es la dimensión de la consciencia de Metatrón. Cuando en una ocasión se me dio a experimentar este reino, lo único que todavía conseguía diferenciar de mí misma eran cristales etéricos. Tenía una colección de cristales de cuarzo en la mesa de mi habitación, donde se encontraba mi cuerpo cuando la experiencia tuvo lugar. De pronto, fui consciente de que aún percibía los cristales como algo separado de mí aunque los muebles y las personas se habían fusionado por completo con mi consciencia. Me dijeron que sólo hasta allí puede llegar la consciencia humana dimensionalmente sin vaporizarse el cuerpo.

Décima dinlensión: Todo lo que se me ha dicho de esta dimensión es que todos los miembros de las familias primigenias de supra-almas experimentan estar completamente inmersos en una consciencia y ya no tienen en cuenta su ser individual. Más allá de este punto no se me ha mostrado ni mencionado nada, excepto que la decimotercera dimensión es el lugar de completitud y de ser Uno en la que el yo se ve absorbido hacia Todo Lo Que Es y no conoce la separación.

Dios/Diosa/Todo Lo Que Es: (1) Ser Uno. (2) Lo que hay de divino en todas las cosas. (3) La totalidad de la existencia en su más pura integridad, que es andrógina y a la vez incluye los dos géneros.

Efecto Ondular Delfínico: La manera en que la energía, el sonido y el movimiento se traducen a través del cuerpo y del sistema nervioso cuando una persona o delfín goza de buena salud, espontaneidad y alineamiento espirituales. Ejemplo: cuando el delfín mueve la cabeza, el movimiento se traduce a través del resto de su cuerpo creando un efecto ondular libre de contracción o pautas de contención en el cuerpo.

Eje divino: (1) El tubo de luz. Ver ilustración 11 en la página 249. (2) Una abertura en forma de tubo que rodea lo largo de la espina dorsal prolongándose bajo los pies hasta el polo inferior del aura y por encima de la coronilla hasta el polo superior del aura, adentrándose en los aspectos dimensionales superiores del holograma individual. (3) Es como una columna que conecta al individuo con todos los aspectos de su yo hasta la novena dimensión, pudiéndose utilizar para enviar energía y comunicarse desde un aspecto del yo a otro. Ver ilustración 15 en página 332.

Ejercicios Pleyadianos de Luz: Una nueva/antigua modalidad de sanación que me fue dada por los Emisarios de Luz presentada en este libro, representando un renacimiento de las prácticas de sanación de los templos de la antigua Lemuria, la Atlántida y Egipto para despertar y fortalecer el Ka. El principal propósito de los Ejercicios Pleyadianos de Luz es prepararte para el descenso y la encarnación de tu Presencia Maestra, también llamada Yo Superior o Yo Crístico, preparándote para la ascensión. La evolución espiritual se produce como homólogo divino de los ejercicios Ka, ya que sin ella el Yo Crístico no puede vivir en el cuerpo.

Elemental: (1) Forma de energía sin alma pero con movimiento y objetivo, creada generalmente a partir de obsesiones negativas, una forma de pensamiento que llega a ser autoalimentada y activa, o bien a partir de la intención consciente. (2) Los sanadores crean a menudo elementales para conseguir ciertos fines curativos como, por ejemplo, un tornado que gira para limpiar un chakra. (3) Los elementales también se pueden proyectar para obtener un impacto negativo sobre los demás, como en la magia negra y el vudú. (4) Un ejemplo de obsesión negativa es cuando una persona se absorbe entre fotos y películas pornográficas y fantasías o experiencias sexuales, la energía a su alrededor empieza a crear y/o a atraer parásitos elementales que regeneran y se alimentan de la obsesión negativa. (5) Los elementales son siempre formas de la segunda dimensión.

Elohim: El grupo de Seres de Luz responsables de la Creación; también llamados Dioses y Diosas Creadores.

Emisarios Pleyadianos de Luz: Es el nombre que se dio al grupo pleyadiano entero, incluyendo las Tribus Pleyadianas Arcangélicas de Luz que son a la vez mis guías y la fuente de la mayor parte de la información canalizada en este libro. El grupo también incluye a los cirujanos psíquicos etéricos, los sanadores y en general a aquellos que operan con la luz, la fuerza vital y la evolución a través de la Constelación Pleyadiana y nuestro sistema solar.

Enlace Estelar Delfínico: Un aspecto de los Ejercicios Pleyadianos de Luz que actúa en el cuerpo eléctrico para reactivar y despejar circuitos inactivos, bloqueados o dañados en el sistema eléctrico. Cuando los circuitos funcionan adecuadamente, los puntos de enlace de los circuitos eléctricos se encuentran conectados a sus correspondientes estrellas de esta galaxia como los cuerpos eléctricos de los delfines.

Ente parásito: (1) Cualquier criatura consciente o instintiva que vive exclusivamente de o a expensas de otros. (2) Quien se alimenta de la energía de otro sin dar nada a cambio.

Esfera de Cristo: Donde moran el Maestro Ascendido Jesucristo, Saint Germain, la Madre María y todos los demás miembros de los Grandes hermanos Blancos conectada con la estrella Sirio y la consciencia de la Estrella Delfínica, la cual poseen e irradian los Seres de Luz que moran o proceden de allí; incluye las Ciudades de Luz.

Espíritu: Esa parte del ser humano que no tiene forma pero puede elegir habitar en una, ya sea física o etérica. Este aspecto puede fusionarse con cualquier persona o cosa manteniendo el sentido de sí mismo pero sin planes preconcebidos.

Forma de pensamiento: Conjunto de creencias, imágenes y sentimientos sobre un tema común que limita de alguna manera la realidad.

Fotón: (tomado del *Webster New World Dictionary*) «Un cuanto de energía electromagnética que posee propiedades de partícula y de onda; no tiene carga o masa, pero posee momento y energía».

Giro celular: El patrón de movimiento de una célula viva sana —no distinta a la órbita de un planeta alrededor del Sol.

Grandes Hermanos Blancos: (1) Los Maestros Ascendidos que han vivido en la Tierra como humanos y han evolucionado espiritualmente para convertirse en iluminados y luego crísticos. (2) Originalmente llamada la Orden de la Gran Luz Blanca según el portavoz arcangélico pleyadiano Ra. (3) Orden sagrada dedicada a guardar las enseñanzas de las Escuelas Místéricas y a ayudar y guiar el despertar espiritual de los humanos, haciendo siempre honor al libre albedrío individual.

Guerreros Liranos: Un grupo de seres del sistema estelar llamado Lyra que invadieron Orión hace 300.000 años, esclavizaron a los seres de Orión y se apoderaron de parte del portal galáctico de Orión.

Hermanas del Rayo del Cristo Ascendido: Mujeres que fueron iluminadas y se convirtieron en seres de consciencia Crística; ahora sirven de guías y maestras desde dimensiones más altas para los humanos que están preparados para recibir la iluminación y ser iniciados en la consciencia Crística.

Hermanos del Rayo del Cristo Ascendido: Varones que han alcanzado la iluminación y la consciencia de Cristo mientras su cuerpo humano estaba en la Tierra; ahora sirven de guías y maestros de dimensiones superiores para aquellos en la Tierra que estén dispuestos a ser iniciados en la iluminación y la consciencia de Cristo.

Holograma: Cualquier cosa en forma tridimensional en su estado total en oposición a la imagen bidimensional de una fotografía; consta de profundidad, anchura, altura y forma.

Iluminación: (1) Estado de completitud espiritual en la que se han alcanzado todas las metas de aprendizaje y evolución en una dimensión específica. (2) Lo que ocurre cuando la consciencia humana se ha identificado totalmente y se ha alineado con el Yo Crístico o el Yo Superior en el cuerpo. (3) Reconexión con el estado de impecabilidad del ser Uno que se mantiene y nunca se pierde.

Intensivo de Ejercicios Pleyadianos de Luz: Un programa de formación de los Ejercicios Pleyadianos de Luz originalmente canalizado e impartido por Amorah Quan Yin; diseñado para los que deseen convertirse en especialistas en Ejercicios Pleyadianos de Luz o simplemente experimentar más intensamente estos ejercicios en el marco de un grupo.

Intuición: (1) La función de percepción sensorial plena del séptimo chakra, que incluye el saber más allá de lo que es racionalmente explicable. (2) Son ejemplos de intuición: los presentimientos, la sensación de sentirse guiado a hacer algo sin saber por qué o solamente «sabiendo qué era lo que se debía hacer».

Ka: (1) El doble divino del cuerpo físico que trae la luz de frecuencia superior y la fuerza vital al plano físico;

debe ser totalmente operativo a fin de que la Presencia Maestra pueda anclarse en el cuerpo físico. (2) Construido por una gran red de *Canales Ka* de diferentes medidas, incluyendo un sistema parecido al de meridianos a través del cual energías descendidas de frecuencia superior entran en ti y mantienen el cuerpo de luz etérico de tu existencia física. (3) La interfaz entre el cuerpo físico, las dimensiones superiores y la Presencia Maestra, también conocida como el Yo Superior o Yo Crístico.

Karma: (1) El producto de una experiencia vital carente de integridad y alineamiento con la ética de la persona. (2) Sistema de aprendizaje basado en la necesidad natural y la tendencia a evolucionar de todas las cosas que existen. (3) Cuando la acción no está alineada con el libre albedrío de otra persona o con la integridad individual, ésta magnetiza otra experiencia vital similar o polarizada a través de la cual la persona pueda aprender y progresar desde el mal alineamiento original hacia el correcto en el presente para eliminar el magnetismo *kármico* creado por la acción original mal alineada.

Ma-At: Una de las Tribus Arcangélicas Pleyadianas de Luz de color rojo escarlata. Su función es la de ser guerreros espirituales; irradian coraje divino que no sabe de miedo.

Maestro Ascendido: (1) Ser que ha vivido en un cuerpo en la Tierra y que ha alcanzado la iluminación, ha experimentado la muerte consciente o bien la ascensión del cuerpo y ha alcanzado la consciencia de Cristo. (2) Todos los miembros de los Grandes Hermanos Blancos, incluyendo los Hermanos y Hermanas del Rayo del Cristo ascendido. (3) Los seres de este nivel alcanzaron simultáneamente el alineamiento divino de todos los aspectos del yo de las nueve dimensiones cuando todavía tenían forma humana.

Matriz del alma: El área del cuerpo a aproximadamente cinco centímetros de su superficie donde se aloja el chakra del corazón y el alma se ancla en el cuerpo por espacio de una vida.

Melquisedec: Consciencia colectiva de la sexta dimensión que hace la función de cuidadora de los reinos iniciáticos y las enseñanzas para los seres de este sistema solar y específicamente la Tierra en este momento. Se sabe que las sacerdotisas y los sacerdotes de la *Orden de Melquisedec* contaban con escuelas mistéricas en la Atlántida y el antiguo Egipto. Jesucristo estudió con los miembros de la *Orden de Melquisedec* antes de su iniciación en las pirámides egipcias cuando tenía alrededor de veinte años.

Merkabah: Cualquier vehículo hecho de luz y consciencia en la que un ser individual o un grupo pueda viajar a través o más allá del tiempo y el espacio —en oposición a los medios de transporte mecánicos como los coches, aviones o naves espaciales mecánicas.

Movimientos Delfínicos: El aspecto referente a los movimientos de suelo de Reordenación Cerebral Delfínica; libera pautas de contracción y contención en los sistemas óseo, muscular y nervioso, así como sus correspondientes pautas emocionales y de comportamiento.

Namaste: Un antiguo saludo, generalmente considerado de origen hindú. Las palmas de las manos se colocan juntas bajo la barbilla en posición de rezar mientras se inclina la cabeza hacia la persona o grupo a la que se dirige el Namaste. Significa «reconozco y honro al Dios que hay en ti».

Neurotoxina: Sustancia que se encuentra en la mayoría de los detergentes comerciales, champús, lacas, aerosoles, jabón, perfumes y cualquier producto con fragancia química que ataca al sistema nervioso adhiriéndose a las terminaciones nerviosas y rompiendo gradualmente la integridad de las membranas, mucosas, fundas nerviosas y función cerebral.

Orden de la Gran Luz Blanca: Nombre original de los Grandes Hermanos Blancos, su nombre actual según el portavoz arcangélico pleyadiano Ra.

Orden de Melquisedec: (1) Humanos que estudiaron y fueron iniciados en la Atlántida y el Antiguo Egipto en las escuelas mistéricas de iniciación y ascensión espirituales. (2) En la Atlántida dos sectas de la Orden eran conocidas como los *Túnicas Grises* y los *Túnicas Negras*. Los Túnicas Grises eran un grupo específico de sacerdotes y sacerdotisas especializados en la alquimia y la magia divina. Los Túnicas Negras nacieron de este grupo de alquimistas y magos convirtiéndose en ejemplos del mal uso de los poderes especiales o en magos y brujos negros. Este segundo grupo se enfrentó al protocolo espiritual y a las leyes divinas de la Orden original.

Paradigma: (1) Concepto o modelo de «realidad» generalmente compartido por dos o más personas que no sólo viven según ese concepto o modelo, sino que mantienen su existencia. (2) Base contextual de la «realidad» frente a una estructura nebulosa de «realidad» abierta. (3) Cualquier forma completa de pensar y responder que está predeterminada por un patrón existente o una estructura de creencias.

Percepción sensorial plena: (1) La expansión de la capacidad de los cinco sentidos, que incluye la percepción de energías, seres, sentimientos, sonidos, sabores, olores y visiones etéricos y no-físicos. (2) Un uso más natural y completo de los sentidos en oposición al término «percepción extrasensorial», que implicaría que es algo inusual o poco natural. (3) Ver los apartados del glosario denominados: «clariaudiencia», «claripercepción», «clarividencia» e «intuición», como ejemplos individuales de percepción sensorial plena.

Placa neuronal: Bloqueo de una ruta neuronal del cerebro que contiene una auto-programación e inhibe la respuesta natural y espontánea a los datos sensoriales y las experiencias vitales. Véase ilustración 13 en la página 297.

Planos astrales: (1) Reinos no-físicos de consciencia correspondientes al mundo físico pero sin formar parte de él. (2) Los planos astrales inferiores, denominados en el budismo «bardos», o el oscuro bajo mundo, Infierno y Hades en la sociedad occidental. Consisten en entes parásitos, aspectos rechazados de la consciencia humana (formas de pensamiento que se han hecho autónomas) y proyecciones creadas por emociones negativas. El reino del «hombre del saco», los monstruos y tus peores miedos. (3) Cuando te aferras a las emociones y crees que están basadas en la verdad en lugar de verlas simplemente como emociones, éstas se vuelven negativas. Ejemplos: fobias; venganza; fantasías sexuales lujuriosas sin amor y sin conexión espiritual; emociones como miedo, ira, odio, cólera, culpa, victimismo, deseo de control y avaricia, reprimidas y justificadas. Estas energías, así como el abuso físico, la violación, las drogas, el alcohol, darse al pensamiento negativo, experiencias como el suicidio o el asesinato en vidas pasadas y ausencia de conexión espiritual arrastran al ser humano a los planos astrales inferiores. (4) También existen *planos astrales superiores* que se corresponden con el mundo físico tales como el plano geométrico, el plano causal, la red de intercomunicación, dobles etéricos pasados y futuros de toda existencia y experiencia física y los registros acásicos. A estas esferas accede generalmente el cuerpo astral durante el sueño. (5) La oscura polaridad de las dimensiones cuarta y quinta. Los seres de estas esferas impulsan a los humanos a través de sus propios vicios, formas de pensamiento negativas, emociones reprimidas y aspectos de sombra negados o mal sanados.

Plantilla Ka: Centro etérico delgado de forma horizontal y rectangular situado en la parte posterior del chakra de la coronilla con información codificada relativa a las metas del alma, el cuerpo y a los diagramas Ka del individuo, así como información respecto a las pautas de flujo de la energía Ka en el cuerpo; muestra si la persona va a ascender, morir conscientemente o experimentar una muerte común y cómo será ésta. Véase ilustración 8, en la página 200.

Portal galáctico: Un lugar, generalmente una estrella o un sol, a través del cual pueden pasar los seres de consciencia superior a partir de la quinta dimensión a fin de acceder a puntos remotos en el tiempo y el espacio, aunque accesibles de inmediato a través del portal. Las restricciones espacio-temporales no se aplican al viaje a través de estos portales. Por ejemplo: 1) con una clara intención y un pensamiento centrado, un ser dimensionalmente superior puede cruzar el centro galáctico y terminar en otro lugar de cualquier galaxia donde exista otro portal. 2) Alción se puede usar como portal hacia el centro galáctico.

Presencia Maestra: (1) El Yo Crístico o Yo Superior. (2) Aquello en lo que se convierten los humanos cuando reciben plenamente la iluminación.

Ptah: (1) Los seres de Luz de las Tribus Pleyadianas Arcangélicas de la Luz de color azul suave. Su función es la de proteger y conservar la naturaleza eterna de la vida. (2) En el antiguo Egipto se denominaba Ptah al Creador y sustentador de la fuerza vital.

Ra: (1) Miembros de las Tribus Arcangélicas Pleyadianas de Luz que irradian una suave luz de tonalidad amarilla-dorada; guardianes de la divina sabiduría como producto natural de la experiencia vital. (2) El nombre del ser individual que habla a la autora proporcionándole la información y las enseñanzas canalizadas. (3) Antiguo nombre del Dios Sol en Egipto y la Atlántida.

Registros Acásicos: (1) Recopilación de toda experiencia y enseñanza pasada presente y futura de seres individuales, la consciencia colectiva y toda la existencia. (2) Recopilación de lo que ha sido, es y será.

Reino dévico: Reino de la consciencia de los devas y Devas Supralumínicos.

Remodelación cerebral Delfínica: Anteriormente llamada «Remodelación Córtico-neuro-muscular»; consiste en la imposición de manos y ejercicios de Movimientos Delfínicos de suelo que liberan pautas de contención de los sistemas óseo, muscular y neurológico, enseñando al córtex motor del cerebro nuevas formas más eficientes de moverse sin contracción y con espontaneidad, libertad y alegría; su propósito es favorecer la restauración del Efecto Ondular Delfínico en el cuerpo y el sistema nervioso.

Retirada de cordones: El proceso de arrancar cordones no deseados entre dos personas, descrito en detalle en el capítulo 6 en la sección «Retirada de Cordones».

Ruta neuronal: Vía minúscula del sistema nervioso en el cerebro que recibe datos sensoriales, los traduce y determina la acción a tomar basada en los datos para luego estimular la acción del cuerpo y la consciencia. (Véase ilustración 13 en la página 297. Véase también «Ruta Neuronal Errónea» en este Glosario.)

Ruta neuronal errónea: Un circuito del sistema nervioso en el cerebro bloqueado por una placa neuronal que inhibe la reacción espontánea y natural del conjunto de sensaciones y experiencias vitales. Ver ilustración 13 en la página 297.

Ser: Presencia autoconsciente de un espíritu capaz de pensamiento consciente, proyección de pensamientos y sentimientos y un sentido de contención dentro de un espacio dado, aunque no precisamente en el tiempo.

Ser de forma de pensamiento: (1) Una forma de pensamiento que se ha hecho tan grande y está tan energizada que funciona como un ser consciente con un único propósito basado en la ilusión que sostiene la propia forma de pensamiento. Éste es un tipo de elemental descrito en el Glosario en el apartado «elemental». (2) Ser que se encuentra en la segunda dimensión que puede ser creado por un individuo o consciencia de grupo.

Ser Uno: (1) El estado natural de conexión espiritual en todas las cosas que existen. (2) A veces se utiliza como otro nombre de Dios/DiosalTodo lo que Es, o lo que hay de divino en todas las cosas.

Shaktiput: La administración de luz blanca de alta frecuencia tan concentrada que la persona que la recibe experimenta unos momentos de realidad en la que sólo existe la luz blanca. Esto normalmente se ve acompañado por la apertura radical del tercer ojo y un estado de éxtasis puro durante y después de la experiencia; generalmente impartida al individuo por un humano iluminado o un Maestro Ascendido que recibió la iluminación cuando todavía tenía forma humana.

Siete pautas kármicas del anillo solar: Las principales cualidades inferiores de consciencia que deben eliminarse de este anillo solar para que se dé la iniciación espiritual del planeta y su ascensión. Las *siete pautas* son: arrogancia, adicción, prejuicios, odio, violencia, victimismo y vergüenza.

Sol Infinito: (1) Otro nombre para Dios/DiosaITodo Lo Que Es, ser Uno, basado en la filosofía de que todo lo que existe está conectado y existe dentro de un continuo campo de luz que consta de trece dimensiones. (2) Ese estado de existencia que incluye todo lo existente en su pura naturaleza de luz.

Tantra o energía tántrica: La energía sexual que se mueve en sentido ascendente a través de los chakras desde los órganos sexuales y la parte inferior de la espina dorsal y va normalmente acompañada por la energía kundalini que sube por la columna, en oposición a la energía sexual que sólo se libera localmente en el área genital y los chakras inferiores.

Tribus Arcangélicas Pleyadianas de Luz: (1) Miembros de los Emisarios Pleyadianos de Luz que son guardianes y representantes de la Tierra y nuestro sistema solar, con numerosas y diversas responsabilidades. (2) Las Tribus individuales se conocen como *Ra, Ma-At, Ptah y An-Ra*. Todos los miembros de cada una de las tribus irradian el mismo color y comparten el mismo nombre. (Véase el apartado individual de cada tribu en el Glosario.)

Tubo de luz: La abertura tubular que sirve de eje y comienza en el polo inferior del aura bajo los pies, atraviesa la totalidad del cuerpo rodeando la columna, sale por la coronilla hacia arriba, llega al polo superior del aura y continúa como un eje de los aspectos del yo hasta la novena dimensión cuando la persona está en «alineamiento divino». Los yos de las dimensiones superiores mandan energía a través del tubo cuando éste se abre, lo que crea un continuo entre los nueve aspectos dimensionales del yo individualizado (ver ilustraciones 11 y 15 en las páginas 249 y 332 respectivamente).

Verdad: Aquello que es inmutable, divino y no sujeto a la influencia de la realidad virtual.

Verdad Divina: (1) Realidad inmutable basada en la consciencia de Dios. (2) Sabiduría absoluta sobre el propósito de la naturaleza y la realidad. (3) Ausencia de pensamientos y convicciones que creen limitaciones, destrucción o ilusión. Ejemplo: alguien que busca la Verdad Divina debe estar presto y dispuesto a cuestionar cualquier percepción de la realidad en todo momento, sin importar el grado de realidad que aparente. Se considera una Verdad Divina que toda la existencia es parte de Dios/DiosalTodo Lo Que Es.

Verdad relativa: Cualquier cosa que esté basada únicamente en la siempre cambiante experiencia vital. (2) Una perspectiva de la realidad basada en opiniones y creencias en oposición a la Verdad Divina. (Véase el apartado «Verdad Divina» del Glosario para comparar.)

Yo Crístico: (1) Ese aspecto de los humanos que han combinado la experiencia, consciencia y sabiduría terrestres con la de su Yo Superior y la Consciencia de Cristo. (2) Equivalente a la Presencia Maestra. (3) La amalgama de los aspectos del individuo en las nueve dimensiones que tiene acceso a la consciencia tridimensional a través de la encarnación en alineamiento divino de la misma en forma humana.

Yo de Dios: (1) Esa parte en todos los seres que es consciente de la naturaleza esencial de ser un aspecto o parte de Dios/Diosa/Todo lo Que Es Divino. (2) Aquello que somos en Verdad Divina.

Yo holográfico: La amalgama de todos los aspectos del yo a través de todas las dimensiones estando éstas alineadas correctamente y conectadas entre sí al mismo tiempo.

Yo Superior: Parte de múltiples facetas de todo nuestro ser espiritual que vive en las dimensiones superiores y nos guía hacia el crecimiento espiritual, la evolución y la iluminación. A medida que vayamos siendo conscientes de este aspecto ampliado de nuestro yo, podremos empezar a integrar partes del Yo Superior en nuestro cuerpo, aunque algunas partes siempre quedarán en los aspectos dimensionales superiores del holograma.

Índice

Reconocimientos	9
Prefacio	13
Prólogo	21

Sección 1
¿Por qué los Pleyadianos? ¿Por qué ahora?

Capítulo 1. En el principio...	31
Capítulo 2. Mi introducción a los Ejercicios Pleyadianos de Luz	39
Capítulo 3. Ahora es el momento	51
¿Quiénes son los emisarios pleyadianos de Luz?	54
La finalidad de la conexión pleyadiano/crística	57
Capítulo 4. Habla Ra	64
Ra vuelve a hablar	72

Sección 2
Ejercicios Pleyadianos de Luz

Introducción	97
Capítulo 5. Ejercicios Pleyadianos previos. 1.ª Parte	112
Conexión a la tierra	112
Sanación y despejamiento duraderos del aura	121
Sé dueño de tu ruta vertebral	127
Mantenimiento de una casa psíquicamente despejada y segura	135
Capítulo 6. Ejercicios Pleyadianos previos. 2.ª Parte	139
Despejamiento con rosas	140
Despejamiento de los chakras	149
Despejamientto de imágenes	152
Despejamiento de creencias, juicios, imágenes perfectas y formas de pensamiento	157
Acuerdos (contratos) psíquicos	169

Retirada de cordones	174
Estar en el tiempo presente	182
Capítulo 7. Activación Ka	186
Encuentro con los Emisarios pleyadianos de Luz	194
Despejamiento y activación de la Plantilla Ka	199
Apertura de Canales Ka	202
Capítulo 8. Remodelación cerebral delfínica	205
Movimientos delfínicos	210
Remodelación Cerebral Delfínica mediante la imposición de manos etéricas	221
Capítulo 9. Cámaras de Luz	224
Cámara de sincronización Feme	226
Cámara lumínica interdimensional	228
Cámara de Transfiguración Cuántica	232
Cámara de Asimilación Acelerada	237
Cámara de Ascensión	240
Cámara de Sueño	243
Cámara de Reducción del Estrés	245
Cámara de Enlace Estelar Delfínico	246
Cámara de Realineamiento del Eje Divino	248
Cámara sin Tiempo y Espacio	250
Cámara de Sanación Emocional	253
Cámara Multidimensional de Asimilación y Sanación	255
Capítulo 10. Cámaras Lumínicas de configuración de Amor	259
Unificación	263
Angélica y Arcangélica	266
Divino Femenino	269
Divino Masculino	271
Yin/Yang	273
Capítulo 11. Subpersonalidades	277
Asimilación y sanación de las subpersonalidades	279
Cámara Lumínica de Armonización de Subpersonalidades	282
El encuentro con el Criador Interior	283
El encuentro con el Niño Interior	285
El encuentro con el Guerrero/Guerrera Interior	287
El encuentro con el Espíritu Interior	288
Equilibrio del escudo personal	289
Capítulo 12. Sesiones sanadoras adicionales de Ejercicios pleyadianos de Luz	291
Sanación mediante capullos	291
Despejamiento de rutas neuronales erróneas	297
Autosanación mediante la rejilla de Transfiguración Cuántica	307
Reorientación y Remodelación Celular	313

    Recuperación de la Fuerza Vital en los alimentos   317
Capítulo 13. La conexión con el Yo Superior   321
    Encuentro y fusión con el Yo Superior   325
    Alineamiento del Eje Divino con tu Yo Superior   331
Capítulo 14. Ejercicios Ka de mantenimiento   337
    El proceso de mantenimiento Ka   339
    Cámara Lumínica de equilibrio Ka   342
    Recomendaciones para unos ejercicios pleyadianos de
        Luz continuados   343
Epílogo. Ejercicios pleyadianos avanzados   352
Glosario   357

TIERRA
Barbara Marciniak

Los pleyadianos son un colectivo de extraterrestres del sistema estelar de las Pléyades que desde 1988 se han estado comunicando con Barbara Marciniak. Considerados en todo el planeta como los maestros espirituales más importantes de nuestros tiempos, los Pleyadianos vuelven con otro polémico documento: *Tierra, Tierra, las claves Pleyadianas de la Biblioteca Viviente* es un manual para una vida inspirada, dedicada a restaurar y valorar de nuevo al ser humano íntegramente, y reconocer la energía de la Diosa y el poder de sangre por sus conexiones con nuestro ADN y nuestra herencia.

Con ingenio, sabiduría y profunda compasión, *Tierra* nos incita a explorar las dimensiones del tiempo, despertando las codificaciones cruciales y volver a soñar la Biblioteca Viviente de la Tierra. Sus enseñanzas encajan de un modo significativo en doce capítulos a fin de activar una comprensión más profunda de nuestro linaje hereditario. *Tierra* sondea las memorias ocultas dentro de todos nosotros a fin de revelar nuestros papeles cruciales en el desdoblamiento del proceso de transformación en nuestros tiempos.

MENSAJEROS DEL ALBA
Barbara Marciniak

Compilación de más de 400 horas de canalización por Barbara Marciniak. *Mensajeros del Alba* es un libro sorprendente que nos ofrece las enseñanzas de los Pleyadianos, un grupo de seres iluminados que han acudido a la Tierra para ayudarnos a descubrir cómo alcanzar un nuevo estadio en nuestra evolución.

La elección de los Pleyadianos consiste en que los humanos descubramos nuestra divinidad, nuestra conexión con el Creador y con todo lo que existe. Todo está conectado, y aunque no nos demos siempre cuenta, nosotros formamos parte de este todo.

Recordando que pertenecemos a la Familia de la Luz, crearemos una nueva realidad, un nuevo planeta Tierra.

Luminosas, intensas, inteligentes y controvertidas, las enseñanzas de los Pleyadianos son fundamentales para cualquiera que se cuestione su existencia en este planeta. *Mensajeros del Alba* nos enseña a transformar los obstáculos en señales y a comprender su mensaje simbólico.

Barbara Marciniak es una autora conocida internacionalmente gracias a su bestseller *Mensajeros del Alba.*

LOS TIEMPOS FINALES
(Kryon I)
Lee Carroll

En *Los tiempos finales*, Kryon, una entidad del servicio magnético canalizada por Lee Carroll, nos expone el concepto de alineación de la Tierra. Kryon está encargado de alterar el alineamiento magnético de nuestro planeta a fin de preparar alineamiento para los humanos.

La Tierra y sus habitantes se encuentran en un proceso de aprendizaje en el que hay que realizar un trabajo para aumentar el nivel vibratorio del planeta.

Con simplemente pensar en Kryon, sus pensamientos pueden transmutarse en paz y, automáticamente, activarse los guías que están a su servicio.

Los tiempos finales le enseñará a comunicarse con sus guías para realizar el aprendizaje necesario para colaborar en el trabajo de iluminación planetaria.

Éxito de ventas sin precedentes en Estados Unidos, este libro no incluye mensajes catastrofistas sobre el fin del milenio, antes al contrario, se trata de advertencias acerca de lo que potencialmente podría ocurrir.

Lee Carroll es un hombre de negocios de California con titulaciones universitarias en Economía y Administración de Empresas. A sus 48 años empezó lo que sería el propósito real de su vida: la canalización de los mensajes de Kryon, que publicaría en tres libros que han causado conmoción en el mundo entero: *Los tiempos finales*, *No piense como un humano*, *La alquimia del espíritu humano*. Es asimismo editor de la revista *Kryon Quarterly*.